CÁLCULO NUMÉRICO

(COM APLICAÇÕES)

2.ª edição

CÁLCULO NUMÉRICO

(COM APLICAÇÕES)

2.ª edição

Leônidas Conceição Barroso
Magali Maria de Araújo Barroso
Frederico Ferreira Campos, filho
Márcio Luiz Bunte de Carvalho
Miriam Lourenço Maia

Professores-Assistentes do Departamento de
Ciência da Computação da
Universidade Federal de Minas Gerais

*A editora HARBRA ltda. deseja agradecer a valiosa colaboração do **Prof. Cyro de Carvalho Patarra**, do Instituto de Matemática e Estatística da Universidade de São Paulo, na editoração desta obra.*

Direção Geral: Julio E. Emöd
Supervisão Editorial: Maria Pia Castiglia
Coordenação e Revisão de Estilo: Maria Elizabeth Santo
Assistente Editorial e Revisão de Provas: Vera Lúcia Juriatto
Composição: Brasil Artes Gráficas Ltda. e Paika Realizações Gráficas Ltda.
Capa: Maria Paula Santo
Impressão e Acabamento: Gráfica Forma Certa

Foto de capa cedida pela Itautec Informática S/A, com ilustração gerada no microcomputador I-7000PCxt.

CÁLCULO NUMÉRICO (COM APLICAÇÕES), 2ª edição

Rua Joaquim Távora, 629 – Vila Mariana – 04015-001 – São Paulo – SP
Promoção: (011) 5084-2482 e 5571-1122. Fax: (011) 5575-6876
Vendas: (011) 5549-2244 e 5571-0276. Fax: (011) 5571-9777

Impresso no Brasil *Printed in Brazil*

Conteúdo

Prefácio

Foram muitas as críticas e sugestões recebidas de professores dos mais diferentes pontos do país ao livro *Cálculo Numérico*, 1ª edição.

Seu uso em sala de aula salientou suas qualidades didáticas excepcionais, estruturação dos capítulos adequada e suficiente número de atividades para os estudantes. Fez-se sentir, no entanto, a necessidade de introduzir *dois novos capítulos*:

- **Ajuste de Curvas** e
- **Equações Diferenciais Ordinárias.**

Além da inclusão destes novos tópicos, foi feita uma revisão minuciosa em todo o texto, tornando-o ainda mais claro e detalhando algumas ilustrações.

É um texto introdutório de Cálculo Numérico, cujos pré-requisitos são um semestre de Cálculo, em que o aluno deve ter aprendido derivação e integração, e um semestre de uma disciplina introdutória de Álgebra Linear. Não é essencial, porém é desejável, que os alunos possuam conhecimentos básicos de uma linguagem de programação de computador.

O material contido no livro foi testado em cursos semestrais, para alunos do ciclo básico dos cursos de Engenharia, Estatística, Física, Química, Ciência da Computação, Geologia e Matemática. Certamente o professor que dispuser de uma carga horária reduzida fará uma seleção de tópicos visando adequar o conteúdo ao tempo disponível.

Cada capítulo apresenta um número razoável de exemplos, muitos exercícios, alguns dos quais com respostas nas páginas finais do livro, implementação em microcomputador de alguns métodos e um exemplo de aplicação em que um problema real é resolvido passo a passo, utilizando-se o conteúdo do capítulo. Os resultados finais são analisados, propiciando ao aluno, além de uma aplicação prática dos métodos ensinados, um roteiro que deve ser seguido ao se resolver um problema real.

Os programas foram implementados e testados em microcomputador nacional QUARTZIL QI-800, do Departamento de Ciência da Computação da UFMG. A linguagem utilizada foi o FORTRAN ANS do *software* básico da maioria dos computadores. Além disso, foi usado na programação apenas um subconjunto básico de comandos para que um maior número de pessoas possa entendê-lo e utilizá-lo.

O texto presta-se também a um curso que utilize, como instrumento de cálculo, uma minicalculadora, programável ou não.

Queremos registrar aqui os nossos agradecimentos aos colegas Carlos Alberto Gonçalves, Elias Antonio Jorge e Pedro Américo de Almeida Magalhães, professores do DCC/ICEx/UFMG, que utilizaram a versão preliminar deste trabalho, apresentando valiosas sugestões; ao Departamento de Ciência da Computação da UFMG que nos propiciou o clima adequado à execução deste projeto e, em particular, aos professores Ivan Moura Campos e Roberto da Silva Bigonha, nossos incentivadores; aos monitores Ana Maria de Paula, Paulo Vicente da Silva Guimarães e Pedro Fernandes Tavares, excelentes auxiliares na parte de testes computacionais e resolução de exercícios; a Mariza Soares de Almeida e Ruth Maria Leão Mendes que datilografaram os originais; aos nossos alunos de Cálculo Numérico do ICEx com os quais testamos a versão preliminar.

Esperamos que o livro possa ser útil a professores e alunos e quaisquer sugestões que visem o aprimoramento deste trabalho em edições vindouras serão bem aceitas.

Os autores

Capítulo 1

Erros

1.1. INTRODUÇÃO

A obtenção de uma solução numérica para um problema físico por meio da aplicação de métodos numéricos nem sempre fornece valores que se encaixam dentro de limites razoáveis. Esta afirmação é verdadeira mesmo quando se aplica um método adequado e os cálculos são efetuados de uma maneira correta.

Esta diferença é chamada de erro e é inerente ao processo, não podendo, em muitos dos casos, ser evitada.

Este capítulo foi escrito com o objetivo de fornecer ao usuário de métodos numéricos noções sobre as fontes de erros, para que ele possa saber como controlá-los ou, idealmente, evitá-los.

Para facilitar a apresentação das fontes de erros, o processo de solução de um problema físico, por meio da aplicação de métodos numéricos, é representado abaixo de uma forma geral.

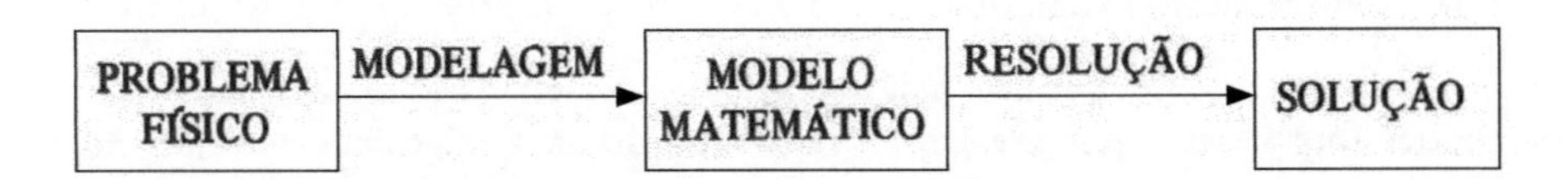

Duas fases podem ser identificadas no diagrama da página anterior:

a) MODELAGEM – é a fase de obtenção de um modelo matemático que descreve o comportamento do sistema físico em questão.

b) RESOLUÇÃO – é a fase de obtenção da solução do modelo matemático através da aplicação de métodos numéricos.

1.2. ERROS NA FASE DE MODELAGEM

Ao se tentar representar um fenômeno do mundo físico por meio de um modelo matemático, raramente se tem uma descrição correta deste fenômeno. Normalmente, são necessárias várias simplificações do mundo físico para que se tenha um modelo matemático com o qual se possa trabalhar.

Pode-se observar estas simplificações nas Leis de Mecânica que são ensinadas no 2º grau.

Exemplo 1.1

Para o estudo do movimento de um corpo sujeito a uma aceleração constante, tem-se a seguinte equação:

$$d = d_0 + v_0 t + \frac{1}{2} a t^2 \qquad (1.1)$$

onde:

d – distância percorrida
d_0 – distância inicial
v_0 – velocidade inicial
t – tempo
a – aceleração

Supondo-se que um engenheiro queira determinar a altura de um edifício e que para isso disponha apenas de uma bolinha de metal, um cronômetro e a fórmula acima, ele sobe então ao topo do edifício e mede o tempo que a bolinha gasta para tocar o solo, ou seja, 3 segundos.

Levando este valor à equação (1.1), obtém-se:

$$d = 0 + 0 \cdot 3 + \frac{1}{2} \cdot 9{,}8 \cdot 3^2$$

$$d = 44{,}1 \text{ m}$$

Este resultado é confiável?

É bem provável que não, pois no modelo matemático não foram consideradas outras forças como, por exemplo, a resistência do ar, a velocidade do vento etc.

Além destas, existe um outro fator que tem muita influência: a precisão da leitura do cronômetro, pois para uma pequena variação no tempo medido existe uma grande variação na altura do edifício. Se o tempo medido fosse 3,5 segundos ao invés de 3 segundos, a altura do edifício seria de 60 metros. Em outras palavras, para uma variação de 16,7% no valor lido no cronômetro, a altura calculada apresenta uma variação de 36%.

Com este exemplo pode-se notar a grande influência que o modelo matemático e a precisão dos dados obtidos exercem sobre a confiabilidade da resposta conseguida.

Será visto, a seguir, um outro exemplo para melhor mostrar essa influência.

Exemplo 1.2

A variação no comprimento de uma barra de metal sujeita a uma certa variação de temperatura é dada pela seguinte fórmula:

$$\Delta \ell = \ell_0 (\alpha t + \beta t^2) \tag{1.2}$$

onde:

$\Delta \ell$ – variação do comprimento
ℓ_0 – comprimento inicial
t – temperatura
α e β – constantes específicas para cada metal

Supondo-se que um físico queira determinar a variação no comprimento de uma barra de metal quando sujeita a uma variação de temperatura de 10°C e sabendo-se que

$\ell_0 = 1$ m

$\left.\begin{array}{l}\alpha = 0{,}001253 \\ \beta = 0{,}000068\end{array}\right\}$ obtidos experimentalmente

basta que se substituam estes valores na equação (1.2), ou seja:

$$\Delta \ell = 1 \cdot (0{,}001253 \cdot 10 + 0{,}000068 \cdot 10^2)$$

$$\Delta \ell = 0{,}019330$$

Entretanto, como os valores de α e β foram obtidos experimentalmente com a precisão da ordem de 10^{-6}, tem-se que:

$0{,}001252 < \alpha < 0{,}001254$ e

$0{,}000067 < \beta < 0{,}000069$

então:

$$\Delta \ell > 1 \cdot (0{,}001252 \cdot 10 + 0{,}000067 \cdot 10^2)$$
$$\Delta \ell < 1 \cdot (0{,}001254 \cdot 10 + 0{,}000069 \cdot 10^2)$$

logo:

$$0{,}019220 < \Delta \ell < 0{,}019440$$

ou, ainda,

$$\Delta \ell = 0{,}0193 \pm 10^{-4}$$

Como se pode notar, uma imprecisão na sexta casa decimal de α e β implicou uma imprecisão na quarta casa decimal de $\Delta \ell$.

Dependendo do instrumento que o físico utilize para medir a variação do comprimento, esta imprecisão não será notada e, para ele, o resultado será exato.

Deve-se ter sempre em mente que a precisão do resultado obtido não é só função do modelo matemático adotado, mas também da precisão dos dados de entrada.

1.3. ERROS NA FASE DE RESOLUÇÃO

Para a resolução de modelos matemáticos, muitas vezes torna-se necessária a utilização de instrumentos de cálculo que necessitam, para seu funcionamento, que sejam feitas certas aproximações. Tais aproximações podem gerar erros que serão apresentados a seguir, após uma pequena revisão sobre mudança de base.

1.3.1. Conversão de Bases

Um número na base 2 pode ser escrito como:

$$a_m 2^m + \ldots + a_2 2^2 + a_1 2 + a_0 2^0 + a_1 2^{-1} + a_2 2^{-2} + \ldots + a_n 2^n$$

ou ainda,

$$\sum_{i=n}^{m} = a_i \cdot 2^i$$

onde:

a_i – é 0 ou 1
n, m – números inteiros, com $n \leqslant 0$ e $m \geqslant 0$

Para mudar de base 2 para base 10, basta multiplicar o dígito binário por uma potência de 2 adequada.

Exemplo 1.3

$$
\begin{aligned}
1011_2 &= 1 \cdot 2^3 + 0 \cdot 2^2 + 1 \cdot 2^1 + 1 \cdot 2^0 \\
&= 8 + 0 + 2 + 1 \\
&= 11_{10}
\end{aligned}
$$

Exemplo 1.4

$$
\begin{aligned}
10{,}1_2 &= 1 \cdot 2^1 + 0 \cdot 2^0 + 1 \cdot 2^{-1} \\
&= 2 + 0 + 0{,}5 \\
&= 2{,}5_{10}
\end{aligned}
$$

Exemplo 1.5

$$
\begin{aligned}
11{,}01_2 &= 1 + 2^1 + 1 \cdot 2^0 + 0 \cdot 2^{-1} + 1 \cdot 2^{-2} \\
&= 2 + 1 + 0{,}25 \\
&= 3{,}25_{10}
\end{aligned}
$$

Para converter um número da base 10 para a base 2, tem-se que aplicar um processo para a parte inteira e um outro para a parte fracionária.

Para transformar um número inteiro na base 10 para base 2 utiliza-se o método das divisões sucessivas, que consiste em dividir o número por 2, a seguir divide-se por 2 o quociente encontrado e assim o processo é repetido até que o último quociente seja igual a 1. O número binário será, então, formado pela concatenação do último quociente com os restos das divisões lidos em sentido inverso ao que foram obtidos, ou seja,

$$
\begin{array}{llllll}
N & \underline{|2} & & & & \\
r_1 & q_1 & \underline{|2} & & & \\
 & r_2 & q_2 & \underline{|2} & & \\
 & & r_3 & q_3 \ldots & & \\
 & & & & q_{n-1} & \underline{|2} \\
 & & & & r_{n-1} & 1
\end{array}
$$

$$N_{10} = 1 r_{n-1} \ldots r_3 r_2 r_1$$

Exemplo 1.6

$$
\begin{array}{llllll}
18 & \underline{|2} & & & & \\
0 & 9 & \underline{|2} & & & \\
 & 1 & 4 & \underline{|2} & & \\
 & & 0 & 2 & \underline{|2} & \\
 & & & 0 & 1 &
\end{array}
$$

$18_{10} = 10010_2$

Exemplo 1.7

$$
\begin{array}{lllll}
11 & \underline{|2} & & & \\
1 & 5 & \underline{|2} & & \\
 & 1 & 2 & \underline{|2} & \\
 & & 0 & 1 &
\end{array}
$$

$11_{10} = 1011_2$

Para transformar um número fracionário na base 10 para base 2, utiliza-se o método das multiplicações sucessivas, que consiste em:

a) multiplicar o número fracionário por 2;

b) deste resultado, a parte inteira será o primeiro dígito do número na base 2 e a parte fracionária é novamente multiplicada por 2. O processo é repetido até que a parte fracionária do último produto seja igual a zero.

Exemplo 1.8

$$
\begin{array}{r}
0{,}1875 \\
\underline{\times 2} \\
0{,}3750
\end{array}
\qquad
\begin{array}{r}
0{,}375 \\
\underline{\times 2} \\
0{,}750
\end{array}
\qquad
\begin{array}{r}
0{,}75 \\
\underline{\times 2} \\
1{,}50
\end{array}
\qquad
\begin{array}{r}
0{,}50 \\
\underline{\times 2} \\
1{,}00
\end{array}
$$

$0{,}1875_{10} = 0{,}0011_2$

Exemplo 1.9

$$
\begin{array}{l}
0{,}6 \\
\underline{\times 2} \\
1{,}2
\end{array}
\qquad
\begin{array}{l}
0{,}2 \\
\underline{\times 2} \\
0{,}4
\end{array}
\qquad
\begin{array}{l}
0{,}4 \\
\underline{\times 2} \\
0{,}8
\end{array}
\qquad
\begin{array}{l}
0{,}8 \\
\underline{\times 2} \\
1{,}6
\end{array}
\qquad
\begin{array}{l}
0{,}6 \\
\underline{\times 2} \\
1{,}2
\end{array}
$$

... os produtos estão começando a se repetir

$0{,}6_{10} = 0{,}1001\ldots_2$

Exemplo 1.10

$13{,}25_{10} = 13_{10} + 0{,}25_{10}$

$$\begin{array}{llll} 13 & \underline{|2} & & \\ 1 & 6 & \underline{|2} & \\ & 0 & 3 & \underline{|2} \\ & & 1 & 1 \end{array} \qquad \begin{array}{r} 0{,}25 \\ \underline{\times 2} \\ 0{,}50 \end{array} \qquad \begin{array}{r} 0{,}50 \\ \underline{\times 2} \\ 1{,}00 \end{array}$$

$13_{10} = 1101_2$ $\qquad$ $0{,}25_{10} = 0{,}01_2$

$13{,}25_{10} = 1101_2 + 0{,}01_2 = 1101{,}01_2$

1.3.2. Erros de Arredondamento

Um número é representado, internamente, na máquina de calcular ou no computador digital através de uma seqüência de impulsos elétricos que indicam dois estados: 0 ou 1, ou seja, os números são representados na base 2 ou binária.

De uma maneira geral, um número x é representado na base β por:

$$x = \pm \left[\frac{d_1}{\beta} + \frac{d_2}{\beta^2} + \frac{d_3}{\beta^3} + \ldots + \frac{d_t}{\beta^t} \right] \cdot \beta^{exp}$$

onde:

d_i – são números inteiros contidos no intervalo

$$0 \leqslant d_i \leqslant \beta - 1 \,;\, i = 1, 2, \ldots, t$$

exp – representa o expoente de β e assume valores entre

$$I \leqslant exp \leqslant S$$

I, S – limite inferior e limite superior, respectivamente, para a variação do expoente

$\left[\frac{d_1}{\beta} + \frac{d_2}{\beta^2} + \frac{d_3}{\beta^3} + \ldots + \frac{d_t}{\beta^t} \right]$ é chamada de mantissa e é a parte do número que representa seus dígitos significativos e t é o número de dígitos significativos do sistema de representação, comumente chamado de precisão da máquina.

Exemplo 1.11

No sistema de base $\beta = 10$, tem-se:

$$0{,}345_{10} = \left(\frac{3}{10} + \frac{4}{10^2} + \frac{5}{10^3}\right) \cdot 10^0$$

$$31{,}415_{10} = 0{,}31415 \cdot 10^2 = \left(\frac{3}{10} + \frac{1}{10^2} + \frac{4}{10^3} + \frac{1}{10^4} + \frac{5}{10^5}\right) \cdot 10^2$$

Os números assim representados estão normalizados, isto é, a mantissa é um valor entre 0 e 1.

Exemplo 1.12

No sistema binário, tem-se:

$$5_{10} = 101_2 = 0{,}101 \cdot 2^3 = \left(\frac{1}{2} + \frac{0}{2^2} + \frac{1}{2^3}\right) \cdot 2^3$$

$$4_{10} = 100_2 = 0{,}1 \cdot 2^3 = \frac{1}{2} \cdot 2^3$$

Exemplo 1.13

Numa máquina de calcular cujo sistema de representação utilizado tenha $\beta = 2$, $t = 10$, $I = -15$ e $S = 15$, o número 25 na base decimal é, assim representado:

$$25_{10} = 11001_2 = 0{,}11001 \cdot 2^5 = 0{,}11001 \cdot 2^{101}$$

$$\left(\frac{1}{2^1} + \frac{1}{2^2} + \frac{0}{2^3} + \frac{0}{2^4} + \frac{1}{2^5} + \frac{0}{2^6} + \frac{0}{2^7} + \frac{0}{2^8} + \frac{0}{2^9} + \frac{0}{2^{10}}\right) \cdot 2^{101}$$

ou, de uma forma mais compacta:

1 1 0 0 1 0 0 0 0 0	1 0 1
MANTISSA	EXPOENTE

Cada dígito é chamado de bit, portanto, nesta máquina são utilizados 10 bits para a mantissa, 4 bits para o expoente e mais um bit para o sinal da mantissa (se bit = 0 positivo, se bit = 1 negativo) e um bit para o sinal do expoente, resultando, no total, 16 bits, que são assim representados:

25_{10} =

0	1	1	0	0	1	0	0	0	0	0	0	1	0	1

VALOR DA MANTISSA

SINAL DA MANTISSA

VALOR DO EXPOENTE

SINAL DO EXPOENTE

Exemplo 1.14

Utilizando a mesma máquina do exemplo anterior, a representação de $3{,}5_{10}$ seria dada por:

$$3{,}5_{10} = 0{,}111 \cdot 2^{10}$$

0	1	1	1	0	0	0	0	0	0	0	0	0	1	0

Exemplo 1.15

Ainda utilizando a mesma máquina do exemplo 1.13, o número $-7{,}125_{10}$ seria assim representado:

$$-7{,}125_{10} = -0{,}111001 \cdot 2^{11}$$

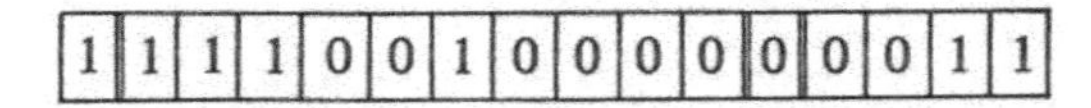

1	1	1	1	0	0	1	0	0	0	0	0	0	1	1

O maior valor representado por esta máquina descrita no exemplo 1.13 seria:

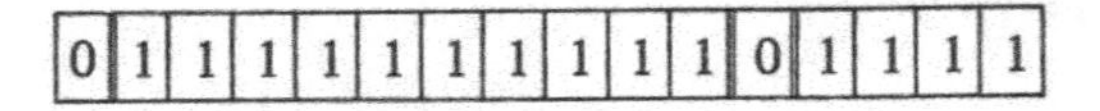

0	1	1	1	1	1	1	1	1	1	1	0	1	1	1

que, na base decimal, tem o seguinte valor:

$$0{,}1111111111 \cdot 2^{1111} = 32736_{10}$$

E o menor valor seria:

$$-0{,}1111111111 \cdot 2^{1111} = -32736_{10}$$

Logo, os números que podem ser representados nesta máquina estariam contidos no intervalo [-32736 ; 32736].

Nesta máquina, ainda, o valor zero seria representado por:

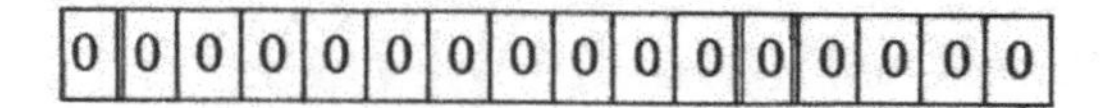

O próximo número positivo representado seria:

0	1	0	0	0	0	0	0	0	0	1	1	1	1	1

$0,1 \cdot 2^{-15} = 0,000015259$

O subseqüente seria:

0	1	0	0	0	0	0	0	0	1	1	1	1	1	1

$0,1000000001 \cdot 2^{-15} = 0,000015289$

Através desses exemplos pode-se concluir que o conjunto dos números representáveis neste sistema é um subconjunto dos números reais, dentro do intervalo mostrado anteriormente.

O número de elementos deste conjunto é dado pela fórmula:

$$2(\beta - 1)(S - I + 1)\,\beta^{t-1} + 1$$

ou seja:

$$2 \cdot (2-1) \cdot (15-(-15)+1) \cdot 2^{10-1} + 1 = 31745$$

Estes números não estão igualmente espaçados dentro do intervalo.

Ao se tentar representar números reais por meio deste sistema, certamente se incorre nos chamados erros de arredondamento, pois nem todos os números reais têm representação no sistema.

Exemplo 1.16

Qual seria a representação de $0,00001527_{10}$?

Já foi visto anteriormente que os números $0,000015259_{10}$ e $0,000015289_{10}$ são representáveis, mas que não existe entre os dois nenhum outro número representável, logo o número 0,00001527 será representado como o número 0,000015259, pois é o valor que tem representação binária mais próxima do valor binário de 0,00001527.

Um outro problema que pode surgir ao se representar valores decimais na forma binária está ligado ao fato de não haver tal representação finita.

Exemplo 1.17

$0,1_{10} = 0,000110011001100\ldots_2$

O valor decimal 0,1 tem como representação binária um número com infinitos dígitos, logo, ao se representar $0,1_{10}$ nesta máquina comete-se um erro, pois:

0	1	1	0	0	1	1	0	0	1	1	1	0	0	1	1

$= 0,099976_{10}$

Pode ser mostrado que uma fração racional na base 10 pode ser escrita, exatamente, com um número finito de dígitos binários somente se puder ser escrita como o quociente de dois inteiros r/s, onde $s = 2^N$ para um inteiro N. Infelizmente, apenas uma pequena parte das frações racionais satisfaz esta condição.

Como ilustração, são apresentados abaixo os sistemas de representação de algumas máquinas.

Máquina	β	t	I	S
Burroughs 5500	8	13	− 51	77
Burroughs 6700	8	13	− 63	63
Hewlett-Packard 45	10	10	− 98	100
Texas SR-5X	10	12	− 98	100
PDP-11	2	24	− 128	127
IBM/360	16	6	− 64	63
IBM/370	16	14	− 64	63
Quartzil QI 800	2	24	− 127	127

Um parâmetro que é muito utilizado para se avaliar a precisão de um determinado sistema de representação é o número de casas decimais exatas da mantissa e este valor é dado pelo valor decimal do último bit da mantissa, ou seja, o bit de maior significância. Logo:

$$\text{PRECISÃO} \leqslant \frac{1}{\beta^t}$$

Exemplo 1.18

Numa máquina com $\beta = 2$ e $t = 10$, a precisão da mantissa é da ordem de $\frac{1}{2^{10}} = 10^{-3}$. Logo, o número de dígitos significativos é 3.

Para concluir este item sobre erros de arredondamento, deve-se ressaltar a importância de se saber o número de dígitos significativos do sistema de representação da máquina que está sendo utilizada para que se tenha noção da precisão do resultado obtido.

Exemplo 1.19

Programa para determinação da precisão de uma máquina.

```
C           PROGRAMA EPSILON
C
C           OBJETIVO :
C                DETERMINAR A PRECISAO DA MAQUINA
C
        REAL EPS,EPS1
C           A VARIAVEL EPS IRA' CONTER A PRECISAO DA MAQUINA
        EPS = 1.0
10      CONTINUE
           EPS = EPS / 2.0
           EPS1 = EPS + 1.0
        IF (EPS1.GT.1.0) GO TO 10
        WRITE (6,20) EPS
20      FORMAT('  A MAQUINA ACHA QUE ',E13.5,' VALE ZERO')
        CALL EXIT
        END
```

O programa foi testado no Quartzil (QI 800) e obteve a seguinte resposta:

```
A MAQUINA ACHA QUE    .29802E-07 VALE ZERO
```

Logo, o número de dígitos significativos da Quartzil é sete.

1.3.3. Erros de Truncamento

São erros provenientes da utilização de processos que deveriam ser infinitos ou muito grandes para a determinação de um valor e que, por razões práticas, são truncados.

Estes processos infinitos são muito utilizados na avaliação de funções matemáticas, tais como, exponenciação, logaritmos, funções trigonométricas e várias outras que uma máquina pode ter.

Exemplo 1.20

Uma máquina poderia calcular a função SENO (x) através do seguinte trecho de programa:

```
        FACT = 1
        SENO = X
        SINAL= 1
        DO 10 I = 3, N, 2
           FACT = FACT*I*(I-1)
           SINAL = -SINAL
           TERMO = SINAL*(X**I)/FACT
           SENO = SENO+TERMO
10      CONTINUE
```

Este trecho de programa gera a seguinte série:

$$SENO = x - \frac{x^3}{3!} + \frac{x^5}{5!} - \frac{x^7}{7!} + \ldots$$

Para que ao final do trecho do programa se tenha na variável SENO o valor de sen (x), o valor N no comando DO deve ser bem grande, o que tornaria o cálculo ineficiente.

A solução adotada é a de interromper os cálculos quando uma determinada precisão é atingida.

De uma maneira geral, pode-se dizer que o erro de truncamento pode ser diminuído até chegar a ficar da ordem do erro de arredondamento; a partir deste ponto, não faz sentido diminuir-se mais, pois o erro de arredondamento será dominante.

Seguindo este raciocínio, o programa anterior deve ser transformado para:

```
      I = 3
      FACT = 1
      SENO = X
      SINAL= 1
5     CONTINUE
         FACT = FACT*I*(I-1)
         SINAL = -SINAL
         TERMO = SINAL*(X**I)/FACT
         SENO = SENO+TERMO
         I = I+2
      IF(TERMO.GT.PREMAN) GO TO 5
```

onde PREMAN é o valor da precisão da mantissa.

Ao longo deste livro serão vistas mais situações onde aparecem erros de truncamento e como é possível controlá-los.

1.3.4. Propagação de Erros

Será mostrado abaixo, através de um exemplo, como os erros descritos anteriormente podem influenciar o desenvolvimento de um cálculo.

Exemplo 1.21

Supondo-se que as operações abaixo sejam processadas em uma máquina com 4 dígitos significativos e fazendo-se

$x_1 = 0{,}3491 \cdot 10^4$
$x_2 = 0{,}2345 \cdot 10^0$

tem-se:

$$
\begin{aligned}
(x_2 + x_1) - x_1 &= (0{,}2345 \cdot 10^0 + 0{,}3491 \cdot 10^4) - 0{,}3491 \cdot 10^4 \\
&= 0{,}3491 \cdot 10^4 - 0{,}3491 \cdot 10^4 \\
&= 0{,}0000
\end{aligned}
$$

$$
\begin{aligned}
x_2 + (x_1 - x_1) &= 0{,}2345 \cdot 10^0 + (0{,}3491 \cdot 10^4 - 0{,}3491 \cdot 10^4) \\
&= 0{,}2345 + 0{,}0000 \\
&= 0{,}2345
\end{aligned}
$$

Os dois resultados são diferentes, quando não deveriam ser, pois a adição é uma operação distributiva. A causa desta diferença foi um arredondamento feito na adição $(x_2 + x_1)$, cujo resultado tem 8 dígitos. Como a máquina só armazena 4 dígitos, os menos significativos foram desprezados.

Ao se utilizar máquinas de calcular deve-se estar atento a essas particularidades causadas pelo erro de arredondamento, não só na adição mas também nas outras operações.

Exemplo 1.22

A seguir, é apresentado um outro exemplo de como a ordem de execução de operações pode influir na solução obtida.

Para o seguinte sistema de equações:

$$
\begin{cases}
0{,}0030\,x_1 + 30{,}0000\,x_2 = 5{,}0010 \\
1{,}0000\,x_1 + 4{,}0000\,x_2 = 1{,}0000
\end{cases}
$$

a solução exata é: $x_1 = 1/3$ e $x_2 = 1/6$

Multiplicando a 1ª equação por $(-1/0{,}003)$, tem-se:

$$
\begin{cases}
-1{,}0000x_1 - 10.000{,}0000x_2 = -1.667{,}0000 \\
1{,}0000x_1 + 4{,}0000x_2 = 1{,}0000
\end{cases}
$$

somando a segunda equação à primeira, elimina-se x_1

$$
\begin{aligned}
-9.996{,}0000x_2 &= -1.666{,}0000 \\
x_2 &= \frac{-1.666{,}0000}{-9.996{,}0000} = 0{,}1667
\end{aligned}
$$

levando este valor à primeira equação, tem-se:

$$-1{,}0000x_1 - 10.000{,}000\,(0{,}1667) = -1.667{,}0000$$
$$x_1 = 0{,}0000$$

Este valor encontrado para x_1 é função da diferença de ordem de grandeza dos coeficientes de x_1 e x_2 na 1ª equação.

Se a ordem das equações é invertida, tem-se:

$$\begin{cases} 1{,}0000\,x_1 + 4{,}0000\,x_2 = 1{,}0000 \\ 0{,}0030\,x_1 + 30{,}0000\,x_2 = 5{,}0010 \end{cases}$$

multiplicando-se a 1ª equação por $-0{,}0030$, vem:

$$\begin{cases} -0{,}0030x_1 - 0{,}0120x_2 = -0{,}0030 \\ 0{,}0030x_1 + 30{,}0000x_2 = 5{,}0010 \end{cases}$$

somando-se a 1ª com a 2ª equação:

$$29{,}9880x_2 = 4{,}9980$$
$$x_2 = 0{,}1667$$

levando, à 1ª equação, o valor de x_2, encontra-se:

$$-0{,}0030x_1 - 0{,}0120\,(0{,}1667) = -0{,}0030$$
$$x_1 = 0{,}3333$$

Capítulo 2

Sistemas Lineares

2.1. INTRODUÇÃO

Um problema de grande interesse prático que aparece, por exemplo, em cálculo de estruturas e redes elétricas e solução de equações diferenciais, é o da resolução numérica de um sistema linear S_n de n equações com n incógnitas:

$$S_n = \begin{cases} a_{11}x_1 + a_{12}x_2 + \ldots + a_{1n}x_n = b_1 \\ a_{21}x_1 + a_{22}x_2 + \ldots + a_{2n}x_n = b_2 \\ \ldots\ldots\ldots\ldots\ldots\ldots\ldots\ldots\ldots \\ a_{n1}x_1 + a_{n2}x_2 + \ldots + a_{nn}x_n = b_n \end{cases} \tag{2.1}$$

ou

$$S_n = \sum_{j=1}^{n} a_{ij}x_j = b_i \quad , \quad i = 1, 2, \ldots, n \tag{2.2}$$

Sob a forma matricial S_n pode ser escrito como

$$\boldsymbol{Ax} = b \tag{2.3}$$

onde A é uma matriz quadrada de ordem n, b e $\mathbf{x}$ são matrizes $n \times 1$, isto é, com n linhas e uma coluna, a_{ij} é chamado coeficiente da incógnita x_j e os b_i são chamados termos independentes, com $i, j = 1, 2, \ldots, n$. Tanto os coeficientes quanto os termos independentes são, em geral, dados do problema. A matriz A é chamada matriz dos coeficientes e a matriz:

$$B = \begin{pmatrix} a_{11} & a_{12} & \ldots & a_{1n} & b_1 \\ a_{21} & a_{22} & \ldots & a_{2n} & b_2 \\ \ldots & \ldots & \ldots & \ldots & \ldots \\ a_{n1} & a_{n2} & \ldots & a_{nn} & b_n \end{pmatrix} = [A : b]$$

é chamada matriz aumentada ou matriz completa do sistema.

Os números $\bar{x}_1, \bar{x}_2, \ldots, \bar{x}_n$ constituem uma solução de (2.1) ou (2.2) se para $x_i = \bar{x}_i$, $i = 1, 2, \ldots, n$ as equações de S_n se transformam em igualdades numéricas. Com estes números, pode-se formar a matriz coluna.

$$\bar{\mathbf{x}} = \begin{pmatrix} \bar{x}_1 \\ \bar{x}_2 \\ \vdots \\ \bar{x}_n \end{pmatrix}$$

a qual é chamada matriz solução de (2.3). Observe que por definição

$$\bar{\mathbf{x}} = (\bar{x}_1 \, \bar{x}_2 \ldots \bar{x}_n)^T$$

2.1.1. Classificação Quanto ao Número de Soluções

Um sistema linear pode ser classificado quanto ao número de soluções em *compatível*, quando apresenta solução, e *incompatível*, caso contrário.

Exemplo 2.1

Se $b_i = 0$, $i = 1, 2, \ldots, n$, isto é, se a matriz $b = 0$, o sistema é dito *homogêneo*. Todo sistema homogêneo é compatível, pois admite sempre a solução $x_i = 0$, $i = 1, 2, \ldots, n$, ou seja, a matriz $\mathbf{x} = 0$ é sempre solução. Esta solução é chamada de trivial.

Exemplo 2.2

O sistema:

$$\begin{cases} x_1 + x_2 = 0 \\ x_1 + x_2 = 1 \end{cases}$$

é incompatível. Geometricamente, pode-se interpretar o sistema do seguinte modo: tomando coordenadas num plano, a equação $x_1 + x_2 = 0$ é a equação de uma reta, o mesmo sucedendo para a equação $x_1 + x_2 = 1$:

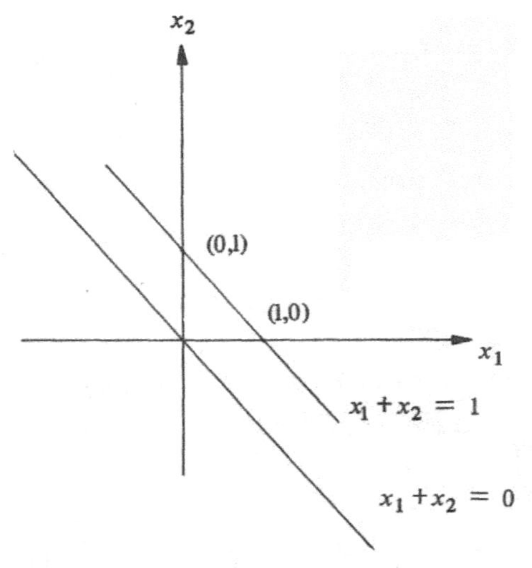

Figura 2.1

Logo, a solução do sistema, que seria o ponto comum entre as retas, não existe, pois elas são paralelas.

Os sistemas compatíveis podem ainda ser classificados em *determinado*, quando apresenta uma única solução, e *indeterminado*, caso contrário.

Exemplo 2.3

O sistema homogêneo

$$S_1 = \begin{cases} x_1 + x_2 = 0 \\ x_1 - x_2 = 0 \end{cases}$$

é determinado, enquanto que

$$S_2 = \begin{cases} x_1 + x_2 = 0 \\ 2x_1 + 2x_2 = 0 \end{cases}$$

é indeterminado. Geometricamente, as retas de S_1 têm em comum a origem, enquanto que as retas de S_2, coincidem.

2.1.2. Sistemas Triangulares

Seja um sistema S_n:

$A\mathbf{x} = b$

onde a matriz $A = (a_{ij})$ é tal que $a_{ij} = 0$ se $j < i$; $i, j = 1, 2, \ldots, n$, ou seja

$$\left\{\begin{array}{l} a_{11}x_1 + a_{12}x_2 + \ldots + a_{1n}x_n = b_1 \\ \qquad\quad a_{22}x_2 + \ldots + a_{2n}x_n = b_2 \\ \ldots\ldots\ldots\ldots\ldots\ldots\ldots\ldots\ldots \\ \qquad\qquad\qquad\qquad a_{nn}x_n = b_n \end{array}\right. \tag{2.4}$$

Um sistema deste tipo é chamado *triangular superior* enquanto que se $a_{ij} = 0$ para $j > i$, $i, j = 1, 2, \ldots, n$ tem-se um sistema *triangular inferior*:

$$\left\{\begin{array}{l} a_{11}x_1 = b_1 \\ a_{21}x_1 + a_{22}x_2 = b_2 \\ a_{31}x_1 + a_{32}x_2 + a_{33}x_3 = b_3 \\ \ldots\ldots\ldots\ldots\ldots\ldots\ldots\ldots\ldots \\ a_{n1}x_1 + a_{n2}x_2 + a_{n3}x_3 + \cdots + a_{nn}x_n = b_n \end{array}\right. \tag{2.5}$$

Observe-se que os sistemas triangulares determinados, isto é, quando $a_{ii} \neq 0$, $i = 1, 2, \ldots, n$, são facilmente resolvidos por substituição retroativa ou progressiva. No caso do sistema (2.4), por exemplo, calcula-se $x_n = b_n/a_{nn}$ $(a_{nn} \neq 0)$ na n-ésima equação; a seguir, leva-se o valor de x_n na $(n-1)$-ésima equação e calcula-se o valor de x_{n-1} $(a_{n-1,\, n-1} \neq 0)$ e assim sucessivamente até o cálculo de x_1 $(a_{11} \neq 0)$. Neste caso, o sistema possui solução única. Entretanto, poderia haver algum elemento nulo na diagonal e, neste caso, surgiriam equações do seguinte tipo:

$$0x_i = b_i - \sum_{j=i+1}^{n} a_{ij}x_j \tag{2.6}$$

Observando a equação acima pode-se distinguir dois casos:

1º) $b_i - \sum_{j=i+1}^{n} a_{ij}x_j = 0$: o sistema admite mais de uma solução pois, qualquer que seja o valor de x_i, a equação (2.6) será satisfeita; logo o sistema é *indeterminado.*

2º) $b_i - \sum_{j=i+1}^{n} a_{ij} x_j \neq 0$: o sistema não admite solução pois

não existe valor de x_i que satisfaça a equação (2.6); logo, o sistema é *incompatível.*

Exemplo 2.4

$$\begin{cases} 3x_1 + 4x_2 - 5x_3 + x_4 = -10 \\ x_2 + x_3 - 2x_4 = -1 \\ 4x_3 - 5x_4 = 3 \\ 2x_4 = 2 \end{cases}$$

Substituições retroativas:

$$x_4 = \frac{2}{2} \rightarrow x_4 = 1$$

$$4x_3 - 5 \cdot 1 = 3 \rightarrow x_3 = 2$$

$$x_2 + 2 - 2 \cdot 1 = -1 \rightarrow x_2 = -1$$

$$3x_1 + 4(-1) - 5 \cdot 2 + 1 = -10 \rightarrow x_1 = 1$$

A solução é $\bar{\mathbf{x}} = [1 \ -1 \ 2 \ 1]^T$.

O sistema é determinado.

Exemplo 2.5

$$\begin{cases} 3x_1 + 4x_2 - 5x_3 + x_4 = -10 \\ x_3 - 2x_4 = 0 \\ 4x_3 - 5x_4 = 3 \\ 2x_4 = 2 \end{cases}$$

Substituições retroativas:

$$x_4 = \frac{2}{2} \rightarrow x_4 = 1$$

$$4x_3 - 5 \cdot 1 = 3 \rightarrow x_3 = 2$$

$$0x_2 + 2 - 2 \cdot 1 = 0 \rightarrow 0x_2 = 0$$

Qualquer valor de x_2 satisfaz a equação acima. Seja, então, $x_2 = \lambda$:

$$3x_1 + 4\lambda - 5 \cdot 2 + 1 = -10 \rightarrow x_1 = -\frac{1 + 4\lambda}{3}$$

A solução é $\bar{\mathbf{x}} = \left[\frac{-1 + 4\lambda}{3} \quad \lambda \quad 2 \quad 1\right]^T$

O sistema é *indeterminado*.

Exemplo 2.6

$$\begin{cases} 3x_1 + 4x_2 - 5x_3 + x_4 = -10 \\ x_3 - 2x_4 = -1 \\ 4x_3 - 5x_4 = 3 \\ 2x_4 = 2 \end{cases}$$

Substituições retroativas:

$$x_4 = \frac{2}{2} \rightarrow x_4 = 1$$

$$4x_3 - 5 \cdot 1 = 3 \rightarrow x_3 = 2$$

$$0x_2 + 2 - 2 \cdot 1 = -1 \rightarrow 0x_2 = -1$$

Nenhum valor de x_2 satisfaz a equação acima. O sistema é *incompatível* pois não admite solução.

2.1.3. Implementação da Substituição Retroativa

Seguem, na página seguinte, a implementação do método pela sub-rotina SRETRO e um exemplo de programa para usá-la.

2.1.3.1. SUB-ROTINA SRETRO

```
C.............................................................
C
C
C         SUBROTINA SRETRO
C
C         OBJETIVO :
C              RESOLUCAO DE SISTEMA LINEAR TRIANGULAR SUPERIOR
C
C         METODO UTILIZADO :
C              SUBSTITUICOES RETROATIVAS
C
C         USO :
C              CALL SRETRO(A,N,NMAX,MMAX,X)
C
C         PARAMETROS DE ENTRADA :
C              A       : MATRIZ DE COEFICIENTES E TERMOS
C                        INDEPENDENTES
C              N       : ORDEM DA MATRIZ A
C              NMAX    : NUMERO MAXIMO DE LINHAS DECLARADO
C              MMAX    : NUMERO MAXIMO DE COLUNAS DECLARADO
C
C         PARAMETRO DE SAIDA :
C              X       : VETOR SOLUCAO
C
C.............................................................
C
C
       SUBROUTINE SRETRO(A,N,NMAX,MMAX,X)
C
C
      INTEGER I,J,K,L,M,MMAX,N,NMAX,N1
      REAL A(NMAX,MMAX),X(NMAX)
C
C         SUBSTITUICOES RETROATIVAS
C
        N1=N+1
        K=N-1
        X(N)=A(N,N1)/A(N,N)
        DO 20 I = 1, K
          L = N-I
          X(L)=A(L,N1)
          M = L+1
          DO 10 J = M,N
            X(L) = X(L)-A(L,J)*X(J)
   10     CONTINUE
          X(L) = X(L)/A(L,L)
   20   CONTINUE
C
C         FIM DAS SUBSTITUICOES
C
C         IMPRESSAO DOS RESULTADOS
C
        WRITE(2,21)
```

```
 21    FORMAT(1H1,15H  VETOR SOLUCAO,/)
       DO 30 I=1,N
         WRITE(2,22)X(I),I
 22      FORMAT(1H0,6HX   = ,1PE12.5,/,2X,I2)
 30    CONTINUE
       RETURN
       END
```

2.1.3.2. *PROGRAMA PRINCIPAL*

```
C
C
C          PROGRAMA PRINCIPAL PARA UTILIZACAO DA SUBROTINA SRETRO
C
C
      INTEGER I,J,MMAX,N,NMAX,N1
      REAL A(20,21),X(20)
        NMAX=20
        MMAX=NMAX+1
        READ(1,1)N
    1   FORMAT(I2)
C        N       : ORDEM DA MATRIZ
        N1=N+1
        DO 10 I=1,N
          READ(1,2)(A(I,J),J=I,N1)
    2     FORMAT(10F8.0)
C        A       : MATRIZ DE COEFICIENTES E TERMOS INDEPENDENTES
   10   CONTINUE
C
        CALL SRETRO(A,N,NMAX,MMAX,X)
C
        CALL EXIT
      END
```

Exemplo 2.7

Determinar o vetor solução do seguinte sistema linear triangular superior:

$$
\begin{aligned}
x_1 + 3x_2 - 2x_3 + 7x_4 + 0x_5 - 9x_6 + 6x_7 - x_8 &= 6{,}25\\
4x_2 + 3x_3 - x_4 + 8x_5 + 6x_6 - 7x_7 + 4x_8 &= 55{,}08\\
7x_3 + 4x_4 + 2x_5 - 4x_6 - 8x_7 + 2x_8 &= -2{,}454\\
-3x_4 + 5x_5 + 9x_6 + 5x_7 + x_8 &= 51{,}442\\
2x_5 - 6x_6 - 4x_7 + 8x_8 &= 0\\
-5x_6 + 0x_7 + 3x_8 &= -0{,}008\\
-9x_7 + 5x_8 &= 7{,}228\\
6x_8 &= 24
\end{aligned}
$$

Para resolver este exemplo usando o programa acima, devem ser fornecidos:
Dados de entrada

```
Ø8
1., 3., -2., 7., Ø., -9., 6., -1., 6.25,
4., 3., -1., 8., 6., -7., 4., 55.Ø8,
7., 4., 2., -4., -8., 2., -2.454,
-3., 5., 9., 5., 1., 51.442,
2., -6., -4., 8., Ø.,
-5., Ø., 3., - Ø.ØØ8,
-9., 5., 7.228,
6., 24.,
```

Os resultados obtidos foram:

```
VETOR SOLUCAO

X    =  1.39877E+02
 1

X    =  7.18887E+00
 2

X    =  1.24441E+01
 3

X    = -1.61723E+01
 4

X    = -5.95698E+00
 5

X    =  2.40160E+00
 6

X    =  1.41911E+00
 7

X    =  4.00000E+00
 8
```

Observação: A sub-rotina SRETRO não prevê zero na diagonal principal.

2.1.4. Exercícios de Fixação

Determinar o vetor solução dos sistemas lineares abaixo:

2.1.4.1

$$\begin{cases} x_1 = 1 \\ 2x_1 + 5x_2 = 2 \\ 3x_1 + 6x_2 + 4x_3 = 3 \end{cases}$$

2.1.4.2

$$\begin{cases} x_1 = 1 \\ x_1 + x_2 = -1 \\ x_1 + x_2 + x_3 = 3 \\ x_1 + x_2 + x_3 + x_4 = 3 \end{cases}$$

2.1.4.3

$$\begin{cases} x_1 + x_2 + x_3 + x_4 = 4 \\ x_2 + 3x_3 + x_4 = 3 \\ x_3 + x_4 = 2 \\ x_4 = 1 \end{cases}$$

2.1.4.4

$$\begin{cases} x_1 - 3x_2 + x_3 = 6 \\ 4x_2 - x_3 = 5 \\ x_4 = 4 \end{cases}$$

2.1.4.5

$$\begin{cases} x_1 - 2x_2 + 3x_3 + x_4 = 4 \\ 3x_3 + x_4 = 3 \\ x_3 + x_4 = 2 \\ x_4 = 1 \end{cases}$$

2.1.4.6

$$\begin{cases} x_1 = 1 \\ x_1 + x_2 = -1 \\ 2x_1 + x_2 + 3x_3 = 0 \\ x_1 + x_2 + x_3 = -1 \\ x_1 - x_2 + x_3 - x_4 + x_5 = 3 \end{cases}$$

2.1.5. Transformações Elementares

Denominam-se transformações elementares às seguintes operações sobre as equações de um sistema linear:

a) Trocar a ordem de duas equações do sistema.

b) Multiplicar uma equação do sistema por uma constante não nula.

c) Adicionar duas equações do sistema.

2.1.6. Definição

Dois sistemas S_1 e S_2 serão equivalentes se S_2 puder ser obtido de S_1 através de transformações elementares.

Observação: Dois sistemas equivalentes S_1 e S_2 ou são incompatíveis ou têm as mesmas soluções.

A resolução numérica de um sistema linear é feita, em geral, por dois caminhos: os métodos diretos e os métodos iterativos. Convém notar que o método de Cramer é inviável em função do tempo de computação.

2.2. MÉTODOS DIRETOS

São métodos que determinam a solução de um sistema linear com um número finito de operações.

2.2.1. Método de Gauss

Com $(n-1)$ passos o sistema linear $A\mathbf{x} = b$ é transformado num sistema triangular equivalente:

$U\mathbf{x} = c$

o qual se resolve facilmente por substituição.

Exemplo 2.8

Resolver

$$\begin{cases} 2x_1 + 3x_2 - x_3 = 5 \\ 4x_1 + 4x_2 - 3x_3 = 3 \\ 2x_1 - 3x_2 + x_3 = -1 \end{cases}$$

pelo método de Gauss.

1ª etapa

Escreve-se a matriz aumentada do sistema acima, isto é,

$$B = \left[\begin{array}{ccc|c} \textcircled{2} & 3 & -1 & 5 \\ 4 & 4 & -3 & 3 \\ 2 & -3 & 1 & -1 \end{array}\right] = [A \mid b]$$

Fazendo $B_0 = B$ e chamando de $L_1^{(0)}$, $L_2^{(0)}$ e $L_3^{(0)}$ as linhas 1, 2 e 3, respectivamente, de B_0, escolhe-se $a_{11}^{(0)}$ como pivô e calculam-se os multiplicadores:

$$m_{21}^{(0)} = -\frac{a_{21}^{(0)}}{a_{11}^{(0)}} = -\frac{4}{2} = -2$$

$$m_{31}^{(0)} = -\frac{a_{31}^{(0)}}{a_{11}^{(0)}} = -\frac{2}{2} = -1$$

Fazem-se, agora, as seguintes transformações elementares sobre as linhas de B_0:

$$L_1^{(0)} \rightarrow L_1^{(1)}$$
$$m_{21}^{(0)} L_1^{(0)} + L_2^{(0)} \rightarrow L_2^{(1)}$$
$$m_{31}^{(0)} L_1^{(0)} + L_3^{(0)} \rightarrow L_3^{(1)}$$

$L_1^{(1)}$, $L_2^{(1)}$ e $L_3^{(1)}$ são linhas da matriz transformada, B_1.

Finaliza, assim, a 1ª etapa, que consiste em eliminar todos os valores abaixo do pivô $a_{11}^{(0)} = 2$.

Efetuando-se as transformações acima indicadas tem-se:

$$B_1 = \left[\begin{array}{ccc|c} 2 & 3 & -1 & 5 \\ 0 & \textcircled{-2} & -1 & -7 \\ 0 & -6 & 2 & -6 \end{array}\right]$$

2ª etapa

Escolhe-se $a_{22}^{(1)} = -2$ como pivô e calcula-se o multiplicador

$$m_{32}^{(1)} = -\frac{a_{32}^{(1)}}{a_{22}^{(1)}} = -\frac{-6}{-2} = -3$$

São feitas agora as seguintes transformações elementares sobre as linhas B_1:

$$L_1^{(1)} \rightarrow L_1^{(2)}$$
$$L_2^{(1)} \rightarrow L_2^{(2)}$$
$$m_{32}^{(1)} L_2^{(1)} + L_3^{(1)} \rightarrow L_3^{(2)}$$

$L_1^{(2)}$, $L_2^{(2)}$ e $L_3^{(2)}$ são as linhas da matriz transformada, B_2, que já está na forma triangular, isto é:

$$B_2 = \left[\begin{array}{ccc|c} 2 & 3 & -1 & 5 \\ 0 & -2 & -1 & -7 \\ 0 & 0 & \textcircled{5} & 15 \end{array}\right]$$

A matriz B_2 é a matriz aumentada do sistema triangular superior

$$\begin{cases} 2x_1 + 3x_2 - x_3 = 5 \\ \quad\;\; -2x_2 - x_3 = -7 \\ \qquad\qquad\; 5x_3 = 15 \end{cases}$$

que é equivalente ao sistema dado. Resolvendo o sistema triangular por substituições retroativas tem-se $\bar{\mathbf{x}} = [1\ 2\ 3]^T$ que é, também, solução para o sistema dado.

O dispositivo prático dado a seguir torna mais compacta a triangulação da matriz aumentada do sistema do exemplo 2.8. Nas linhas (1), (2) e (3) colocam-se os coeficientes das incógnitas e os termos independentes do sistema em suas respectivas colunas, calculando-se, na coluna MULTIPLICADOR, os multiplicadores da linha (1) que serão usados na eliminação dos primeiros elementos das linhas (2) e (3). Nas linhas (4) e (5) colocam-se as transformadas das linhas (2) e (3), indicando-se as respectivas transformações na coluna TRANSFORMAÇÕES; calcula-se, também, o multiplicador da linha (4) a ser usado na eliminação do primeiro elemento não nulo da linha (5). Na linha (6) coloca-se a transformada da linha (5), indicando a transformação na coluna TRANSFORMAÇÕES:

Linha	Multiplicador	Coeficientes das Incógnitas			Termos Independentes	Transformações
(1)		②	3	−1	5	
(2)	$-\frac{4}{②} = -2$	4	4	−3	3	
(3)	$-\frac{2}{②} = -1$	2	−3	1	−1	
(4)		0	(−2)	−1	−7	−2 (1) + (2)
(5)	$-\frac{-6}{(-2)} = -3$	0	−6	2	−6	−1 (1) + (3)
(6)		0	0	⑤	15	−3 (4) + (5)

O sistema triangular obtido após as transformações elementares tem como equações as linhas (1), (4) e (6), isto é:

$$\begin{cases} 2x_1 + 3x_2 - x_3 = 5 \\ \quad\; -2x_2 - x_3 = -7 \\ \qquad\qquad 5x_3 = 15 \end{cases}$$

Resolvendo-o por substituições retroativas obtém-se a solução $\bar{\mathbf{x}} = [1\ 2\ 3]^T$, que é também solução do sistema dado, uma vez que ambos são equivalentes.

O exemplo 2.9, a seguir, mostra os efeitos de arredondamento na fase de eliminação e na fase de substituições retroativas.

Exemplo 2.9

Resolver pelo método de Gauss retendo, durante os cálculos, duas casas decimais.

$$\begin{aligned} 8{,}7x_1 + 3{,}0x_2 + 9{,}3x_3 + 11{,}0x_4 &= 16{,}4 \\ 24{,}5x_1 - 8{,}8x_2 + 11{,}5x_3 - 45{,}1x_4 &= -49{,}7 \\ 52{,}3x_1 - 84{,}0x_2 - 23{,}5x_3 + 11{,}4x_4 &= -80{,}8 \\ 21{,}0x_1 - 81{,}0x_2 - 13{,}2x_3 + 21{,}5x_4 &= -106{,}3 \end{aligned}$$

Linha	Multi-plicador	Coeficientes das Incógnitas				Termos Independentes	Transformações
(1)		8,7	3,0	9,3	11,0	16,4	
(2)	-2,82	24,5	-8,8	11,5	-45,1	-49,7	
(3)	-6,01	52,3	-84,0	-23,5	11,4	-80,8	
(4)	-2,41	21,0	-81,0	-13,2	21,5	-106,3	
(5)		0,0	-17,26	-14,73	-76,12	-95,95	-2,82(1)+(2)
(6)	-5,91	0,0	-102,03	-79,39	-54,71	-179,36	-6,01(1)+(3)
(7)	-5,11	0,0	-88,23	-35,61	-5,01	-145,82	-2,41(1)+(4)
(8)		0,0	0,0	7,66	395,16	387,70	-5,91(5)+(6)
(9)	-5,18	0,0	0,0	39,66	383,96	344,48	-5,11(5)+(7)
(10)		0,0	0,0	0,0	-1662,97	-1663,81	-5,18(8)+(9)

O sistema triangular obtido após as transformações é:

$$
\begin{array}{rcrcrcrcr}
8{,}7x_1 & + & 3{,}0x_2 & + & 9{,}3x_3 & + & 11{,}0x_4 & = & 16{,}4 \\
 & - & 17{,}26x_2 & - & 14{,}73x_3 & - & 76{,}12x_4 & = & -95{,}95 \\
 & & & & 7{,}66x_3 & + & 395{,}16x_4 & = & 387{,}70 \\
 & & & & & - & 1662{,}97x_4 & = & -1663{,}81
\end{array}
$$

$$\bar{\mathbf{x}} = [0{,}97 \quad 1{,}98 \quad -0{,}97 \quad 1{,}00]^T$$

Uma medida para avaliar a precisão dos cálculos é o resíduo, que é dado por:

$$r = b - A\bar{\mathbf{x}}$$

isto é,

$$r = \begin{bmatrix} 16{,}4 \\ -49{,}7 \\ -80{,}8 \\ -106{,}3 \end{bmatrix} - \begin{bmatrix} 8{,}7 & 3{,}0 & 9{,}3 & 11{,}0 \\ 24{,}5 & -8{,}8 & 11{,}5 & -45{,}1 \\ 52{,}3 & -84{,}0 & -23{,}5 & 11{,}4 \\ 21{,}0 & -81{,}0 & -13{,}2 & 21{,}5 \end{bmatrix} \begin{bmatrix} 0{,}97 \\ 1{,}98 \\ -0{,}97 \\ 1{,}00 \end{bmatrix}$$

$$r = \begin{bmatrix} 0{,}042 \\ 0{,}214 \\ 0{,}594 \\ -0{,}594 \end{bmatrix}$$

2.2.2. Implementação do Método de Gauss

Seguem, abaixo, a implementação do método pela sub-rotina GAUSS e um exemplo de programa para usá-la.

2.2.2.1. SUB-ROTINA GAUSS

```
C.............................................................
C
C
C        SUBROTINA GAUSS
C
C        OBJETIVO :
C             RESOLUCAO DE SISTEMAS DE EQUACOES LINEARES
C
C        METODO UTILIZADO :
C             ELIMINACAO DE GAUSS
C
C        USO :
C             CALL GAUSS(A,N,NMAX,MMAX,X,DET)
C
C        PARAMETROS DE ENTRADA :
C             A       : MATRIZ DE COEFICIENTES E TERMOS
C                       INDEPENDENTES
C             N       : ORDEM DA MATRIZ A
C             NMAX    : NUMERO MAXIMO DE LINHAS DECLARADO
C             MMAX    : NUMERO MAXIMO DE COLUNAS DECLARADO
C
C        PARAMETROS DE SAIDA :
C             X       : VETOR SOLUCAO
C             DET     : VALOR DO DETERMINANTE DE A
C
C.............................................................
C
C
      SUBROUTINE GAUSS(A,N,NMAX,MMAX,X,DET)
C
C
      INTEGER I,IC,J,K,L,LF,LI,M,MM,MMAX,N,NC,NMAX,N1
      REAL A(NMAX,MMAX),DET,MULT,X(NMAX)
C
C        IMPRESSAO DA MATRIZ DE COEFICIENTES E TERMOS
C        INDEPENDENTES
C
        WRITE(2,1)
    1   FORMAT(1H1,29X,22HMATRIZ DE COEFICIENTES,/)
        N1=N+1
        NC=N/5
        LI=1
        LF=0
        IF(NC.EQ.0)GO TO 30
        DO 20 IC=1,NC
          LF=IC*5
          WRITE(2,2)(I,I=LI,LF)
```

```
  2       FORMAT(1H0,3HI/J,7X,I2,4(13X,I2))
          DO 10 I=1,N
            WRITE(2.3)I,(A(I,J),J=LI,LF)
  3         FORMAT(1H0,I2,5(3X,1PE12.5))
 10       CONTINUE
          LI=LF+1
 20     CONTINUE
 30     K=MOD(N,5)
        IF(K.EQ.0)GO TO 50
          LF=LF+K
          WRITE(2,2)(I,I=LI,LF)
          DO 40 I=1,N
            WRITE(2,3)I,(A(I,J),J=LI,LF)
 40       CONTINUE
 50     CONTINUE
        WRITE(2,51)
 51     FORMAT(1H0)
        WRITE(2,52)
 52     FORMAT(1H0,21H TERMOS INDEPENDENTES,/)
        DO 60 I=1,N
          WRITE(2,53)I,A(I,N1)
 53       FORMAT(1X,I2,3X,1PE12.5,/)
 60     CONTINUE
C
C        FIM DA IMPRESSAO
C
C        METODO DE GAUSS
C
        DET=1.
        MM  = N-1
        DO 100 K = 1,MM
          IF (ABS(A(K,K)).GT.1.E-7) GO TO 70
            WRITE(2,61)K,K
 61         FORMAT(1H1,36H O ELEMENTO DA DIAGONAL PRINCIPAL NA,
     G             6H LINHA,I3,29H ESTA' IGUAL A ZERO,NO PASSO ,
     H             I3)
            RETURN
 70       CONTINUE
          DET = DET*A(K,K)
          M = K+1
          DO 90 I = M,N
            MULT = -A(I,K)/A(K,K)
            DO 80 J = K,N1
              A(I,J) = A(I,J)+MULT*A(K,J)
 80         CONTINUE
 90       CONTINUE
100     CONTINUE
        IF(ABS(A(N,N)).GT.1.E-7) GO TO 120
          IF (ABS(A(N,N1)).GT.1.E-7) GO TO 110
            WRITE(2,101)
101         FORMAT(1H1,27H O SISTEMA E' INDETERMINADO)
            RETURN
110         CONTINUE
            WRITE(2,111)
111         FORMAT(1H1,24H O SISTEMA E' IMPOSSIVEL)
            RETURN
120       CONTINUE
```

```
         DET = DET*A(N,N)
         X(N)=A(N,N1)/A(N,N1)
         K=N-1
         DO 140 I=1,K
           L=N-I
           X(L)=A(L,N1)
           M=L+1
           DO 130 J=M,N
             X(L)=X(L)-A(L,J)*X(J)
  130      CONTINUE
           X(L)=X(L)/A(L,L)
  140    CONTINUE
C
C       FIM DO METODO DE GAUSS
C
C       IMPRESSAO DOS RESULTADOS
C
         WRITE(2,141)
  141    FORMAT(1H1,15H  VETOR SOLUCAO,/)
         DO 150 I=1,N
           WRITE(2,142)X(I),I
  142      FORMAT(1H0,6HX    = ,1PE12.5,/2X,I2)
  150    CONTINUE
         WRITE(2,151)DET
  151    FORMAT(1H0,28H O VALOR DO DETERMINANTE E' ,1PE12.5)
         RETURN
      END
```

2.2.2.2. PROGRAMA PRINCIPAL

```
C
C
C        PROGRAMA PRINCIPAL PARA UTILIZACAO DA SUBROTINA GAUSS
C
C
      INTFGER I,J,MMAX,N,NMAX,N1
      REAL A(20,21),DET,X(20)
        NMAX=20
        MMAX=NMAX+1
        READ(1,1)N
    1   FORMAT(I2)
C        N       : ORDEM DA MATRIZ
        N1=N+1
        DO 10 I=1,N
          READ (1,2) (A(I,J),J = 1,N1)
    2     FORMAT(10f8.0)
C        A       : MATRIZ DE COEFICIENTES E TERMOS INDEPENDENTES
   10   CONTINUE
C
        CALL GAUSS (A,N,NMAX,MMAX,X,DET)
C
        CALL EXIT
      END
```

Exemplo 2.10

Determinar o vetor solução do seguinte sistema de equações lineares:

$$\begin{cases} x_1 - 5x_2 + 3x_3 + 9x_4 - 7x_5 + 21x_6 - 7x_7 - 2x_8 = -10{,}79 \\ 3x_1 + 2x_2 - 5x_3 + 8x_4 + 3x_5 - 13x_6 + x_8 = -2{,}14 \\ 2x_1 + x_2 + 9x_3 - 6x_4 - 6x_5 + 8x_6 - 3x_7 + 3x_8 = -130{,}608 \\ 4x_1 - 4x_2 + 2x_3 + 5x_4 + 8x_5 - 6x_6 + 2x_7 - 4x_8 = 76{,}3 \\ -5x_1 + 6x_2 - 4x_3 + 4x_4 + 9x_5 - 10x_6 + x_7 + 5x_8 = -11{,}1 \\ 6x_1 + x_2 + 5x_3 - 2x_4 + 15x_5 + 4x_6 - 9x_7 + 7x_8 = 0{,}135 \\ - 9x_2 + 1x_3 + x_4 - 12x_5 + 2x_6 + 10x_7 + 8x_8 = -3{,}108 \\ 3x_1 + 10x_2 + 3x_3 + 7x_4 + 3x_5 + x_6 + x_7 - 3x_8 = 632{,}5 \end{cases}$$

Para resolver este exemplo, usando o programa acima, devem ser fornecidos:
Dados de entrada

```
Ø8
1., – 5., 3., 9., – 7., 21., – 7., – 2., – 1Ø.79,
3., 2., – 5., 8., 3., – 13., Ø., 1., – 2.14,
2., 1., 9., – 6., – 6., 8., – 3., 3., – 13Ø.6Ø8,
4., – 4., 2., 5., 8., – 6., 2., – 4., 76.3,
– 5., 6., – 4., 4., 9., – 1Ø., 1., 5., – 11.1,
6., 1., 5., – 2., 15., 4., – 9., 7., Ø.135,
Ø., – 9., 1., 1., – 12., 2., 1Ø., 8., – 3.1Ø8,
3., 1Ø., 3., 7., 3., 1., 1., – 3., 632.5,
```

Os resultados obtidos foram:

MATRIZ DE COEFICIENTES

I/J	1	2	3	4
1	1.00000E+00	-5.00000E+00	3.00000E+00	9.00000E+00
2	3.00000E+00	2.00000E+00	-5.00000E+00	8.00000E+00
3	2.00000E+00	1.00000E+00	9.00000E+00	-6.00000E+00
4	4.00000E+00	-4.00000E+00	2.00000E+00	5.00000E+00
5	-5.00000E+00	6.00000E+00	-4.00000E+00	4.00000E+00

MATRIZ DE COEFICIENTES

I/J	1	2	3	4
6	6.00000E+00	1.00000E+00	5.00000E+00	-2.00000E+00
7	0.00000E+00	9.00000E+00	1.00000E+00	1.00000E+00
8	3.00000E+00	1.00000E+01	3.00000E+00	7.00000E+00

I/J	5	6	7	8
1	-7.00000E+00	2.10000E+01	-7.00000E+00	-2.00000E+00
2	3.00000E+00	-1.30000E+01	0.00000E+00	1.00000E+00
3	-6.00000E+00	8.00000E+00	-3.00000E+00	3.00000E+00
4	8.00000E+00	-6.00000E+00	2.00000E+00	-4.00000E+00
5	9.00000E+00	-1.00000E+01	1.00000E+00	5.00000E+00
6	1.50000E+01	4.00000E+00	-9.00000E+00	7.00000E+00
7	-1.20000E+01	2.00000E+00	1.00000E+01	8.00000E+00
8	3.00000E+00	1.00000E+00	1.00000E+00	-3.00000E+00

TERMOS INDEPENDENTES

1	-1.07900E+01
2	-2.14000E+00
3	-1,30608E+02
4	7.63000E+01
5	-1.11000E+01
6	1.35000E-01
7	-3.10800E+00
8	6.32500E+02

VETOR SOLUCAO

X_1 = 1.84245E+01

X_2 = 4.32176E+01

```
X  = -1.14706E+01
 3

X  = -1.30122E+00
 4

X  =  1.39106E+01
 5

X  =  1.47225E+01
 6

X  =  8.72343E+00
 7

X  = -4.11309E+01
 8

 O VALOR DO DETERMINANTE E'  5.51885E+08
```

2.2.3. Exercícios de Fixação

Determinar o vetor solução dos sistemas lineares abaixo através do método de eliminação de Gauss.

2.2.3.1

$$\begin{cases} 2x_1 + 3x_2 + x_3 - x_4 = 6{,}90 \\ -x_1 + x_2 - 4x_3 + x_4 = -6{,}60 \\ x_1 + x_2 + x_3 + x_4 = 10{,}20 \\ 4x_1 - 5x_2 + x_3 - 2x_4 = -12{,}30 \end{cases}$$

2.2.3.2

$$\begin{cases} 4x_1 + 3x_2 + 2x_3 + x_4 = 10 \\ x_1 + 2x_2 + 3x_3 + 4x_4 = 5 \\ x_1 - x_2 - x_3 - x_4 = -1 \\ x_1 + x_2 + x_3 + x_4 = 3 \end{cases}$$

2.2.3.3

$$\begin{cases} x_1 + 2x_2 + 3x_3 + 4x_4 = 10 \\ 2x_1 + x_2 + 2x_3 + 3x_4 = 7 \\ 3x_1 + 2x_2 + x_3 + 2x_4 = 6 \\ 4x_1 + 3x_2 + 2x_3 + x_4 = 5 \end{cases}$$

2.2.3.4

$$\begin{cases} x_1 + x_2 + 2x_3 + 4x_4 = 7{,}12 \\ x_1 + x_2 + 5x_3 + 6x_4 = 12{,}02 \\ 2x_1 + 5x_2 + x_3 + 2x_4 = 14{,}90 \\ 4x_1 + 6x_2 + 2x_3 + x_4 = 20{,}72 \end{cases}$$

2.2.4. Refinamento de Soluções

Quando se opera com números exatos, não se cometem erros de arredondamento no decorrer dos cálculos e as transformações elementares, juntamente com as substituições (retroativas ou progressivas), produzem resultados exatos. Entretanto, na maioria das vezes, tem-se que se contentar com cálculos aproximados e, aí, cometem-se erros de arredondamento que podem se propagar, chegando mesmo a comprometer os resultados. Daí o uso de técnicas especiais para minimizar a propagação de tais erros de arredondamento. Uma das técnicas é a seguinte:

Seja $\overline{\mathbf{x}}^{(0)}$ a solução aproximada para o sistema $A\mathbf{x} = b$.

Então, a solução melhorada $\overline{\mathbf{x}}^{(1)}$ é obtida como se segue:

$$\overline{\mathbf{x}}^{(1)} = \overline{\mathbf{x}}^{(0)} + \delta^{(0)}$$

onde $\delta^{(0)}$ é uma parcela de correção.

Logo:

$$A\overline{\mathbf{x}}^{(1)} = b$$

Então, tem-se:

$$A\,(\overline{\mathbf{x}}^{(0)} + \delta^{(0)}) = b$$
$$A\,\overline{\mathbf{x}}^{(0)} + A\,\delta^{(0)} = b$$
$$A\,\delta^{(0)} = b - A\,\overline{\mathbf{x}}^{(0)}$$
$$A\,\delta^{(0)} = r^{(0)}$$

Assim, para se obter a parcela de correção $\delta^{(0)}$ basta que se resolva o sistema linear acima, onde A é a matriz de coeficientes das incógnitas do sistema $A\mathbf{x} = b$ e $r^{(0)}$ é o resíduo produzido pela solução aproximada $\overline{\mathbf{x}}^{(0)}$.

A nova aproximação será, então,

$$\overline{\mathbf{x}}^{(1)} = \overline{\mathbf{x}}^{(0)} + \delta^{(0)}$$

Caso se queira uma melhor aproximação, resolve-se, agora, o sistema

$$A\,\delta^{(1)} = r^{(1)}$$

onde $\delta^{(1)}$ é parcela de correção para $\overline{\mathbf{x}}^{(1)}$ e $r^{(1)}$ é o resíduo produzido por $\overline{\mathbf{x}}^{(1)}$.

O processo é repetido até que se obtenha a precisão desejada.

Exemplo 2.11

Conforme foi visto no exemplo 2.9, a solução do sistema é:

$\bar{\mathbf{x}} = [\,0{,}97 \;\; 1{,}98 \;\; -0{,}97 \;\; 1{,}00]^T$

com resíduo

$r = [\,0{,}042 \;\; 0{,}214 \;\; 0{,}594 \;\; -0{,}594]^T$

Fazendo

$\bar{\mathbf{x}}^{(1)} = \bar{\mathbf{x}}^{(0)} + \delta^{(0)}$ e

$r = r^{(0)}$

o cálculo da parcela é feito pelo sistema

$A\ \delta^{(0)} = r^{(0)}$

que fornece como resultado

$\delta^{(0)} = [\,0{,}0295 \;\; 0{,}0195 \;\; -0{,}0294 \;\; 0{,}0000\,]^T$

$\bar{\mathbf{x}}$ será, então:

$\bar{\mathbf{x}}^{(1)} = \bar{\mathbf{x}}^{(0)} + \delta^{(0)}$

$$\bar{\mathbf{x}}^{(1)} = \begin{bmatrix} 1{,}000 \\ 2{,}000 \\ -0{,}999 \\ 1{,}000 \end{bmatrix}$$

cujo resíduo é

$$r^{(1)} = \begin{bmatrix} -0{,}009 \\ -0{,}011 \\ 0{,}024 \\ 0{,}013 \end{bmatrix}$$

Fazendo.

$\bar{\mathbf{x}}^{(2)} = \bar{\mathbf{x}}^{(1)} + \delta^{(1)}$ e

$r = r^{(1)}$

tem-se outra parcela de correção fornecida pelo sistema

$A\ \delta^{(1)} = r^{(1)}$

$\delta^{(1)} = [-\,0{,}0002 - 0{,}0002 - 0{,}0007 \;\; 0{,}0000]^T$

O valor melhorado de $\overline{\mathbf{x}}$ será:

$$\overline{\mathbf{x}}^{(2)} = \overline{\mathbf{x}}^{(1)} + \delta^{(1)}$$

$$\overline{\mathbf{x}}^{(2)} = [\,1{,}000 \;\; 2{,}000 \;\; -1{,}000 \;\; 1{,}000)\,]^T$$

com resíduo

$$r^{(2)} = [\,0 \;\; 0 \;\; 0 \;\; 0\,]^T$$

Conforme o leitor deve ter notado nos exemplos anteriores, foram tomados pivôs diferentes de zero para que fossem possíveis as eliminações. Caso ocorra algum pivô nulo, deve-se efetuar uma troca de linhas conveniente para escolher um novo pivô não nulo, a fim de que se possa prosseguir com as eliminações. Outra maneira de se evitar o pivô nulo é usar o *método da pivotação completa*, que será descrito na subsecção 2.2.5. A pivotação completa serve, também, para minimizar a ampliação de erros de arredondamento durante as eliminações, sendo recomendado especialmente na resolução de sistemas lineares de maior porte por meio de computadores digitais.

2.2.5. Método da Pivotação Completa

Dado o sistema $A\mathbf{x} = b$, seja M sua matriz aumentada:

$$M = \begin{bmatrix} a_{11} & a_{12} & \cdots & a_{1j} & \cdots & a_{1q} & \cdots & a_{1n} & b_1 \\ a_{21} & a_{22} & \cdots & a_{2j} & \cdots & a_{2q} & \cdots & a_{2n} & b_2 \\ \cdots & \cdots & \cdots & \cdots & \cdots & \cdots & \cdots & \cdots & \cdots \\ a_{p1} & a_{p2} & \cdots & a_{pj} & \cdots & a_{pq} & \cdots & a_{pn} & b_p \\ \cdots & \cdots & \cdots & \cdots & \cdots & \cdots & \cdots & \cdots & \cdots \\ a_{n1} & a_{n2} & \cdots & a_{nj} & \cdots & a_{nq} & \cdots & a_{nn} & b_n \end{bmatrix} \qquad (2.7)$$

Escolhe-se em (2.7) o elemento $a_{pq} \neq 0$ de *maior módulo* e *não pertencente* à coluna dos termos independentes e calculam-se os fatores m_i:

$$m_i = -\frac{a_{iq}}{a_{pq}}, \forall\, i \neq p$$

a_{pq} é o *elemento pivô* e a linha p é a *linha pivotal*.

Soma-se, a cada linha não pivotal, o produto da linha pivotal pelo fator correspondente m_i da linha não pivotal. Disso resulta uma nova matriz, cuja q-ésima coluna é composta de zeros, exceto o pivô. Rejeitando esta coluna e a p-ésima linha do pivô, tem-se uma nova matriz $M^{(1)}$, cujo número de linhas e colunas é diminuído de um.

Agora, repetindo-se o mesmo raciocínio acima para a nova matriz $M^{(1)}$, obtém-se $M^{(2)}$. Continuando o processo, é gerada uma seqüência de matrizes M, $M^{(1)}$, $M^{(2)}$, $M^{(3)}$, . . ., $M^{(n-1)}$, onde $M^{(n-1)}$ é uma linha com dois termos, considerada como linha pivotal.

Para se obter a solução, constrói-se o sistema formado por todas as linhas pivotais e, a partir da última linha pertencente à matriz $M^{(n-1)}$, resolve-se, através de substituições retroativas, o sistema criado. Naturalmente, deve-se prestar atenção à ordem em que foram feitas as eliminações para cada incógnita.

Exemplo 2.12

Resolver pelo método da pivotação completa, retendo, durante as eliminações, cinco algarismos depois da vírgula:

$$\begin{cases} 0{,}8754x_1 + 3{,}0081x_2 + 0{,}9358x_3 + 1{,}1083x_4 = 0{,}8472 \\ 2{,}4579x_1 - 0{,}8758x_2 + 1{,}1516x_3 - 4{,}5148x_4 = 1{,}1221 \\ 5{,}2350x_1 - 0{,}8473x_2 - 2{,}3582x_3 + 1{,}1419x_4 = 2{,}5078 \\ 2{,}1015x_1 + 8{,}1083x_2 - 1{,}3232x_3 + 2{,}1548x_4 = -6{,}4984 \end{cases}$$

Linha	Multiplicador	Coeficientes das Incógnitas				Termos Independentes	Transformações
(1)	–0,37099	0,8754	3,0081	0,9358	1,1083	0,8472	
(2)	0,10801	2,4579	–0,8758	1,1516	–4,5148	1,1221	
(3)	0,10450	5,2350	–0,8473	–2,3582	1,1419	2,5078	
(4)		2,1015	(8,1083)	–1,3232	2,1548	–6,4984	
(5)	–0,01756	0,09576	0	1,42669	0,30889	3,25804	–0,37099(4) + (1)
(6)	–0,49222	2,68489	0	1,00868	–4,28205	0,42019	0,10801(4) + (2)
(7)		(5,4546)	0	–2,49647	1,36707	1,82873	0,10450(4) + (3)
(8)	0,0575	0	0	1,47052	0,28489	3,22594	–0,01756(7) + (5)
(9)		0	0	2,2375	(–4,95496)	–0,47996	–0,49222(7) + (6)
(10)		0	0	1,59917	0	3,19834	0,05750(9) + (8)

O sistema, após as eliminações, é:

$$\begin{cases} 2{,}1015x_1 + 8{,}1083x_2 - 1{,}3232x_3 + 2{,}1548x_4 = -6{,}4984 \\ 5{,}4546x_1 \qquad 2{,}49647x_3 + 1{,}36707x_4 = 1{,}82873 \\ \qquad 2{,}2375x_3 - 4{,}95496x_4 = -0{,}47996 \\ \qquad 1{,}59917x_3 = 3{,}19834 \end{cases}$$

$$\bar{\mathbf{x}} = [\,1{,}0000 \quad -1{,}0000 \quad 2{,}0000 \quad 1{,}0000\,]^T$$

$$r = [\,0 \quad 0 \quad 0 \quad 0\,]^T$$

2.2.6. Método de Jordan

Consiste em operar transformações elementares sobre as equações do sistema linear dado até que se obtenha um sistema diagonal equivalente.

Exemplo 2.13

Resolver pelo método de Jordan:

$$\begin{cases} x_1 + x_2 + 2x_3 = 4 \\ 2x_1 - x_2 - x_3 = 0 \\ x_1 - x_2 - x_3 = -1 \end{cases}$$

Linha	Multiplicador	Coeficientes das Incógnitas			Termos Independentes	Transformações
(1)		$\textcircled{1}$	1	2	4	
(2)	$-\frac{2}{\textcircled{1}} = -2$	2	−1	−1	0	
(3)	$-\frac{1}{\textcircled{1}} = -1$	1	−1	−1	−1	
(4)	$-\frac{1}{\textcircled{-3}} = \frac{1}{3}$	1	1	2	4	(1)
(5)		0	$\textcircled{-3}$	−5	−8	−2 (1) + (2)
(6)	$-\frac{-2}{\textcircled{-3}} = -\frac{2}{3}$	0	−2	−3	−5	−1 (1) + (3)
(7)	$-\frac{1/3}{\textcircled{1/3}} = -1$	1	0	1/3	4/3	$\frac{1}{3}$ (5) + (4)
(8)	$-\frac{-5}{1/3} = 15$	0	−3	−5	−8	(5)
(9)		0	0	$\textcircled{1/3}$	1/3	$-\frac{2}{3}$ (5) + (6)
(10)		1	0	0	1	−1 (9) + (7)
(11)		0	−3	0	−3	15 (9) + (8)
(12)		0	0	1/3	1/3	

O sistema diagonal é formado pelas linhas (10), (11) e (12):

$$\begin{cases} x_1 = 1 & \text{ou} \quad x_1 = 1 \\ -3x_2 = -3 & \text{ou} \quad x_2 = 1 \\ \frac{1}{3}x_3 = \frac{1}{3} & \text{ou} \quad x_3 = 1 \end{cases}$$

$$\bar{\mathbf{x}} = [1 \quad 1 \quad 1]^T$$

2.2.7. Cálculo de Determinantes

De modo análogo ao que foi feito com sistemas, pode-se definir transformações elementares para matrizes e também definir matrizes equivalentes A e B quando B puder ser obtida de A por transformações elementares nas linhas (ou colunas). Pode-se provar que se A e B são equivalentes então $\det A = \det B$.

Como nas matrizes triangulares e diagonais o determinante é o produto dos elementos diagonais usa-se, para o cálculo de determinantes, o método de Gauss ou o de Jordan.

Exemplo 2.14

Dada

$$A = \begin{pmatrix} 2 & 3 & -1 \\ 4 & 4 & -3 \\ 2 & -3 & 1 \end{pmatrix}$$

usa-se o método de Gauss para obter

$$U = \begin{pmatrix} 2 & 3 & -1 \\ 0 & -2 & -1 \\ 0 & 0 & 5 \end{pmatrix}$$

A seguir calcula-se $\det U = \det A = 2(-2)5 = -20$.

Exemplo 2.15

A matriz

$$A = \begin{pmatrix} 1 & 1 & 2 \\ 2 & -1 & -1 \\ 1 & -1 & -1 \end{pmatrix}$$

é transformada pelo método de Jordan em

$$D = \begin{pmatrix} 1 & 0 & 0 \\ 0 & -3 & 0 \\ 0 & 0 & 1/3 \end{pmatrix}$$

Logo, $\det A = \det D = 1 \cdot (-3) \cdot \frac{1}{3} = -1.$

2.2.8. Implementação do Método de Jordan

Seguem, abaixo, a implementação do método pela sub-rotina JORDAN e um exemplo de programa para usá-la.

2.2.8.1. SUB-ROTINA JORDAN

```
C...........................................................
C
C
C        SUBROTINA JORDAN
C
C        OBJETIVO :
C             RESOLUCAO DE SISTEMAS DE EQUACOES LINEARES
C
C        METODO UTILIZADO :
C             ELIMINACAO DE JORDAN
C
C        USO :
C             CALL JORDAN(A,N,NMAX,MMAX,X,DET)
C
C        PARAMETROS DE ENTRADA :
C             A       : MATRIZ DE COEFICIENTES E TERMOS
C                       INDEPENDENTES
C             N       : ORDEM DA MATRIZ A
C             NMAX    : NUMERO MAXIMO DE LINHAS DECLARADO
C             MMAX    : NUMERO MAXIMO DE COLUNAS DECLARADO
C
C        PARAMETROS DE SAIDA :
C             X       : VETOR SOLUCAO
C             DET     : VALOR DO DETERMINANTE DE A
C
C...........................................................
C
C
      SUBROUTINE JORDAN(A,N,NMAX,MMAX,X,DET)
C
      INTEGER I,IC,J,K,LF,LI,MMAX,N,NC,NMAX,N1
      REAL A(NMAX,MMAX),DET,MULT,X(NMAX)
C
```

```
C        IMPRESSAO DA MATRIZ DE COEFICIENTES E TERMOS
C        INDEPENDENTES
C
      WRITE(2,1)
    1 FORMAT(1H1,29X,22HMATRIZ DE COEFICIENTES,/)
      N1=N+1
      NC=N/5
      LI=1
      LF=0
      IF(NC.EQ.0)GO TO 30
      DO 20 IC=1,NC
        LF=IC*5
        WRITE(2,2)(I,I=LI,LF)
    2   FORMAT(1H0,3HI/J,7X,I2,4(13X,I2))
        DO 10 I=1,N
          WRITE(2,3)I,(A(I,J),J=LI,LF)
    3     FORMAT(1H0,I2,5(3X,1PE12.5))
   10   CONTINUE
        LI=LF+1
   20 CONTINUE
   30 K=MOD(N,5)
      IF(K.EQ.0)GO TO 50
        LF=LF+K
        WRITE(2,2)(I,I=LI,LF)
        DO 40 I=1,N
          WRITE(2,3)I,(A(I,J),J=LI,LF)
   40   CONTINUE
   50 CONTINUE
      WRITE(2,51)
   51 FORMAT(1H0)
      WRITE(2,52)
   52 FORMAT(1H0,21H TERMOS INDEPENDENTES,/)
      DO 60 I=1,N
        WRITE(2,53)I,A(I,N1)
   53   FORMAT(1X,I2,3X,1PE12.5,/)
   60 CONTINUE
C
C        FIM DA IMPRESSAO
C
C        METODO DE JORDAN
C
      DET=1.
      DO 120 K = 1,N
        IF(ABS(A(K,K)).GT.1.E-7) GO TO 90
          IF(K.EQ.N)GO TO 70
            WRITE(2,61)K,K
   61       FORMAT(1H1,33H O ELEMENTO DA DIAGONAL PRINCIPAL,
     G              9H NA LINHA,I3,22H ESTA' IGUAL A ZERO,NO,
     H              7H PASSO ,I3)
            RETURN
   70     CONTINUE
            IF(ABS(A(N,N1)).GT.1.E-7)GO TO 80
              WRITE(2,71)
   71         FORMAT(1H1,27H O SISTEMA E' INDETERMINADO)
              RETURN
   80         CONTINUE
              WRITE(2,81)
```

```
 81            FORMAT(1H1,24H O SISTEMA E' IMPOSSIVEL)
               RETURN
 90         CONTINUE
            DET = DET*A(K,K)
            DO 110 I=1,N
              IF(I.EQ.K)GO TO 110
                MULT = -A(I,K)/A(K,K)
                DO 100 J = K,N1
                  A(I,J) = A(I,J)+MULT*A(K,J)
100             CONTINUE
110         CONTINUE
120     CONTINUE
C
C        FIM DO METODO DE JORDAN
C
C        IMPRESSAO DOS RESULTADOS
C
        WRITE(2,121)
121     FORMAT(1H1,15H  VETOR SOLUCAO,/)
        DO 130 I=1,N
          X(I)=A(I,N1)/A(I,I)
          WRITE(2,122)X(I),I
122       FORMAT(1H0,6HX    = ,1PE12.5,/,2X,I2)
130     CONTINUE
        WRITE(2,131)DET
131     FORMAT(1H0,28H O VALOR DO DETERMINANTE E' ,1PE12.5)
        RETURN
      END
```

2.2.8.2. PROGRAMA PRINCIPAL

```
C
C
C        PROGRAMA PRINCIPAL PARA UTILIZACAO DA SUBROTINA JORDAN
C
C
      INTEGER I,J,MMAX,N,NMAX,N1
      REAL A(20,21),DET,X(20)
        NMAX=20
        MMAX=NMAX+1
        READ(1,1)N
  1     FORMAT(I2)
C        N       : ORDEM DA MATRIZ
        N1=N+1
        DO 10 I=1,N
          READ (1,2) (A(I,J),J = 1,N1)
  2       FORMAT(10F8.0)
C        A       : MATRIZ DE COEFICIENTES E TERMOS INDEPENDENTES
 10     CONTINUE
C
        CALL JORDAN(A,N,NMAX,MMAX,X,DET)
C
        CALL EXIT
      END
```

Exemplo 2.16

Determinar o vetor solução do seguinte sistema de equações lineares:

$$\begin{cases} 3x_1 & & - 9x_3 & + 6x_4 & + 9x_5 & + 4x_6 & - x_7 & = -0{,}108 \\ -9x_1 & + 3x_2 & + 8x_3 & + 9x_4 & - 12x_5 & + 6x_6 & + 3x_7 & = 26{,}24 \\ 1x_1 & - 9x_2 & + x_3 & - 3x_4 & + x_5 & - 5x_6 & + 5x_7 & = 92{,}808 \\ 4x_1 & + 8x_2 & - 10x_3 & + 8x_4 & - x_5 & + 4x_6 & - 4x_7 & = 53{,}91 \\ -5x_1 & + 5x_2 & + 4x_3 & + 11x_4 & + 3x_5 & + 8x_6 & + 7x_7 & = 143{,}55 \\ 6x_1 & - 2x_2 & + 9x_3 & - 7x_4 & - 5x_5 & - 3x_6 & + 8x_7 & = -6{,}048 \\ 8x_1 & + 7x_2 & + 2x_3 & + 5x_4 & + 2x_5 & + x_6 & - 3x_7 & = 137{,}94 \end{cases}$$

Para resolver este exemplo, usando o programa acima, devem ser fornecidos:

Dados de entrada

```
ø7
3., ø., –9., 6., 9., 4., –1., – ø.1ø8,
– 9., 3., 8., 9., –12., 6., 3., 26.24,
1., –9., 1., –3., 1., –5., 5., 92.8ø8,
4., 8., –1ø., 8., –1., 4., –4., 53.91,
–5., 5., 4., 11., 3., 8., 7., 143.55,
6., –2., 9., –7., –5., –3., 8., –6.ø48,
8., 7., 2., 5., 2., 1., –3., 137.94,
```

Os resultados obtidos foram:

MATRIZ DE COEFICIENTES

I/J	1	2	3	4
1	3.00000E+00	0.00000E+00	-9.00000E+00	6.00000E+00
2	-9.00000E+00	3.00000E+00	8.00000E+00	9.00000E+00
3	1.00000E+00	-9.00000E+00	1.00000E+00	-3.00000E+00
4	4.00000E+00	8.00000E+00	-1.00000E+01	8.00000E+00
5	-5.00000E+00	5.00000E+00	4.00000E+00	1.10000E+01
6	6.00000E+00	-2.00000E+00	9.00000E+00	-7.00000E+00
7	8.00000E+00	7.00000E+00	2.00000E+00	5 00000E+00

I/J	5	6	7
1	9.00000E+00	4.00000E+00	-1.00000E+00
2	-1.20000E+01	6.00000E+00	3.00000E+00
3	1.00000E+00	-5.00000E+00	5.00000E+00
4	-1.00000E+00	4.00000E+00	-4.00000E+00
5	3.00000E+00	8.00000E+00	7.00000E+00
6	-5.00000E+00	-3.00000E+00	8.00000E+00
7	2.00000E+00	1.00000E+00	-3.00000E+00

TERMOS INDEPENDENTES

1	-1.08000E-01
2	2.62400E+01
3	9.28080E+01
4	5.39100E+01
5	1.43550E+02
6	-6.04800E+00
7	1.37940E+02

VETOR SOLUCAO

X_1 = -2.83519E+00

X_2 = 1.32316E+01

X_3 = 2.10986E+00

X_4 = 2.71105E+01

X_5 = 6.13817E+00

X_6 = -4.43192E+01

```
X   =  1.32430E+01
 7

 O VALOR DO DETERMINANTE E'   8.04193E+06
```

2.2.9. Exercícios de Fixação

Determinar o vetor solução dos sistemas lineares abaixo, através do método de Jordan:

2.2.9.1.

$$\begin{cases} 2x_1 + 3x_2 + x_3 - x_4 = 6{,}90 \\ -x_1 + x_2 - 4x_3 + x_4 = -6{,}60 \\ x_1 + x_2 + x_3 + x_4 = 10{,}20 \\ 4x_1 - 5x_2 + x_3 - 2x_4 = -12{,}30 \end{cases}$$

2.2.9.2.

$$\begin{cases} 4x_1 + 3x_2 + 2x_3 + x_4 = 10 \\ x_1 + 2x_2 + 3x_3 + 4x_4 = 5 \\ x_1 - x_2 - x_3 - x_4 = -1 \\ x_1 + x_2 + x_3 + x_4 = 3 \end{cases}$$

2.2.9.3.

$$\begin{cases} x_1 + 2x_2 + 3x_3 + 4x_4 = 10 \\ 2x_1 + x_2 + 2x_3 + 3x_4 = 7 \\ 3x_1 + 2x_2 + x_3 + 2x_4 = 6 \\ 4x_1 + 3x_2 + 2x_3 + x_4 = 5 \end{cases}$$

2.2.9.4.

$$\begin{cases} x_1 + x_2 + 2x_3 + 4x_4 = 7{,}12 \\ x_1 + x_2 + 5x_3 + 6x_4 = 12{,}02 \\ 2x_1 + 5x_2 + x_3 + 2x_4 = 14{,}90 \\ 4x_1 + 6x_2 + 2x_3 + x_4 = 20{,}72 \end{cases}$$

2.3. MÉTODOS ITERATIVOS

2.3.1. Introdução

A solução $\bar{\mathbf{x}}$ de um sistema linear $A\mathbf{x} = b$ pode ser obtida utilizando-se um método iterativo, que consiste em calcular uma seqüência $\mathbf{x}^{(1)}, \mathbf{x}^{(2)}, \ldots, \mathbf{x}^{(k)}, \ldots$ de aproximação de $\bar{\mathbf{x}}$, sendo dada uma aproximação inicial $\mathbf{x}^{(0)}$. Para tanto, transforma-se o sistema dado num equivalente da forma

$$\mathbf{x} = F\mathbf{x} + d \tag{2.8}$$

onde F é uma matriz $n \times n$ e $\mathbf{x}$ e d são matrizes $n \times 1$. Para facilitar a notação serão usados indistintamente:

$$\mathbf{x} = \begin{pmatrix} x_1 \\ \cdot \\ \cdot \\ \cdot \\ x_n \end{pmatrix} \quad \text{ou } \mathbf{x} = (x_1, x_2, \ldots, x_n)^T$$

Partindo-se de uma aproximação inicial $\mathbf{x}^{(0)} = (x_1^{(0)}, x_2^{(0)}, \ldots, x_n^{(0)})^T$ obtém-se

$$\begin{aligned}
\mathbf{x}^{(1)} &= F\mathbf{x}^{(0)} + d \\
\mathbf{x}^{(2)} &= F\mathbf{x}^{(1)} + d \\
&\vdots \\
\mathbf{x}^{(k+1)} &= F\mathbf{x}^{(k)} + d \\
&\vdots
\end{aligned}$$

Seja $\|\mathbf{x}^{(k)} - \mathbf{x}\| = \max\limits_{1 \leqslant i \leqslant n} \{(x_i^{(k)} - x_i)\}$

Se $\lim \|\mathbf{x}^{(k)} - \mathbf{x}\| = 0$ então $\mathbf{x}^{(1)}, \mathbf{x}^{(2)}, \ldots, \mathbf{x}^{(k)}, \ldots$ converge quando $k \to \infty$.

Observação: Dado $A\mathbf{x} = b$ existem várias maneiras de se obter (2.8), por exemplo:

$A\mathbf{x} + I\mathbf{x} - b = I\mathbf{x}$

ou

$\mathbf{x} = (A + I)\mathbf{x} - b$

2.3.2. Método de Jacobi

Seja o sistema

$$\begin{cases}
a_{11}x_1 + a_{12}x_2 + \ldots + a_{1n}x_n = b_1 \\
a_{21}x_1 + a_{22}x_2 + \ldots + a_{2n}x_n = b_2 \\
\ldots\ldots\ldots\ldots\ldots\ldots\ldots\ldots\ldots\ldots \\
a_{n1}x_1 + a_{n2}x_2 + \ldots + a_{nn}x_n = b_n
\end{cases} \tag{2.9}$$

Explicita-se em (2.9) x_1 na primeira equação, x_2 na segunda, . . .

$$\begin{cases} x_1 = \dfrac{b_1 - (a_{12}x_2 + a_{13}x_3 + \ldots + a_{1n}x_n)}{a_{11}} \\ \\ x_2 = \dfrac{b_2 - (a_{21}x_1 + a_{23}x_3 + \ldots + a_{2n}x_n)}{a_{22}} \\ \vdots \\ x_n = \dfrac{b_n - (a_{n1}x_1 + a_{n2}x_2 + \ldots + a_{n,n-1}x_{n-1})}{a_{nn}} \end{cases} \tag{2.10}$$

O leitor deve observar que em (2.10) os elementos $a_{ii} \neq 0$, $\forall i$. Caso isso não ocorra, as equações de (2.9) devem ser reagrupadas para que se consiga essa condição.

O sistema (2.10) pode ser colocado na forma $\mathbf{x} = F\mathbf{x} + d$ onde:

$$\mathbf{x} = \begin{bmatrix} x_1 \\ x_2 \\ \cdot \\ \cdot \\ \cdot \\ x_n \end{bmatrix} \qquad d = \begin{bmatrix} \dfrac{b_1}{a_{11}} \\ \dfrac{b_2}{a_{22}} \\ \cdot \\ \cdot \\ \cdot \\ \dfrac{b_n}{a_{nn}} \end{bmatrix}$$

$$F = \begin{bmatrix} 0 & -a_{12}/a_{11} & -a_{13}/a_{11} & \cdots & -a_{1n}/a_{11} \\ -a_{21}/a_{22} & 0 & -a_{23}/a_{22} & \cdots & -a_{2n}/a_{22} \\ \cdots & \cdots & \cdots & \cdots & \cdots \\ -a_{n1}/a_{nn} & -a_{n2}/a_{nn} & -a_{n3}/a_{nn} & \cdots & 0 \end{bmatrix}$$

O método de Jacobi funciona do seguinte modo:

a) Escolhe-se uma aproximação inicial $\mathbf{x}^{(0)}$.

b) Geram-se aproximações sucessivas de $\mathbf{x}^{(k)}$ a partir da iteração

$$\mathbf{x}^{(k+1)} = F\mathbf{x}^{(k)} + d, \quad k = 0, 1, 2, \ldots$$

c) Continua-se a gerar aproximações até que um dos critérios abaixo seja satisfeito

$$\max_{1 \leqslant i \leqslant n} |\mathbf{x}_i^{(k+1)} - \mathbf{x}_i^{(k)}| \leqslant \epsilon, \ \epsilon \text{ tolerância}$$

ou

$k > M$, M número máximo de iterações

Observação: A tolerância ϵ fixa o grau de precisão das soluções.

Exemplo 2.17

Resolver pelo método de Jacobi o sistema:

$$\begin{cases} 2x_1 - x_2 = 1 \\ x_1 + 2x_2 = 3 \end{cases}$$

com $\epsilon \leqslant 10^{-2}$ ou $k > 10$

Explicitando x_1 na primeira equação e x_2 na segunda, tem-se as equações de iteração:

$$\begin{cases} x_1^{(k+1)} = \dfrac{1}{2}(1 + x_2^{(k)}) \\ x_2^{(k+1)} = \dfrac{1}{2}(3 - x_1^{(k)}) \end{cases} \qquad k = 0, 1, 2, \ldots\ldots$$

O vetor inicial é tomado arbitrariamente. Fazendo-o

$\mathbf{x}^{(0)} = [\,0 \;\; 0\,]^T$ tem-se:

$$\text{para } k = 0 \quad \begin{cases} x_1^{(1)} = \frac{1}{2}(1 + x_2^{(0)}) = \frac{1}{2}(1 + 0) = 0{,}5 \\ x_2^{(1)} = \frac{1}{2}(3 - x_1^{(0)}) = \frac{1}{2}(3 - 0) = 1{,}5 \end{cases}$$

$$\text{para } k = 1 \quad \begin{cases} x_1^{(2)} = \frac{1}{2}(1 + x_2^{(1)}) = \frac{1}{2}(1 + 1{,}5) = 1{,}25 \\ x_2^{(2)} = \frac{1}{2}(3 - 0{,}5) = 1{,}25 \end{cases}$$

Prosseguindo as iterações para $k = 2, 3 \ldots$ e colocando-as numa tabela obtém-se:

k	$x_1^{(k)}$	$x_2^{(k)}$	ϵ
0	0	0	–
1	0,5	1,5	1,5
2	1,25	1,25	0,75
3	1,125	0,875	0,375
4	0,938	0,938	0,187
5	0,969	1,031	0,093
6	1,016	1,016	0,047
7	1,008	0,992	0,024
8	0,996	0,996	0,012
9	0,998	1,002	0,006

$$\left.\begin{array}{c} 0{,}006 \leqslant 10^{-2}? \\ \text{ou} \\ k > 10? \end{array}\right\} \quad \text{Sim. Então pare!} \qquad \begin{array}{l} x_1 = 0{,}998 \\ \\ x_2 = 1{,}002 \end{array}$$

$$\bar{\mathbf{x}} = [0{,}998 \;\; 1{,}002]^T$$

2.3.3. Implementação do Método de Jacobi

Seguem, abaixo, a implementação do método pela sub-rotina JACOBI e um exemplo de programa para usá-la.

2.3.3.1 SUB-ROTINA JACOBI

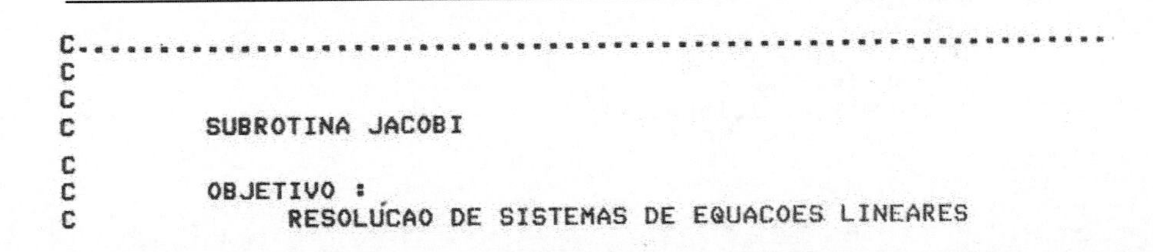

```
C..............................................................
C
C
C         SUBROTINA JACOBI
C
C         OBJETIVO :
C              RESOLUCAO DE SISTEMAS DE EQUACOES LINEARES
```

```
C
C        METODO UTILIZADO :
C             JACOBI
C
C        USO :
C             CALL JACOBI(A,N,NMAX,MMAX,ITERM,XO,EPS,ITER,X)
C
C        PARAMETROS DE ENTRADA :
C             A       : MATRIZ DE COEFICIENTES E TERMOS
C                       INDEPENDENTES
C             N       : ORDEM DA MATRIZ A
C             NMAX    : NUMERO MAXIMO DE LINHAS DECLARADO
C             MMAX    : NUMERO MAXIMO DE COLUNAS DECLARADO
C             ITERM   : NUMERO MAXIMO DE ITERACOES DECLARADO
C             XO      : VETOR DE APROXIMACAO INICIAL
C             EPS     : PRECISAO REQUERIDA
C             ITER    : NUMERO DE ITERACOES
C
C        PARAMETRO DE SAIDA :
C             X       : MATRIZ DE APROXIMACOES
C
C.............................................................
C
C
      SUBROUTINE JACOBI(A,N,NMAX,MMAX,ITERM,XO,EPS,ITER,X)
C
C
      INTEGER I,IC,ITER,ITERM,ITER1,J,K,L,LF,LI,L2,MMAX,N,NC,
     J         NMAX,N1
      REAL A(NMAX,MMAX),AUX,EPS,MAIOR,X(NMAX,ITERM),XO(NMAX),
     S      TOL(99)
C
C        IMPRESSAO DA MATRIZ DE COEFICIENTES E TERMOS
C        INDEPENDENTES
C
      N1=N+1
      WRITE(2,1)
    1 FORMAT(1H1,29X,22HMATRIZ DE COEFICIENTES,/)
      NC=N/5
      LI=1
      LF=0
      IF(NC.EQ.0) GO TO 30
        DO 20 IC=1,NC
          LF=IC*5
          WRITE(2,2)(I,I=LI,LF)
    2     FORMAT(1H0,3HI/J,7X,I2,4(13X,I2))
          DO 10 I=1,N
            WRITE(2,3)I,(A(I,J),J=LI,LF)
    3       FORMAT(1H0,I2,5(3X,1PE12.5))
   10     CONTINUE
          LI=LF+1
   20   CONTINUE
   30 CONTINUE
      K=MOD(N,5)
      IF(K.EQ.0)GO TO 50
        LF=LF+K
        WRITE(2,2)(I,I=LI,LF)
```

```
            DO 40 I=1,N
              WRITE(2,3)I,(A(I,J),J=LI,LF)
   40       CONTINUE
   50     CONTINUE
          WRITE(2,51)
   51     FORMAT(1H0)
          WRITE(2,52)
   52     FORMAT(1H0,21H TERMOS INDEPENDENTES,/)
          DO 60 I=1,N
            WRITE(2,53)I,A(I,N1)
   53       FORMAT(1X,I2,3X,1PE12.5,/)
   60     CONTINUE
C
C          FIM DA IMPRESSAO
C
C          METODO DE JACOBI
C
          ITER1=ITER+1
          DO 70 I=1,N
            X(I,1)=X0(I)
   70     CONTINUE
          DO 110 L=2,ITER1
            DO 90 I=1,N
              X(I,L)=A(I,N1)+X(I,L-1)*A(I,I)
              DO 80 J=1,N
                X(I,L)=X(I,L)-X(J,L-1)*A(I,J)
   80         CONTINUE
              X(I,L)=X(I,L)/A(I,I)
   90       CONTINUE
            AUX=X(1,L)-X(1,L-1)
            MAIOR=ABS(AUX)
            DO 100 I=2,N
              AUX=X(I,L)-X(I,L-1)
              AUX=ABS(AUX)
              IF(AUX.LE.MAIOR)GO TO 100
                MAIOR=AUX
  100       CONTINUE
            TOL(L)=MAIOR
            IF(MAIOR.LE.EPS)GO TO 120
  110     CONTINUE
  120     CONTINUE
C
C          FIM DO METODO
C
C          IMPRESSAO DAS APROXIMACOES E RESULTADO FINAL
C
          IF(MAIOR.GT.EPS)L=L-1
          NC=L/5
          LI=1
          LF=0
          WRITE(2,121)
  121     FORMAT(1H1)
          IF(NC.EQ.0)GO TO 170
          DO 160 IC=1,NC
            LF=IC*5
```

```
        J=LI-1
        L2=LF-1
        WRITE(2,122)J,(I,I=LI,L2)
122     FORMAT(1H0,8HITERACAO,8X,I2,4(12X,I2))
        DO 130 I=1,N
          WRITE(2,123)(X(I,J),J=LI,LF)
123       FORMAT(1H0,3X,1HX,5X,5(2X,1PE12.5))
          WRITE(2,124)I
124       FORMAT(5X,I2)
130     CONTINUE
        IF(IC.NE.1) GO TO 140
          WRITE(2,131)(TOL(J),J=2,5)
131       FORMAT(1H0,10HTOLERANCIA,13X,4(2X,1PE12.5))
          WRITE(2,132)
132       FORMAT(2(/))
          GO TO 150
140       CONTINUE
          WRITE(2,141)(TOL(J),J=LI,LF)
141       FORMAT(1H0,11HTOLERANCIA ,1PE12.5,4(2X,1PE12.5))
          WRITE(2,132)
150     CONTINUE
        LI=LF+1
160   CONTINUE
170   CONTINUE
      K=MOD(L,5)
      IF(K.EQ.0)GO TO 200
        LF=LF+K
        J=LI-1
        L2=LF-1
        WRITE(2,122)J,(I,I=LI,L2)
        DO 180 I=1,N
          WRITE(2,123)(X(I,J),J=LI,LF)
          WRITE(2,124)I
180     CONTINUE
        IF(LI.NE.1)GO TO 190
          WRITE(2,131)(TOL(J),J=2,5)
          GO TO 200
190       CONTINUE
          WRITE(2,141)(TOL(J),J=LI,LF)
          WRITE(2,132)
200   CONTINUE
      IF(MAIOR.LE.EPS)GO TO 210
        WRITE(2,201)ITER
201     FORMAT(1H0,25HERRO : NAO CONVERGIU COM ,I2,
   G           10H ITERACOES)
        RETURN
210     CONTINUE
        WRITE(2,211)
211     FORMAT(5(/),5X,13HVETOR SOLUCAO,/)
        DO 220 I=1,N
          WRITE(2,212)X(I,L),I
212       FORMAT(1H0,6HX    = ,1PE12.5,/,2X,I2)
220     CONTINUE
        RETURN
    END
```

2.3.3.2. PROGRAMA PRINCIPAL

```
C
C
C        PROGRAMA PRINCIPAL PARA UTILIZACAO DA SUBROTINA JACOBI
C
C
      INTEGER I,ITER,ITERM,J,MMAX,N,NMAX,N1
      REAL A(20,21),EPS,X(20,99),X0(20)
        NMAX=20
        MMAX=NMAX+1
        ITERM=99
        READ(1,1)N,ITER,EPS
    1   FORMAT(2I2,F10.0)
C        N       : ORDEM DA MATRIZ
C        ITER    : NUMERO DE ITERACOES, MENOR QUE 99
C        EPS     : PRECISAO REQUERIDA
        READ(1,2)(X0(I),I=1,N)
    2   FORMAT(16F5.0)
C        X0      : VETOR DE APROXIMACAO INCIAL
        N1=N+1
        DO 10 I=1,N
          READ(1,3)(A(I,J),J=1,N1)
    3     FORMAT(10F8.0)
C         A      : MATRIZ DE COEFICIENTES E TERMOS INDEPENDENTES
   10   CONTINUE
C
        CALL JACOBI(A,N,NMAX,MMAX,ITERM,X0,EPS,ITER,X)
C
        CALL EXIT
      END
```

Exemplo 2.18

Determinar o vetor solução do sistema de equações lineares abaixo, usando como vetor inicial $\mathbf{x}^{(0)} = [1\ 1\ 1\ 1\ 1\ 1]^T$, como precisão $\epsilon < 10^{-4}$ e como número máximo de iterações $k = 30$:

$$\begin{cases} 10x_1 + x_2 + x_3 + 2x_4 + 3x_5 - 2x_6 = 6{,}57 \\ 4x_1 - 20x_2 + 3x_3 + 2x_4 - x_5 + 7x_6 = -68{,}448 \\ 5x_1 - 3x_2 + 15x_3 - x_4 - 4x_5 + x_6 = -112{,}05 \\ -x_1 + x_2 + 2x_3 + 8x_4 - x_5 + 2x_6 = -3{,}968 \\ x_1 + 2x_2 + x_3 + 3x_4 + 9x_5 - x_6 = -2{,}18 \\ -4x_1 + 3x_2 + x_3 + 2x_4 - x_5 + 12x_6 = 10{,}882 \end{cases}$$

Para resolver este exemplo, usando o programa acima, devem ser fornecidos:

Dados de entrada:

```
ø63øø.øøø1
1., 1., 1., 1., 1., 1.,
1ø., 1., 1., 2., 3., –2., 6.57,
4., –2ø., 3., 2., –1., 7., –68.448,
5., –3., 15., –1., –4., 1., –112.ø5,
–1., 1., 2., 8., –1., 2., –3.968,
1., 2., 1., 3., 9., –1., –2.18,
–4., 3., 1., 2., –1., 12., 1ø.882,
```

Os resultados obtidos foram:

MATRIZ DE COEFICIENTES

I/J	1	2	3	4
1	1.00000E+01	1.00000E+00	1.00000E+00	2.00000E+00
2	4.00000E+00	-2.00000E+01	3.00000E+00	2.00000E+00
3	5.00000E+00	-3.00000E+00	1.50000E+01	-1.00000E+00
4	-1.00000E+00	1.00000E+00	2.00000E+00	8.00000E+00
5	1.00000E+00	2.00000E+00	1.00000E+00	3.00000E+00
6	-4.00000E+00	3.00000E+00	1.00000E+00	2.00000E+00

I/J	5	6
1	3.00000E+00	-2.00000E+00
2	-1.00000E+00	7.00000E+00
3	-4.00000E+00	1.00000E+00
4	-1.00000E+00	2.00000E+00
5	9.00000E+00	-1.00000E+00
6	-1.00000E+00	1.20000E+01

TERMOS INDEPENDENTES

1	6.57000E+00
2	-6.84480E+01
3	-1.12050E+02

```
4    -3.96800E+00

5    -2.18000E+00

6     1.08820E+01
```

ITERACAO	0	1	2
X_1	1.00000E+00	1.57000E-01	1.58499E+00
X_2	1.00000E+00	4.17240E+00	2.59987E+00
X_3	1.00000E+00	-7.33667E+00	-7.04319E+00
X_4	1.00000E+00	-8.71000E-01	5.16756E-01
X_5	1.00000E+00	-9.08889E-01	1.01518E-02
X_6	1.00000E+00	8.23500E-01	5.96882E-01
TOLERANCIA		8.33667E+00	1.57253E+00

ITERACAO	3	4	5
X_1	1.11431E+00	1.26600E+00	1.23474E+00
X_2	2.94300E+00	3.08848E+00	3.01013E+00
X_3	-7.48099E+00	-7.35781E+00	-7.38721E+00
X_4	9.89987E-01	7.84021E-01	8.25085E-01
X_5	-3.19436E-01	-3.75825E-01	-4.04766E-01
X_6	1.28685E+00	9.74320E-01	1.00788E+00
TOLERANCIA	6.89968E-01	3.12530E-01	7.83472E-02

ITERACAO	6	7	8
X_1	1.25270E+00	1.24925E+00	1.24994E+00
X_2	3.01677E+00	3.01873E+00	3.02080E+00
X_3	-7.39968E+00	-7.40063E+00	-7.39972E+00
X_4	8.26314E-01	8.32029E-01	8.29726E-01
X_5	-3.90575E-01	-3.92807E-01	-3.93955E-01
X_6	1.01024E+00	1.01658E+00	1.01388E+00
TOLERANCIA	1.79557E-02	6.34277E-03	2.69902E-03

ITERACAO	9	10	11
X_1	1.24991E+00	1.25001E+00	1.25000E+00
X_2	3.01996E+00	3.01993E+00	3.01999E+00
X_3	-7.39982E+00	-7.40001E+00	-7.40001E+00
X_4	8.29859E-01	8.29981E-01	8.30021E-01
X_5	-3.94125E-01	-3.93975E-01	-3.93982E-01
X_6	1.01381E+00	1.01398E+00	1.01403E+00
TOLERANCIA	8.43287E-04	1.89304E-04	5.69820E-05

VETOR SOLUCAO

X_1 = 1.25000E+00

X_2 = 3.01999E+00

```
X   = -7.40001E+00
 3

X   =  8.30021E-01
 4

X   = -3.93982E-01
 5

X   =  1.01403E+00
 6
```

2.3.4. Exercícios de Fixação

Determinar o vetor solução dos sistemas lineares abaixo, através do método de Jacobi, com no máximo 10 iterações:

2.3.4.1. $\mathbf{x}^{(0)} = [0\ 0\ 0\ 0]^T$ e $\epsilon < 10^{-2}$

$$\begin{cases} x_1 - 0{,}25x_2 - 0{,}25x_3 = 0 \\ -0{,}25x_1 + x_2 - 0{,}25x_4 = 0 \\ -0{,}25x_1 + x_3 - 0{,}25x_4 = 0{,}25 \\ -0{,}25x_2 + x_4 = 0{,}25 \end{cases}$$

2.3.4.2. $\mathbf{x}^{(0)} = [0\ 0\ 0\ 0]^T$ e $\epsilon < 10^{-2}$

$$\begin{cases} 4x_1 + x_2 + x_3 + x_4 = 7 \\ 2x_1 - 8x_2 + x_3 - x_4 = -6 \\ x_1 + 2x_2 - 5x_3 + x_4 = -1 \\ x_1 + x_2 + x_3 - 4x_4 = -1 \end{cases}$$

2.3.4.3. $\mathbf{x}^{(0)} = [1\ 3\ 1\ 3]^T$ e $\epsilon < 10^{-2}$

$$\begin{cases} 5x_1 - x_2 + 2x_3 - x_4 = 5 \\ x_1 + 9x_2 - 3x_3 + 4x_4 = 26 \\ 3x_2 - 7x_3 + 2x_4 = -7 \\ -2x_1 + 2x_2 - 3x_3 + 10x_4 = 33 \end{cases}$$

2.3.4.4 $\mathbf{x}^{(0)} = [0\ 0\ 0\ 0\ 0]^T$ e $\epsilon < 10^{-2}$

$$\begin{cases} 10x_1 + 4x_2 - x_3 + 3x_4 = 2 \\ -8x_2 - 2x_3 + x_4 - 3x_5 = 5 \\ 2x_1 - 4x_2 + 7x_3 = 13 \\ -x_1 + 2x_2 - 3x_3 - 10x_4 + 2x_5 = 4 \\ 2x_1 - x_2 - x_3 + x_4 - 7x_5 = 7 \end{cases}$$

2.3.5. Método de Gauss-Seidel

Seja o sistema $A\mathbf{x} = b$ dado na forma (2.10). O método iterativo de Gauss--Seidel consiste em:

a) partindo-se de uma aproximação inicial $\mathbf{x}^{(0)} = (x_1^{(0)}, x_2^{(0)}, ..., x_n^{(0)})$,

b) calcula-se a seqüência de aproximações $\mathbf{x}^{(1)}, \mathbf{x}^{(2)}, ..., \mathbf{x}^{(k)}, ...$ utilizando-se as equações:

$$x_1^{(k+1)} = \frac{1}{a_{11}} [b_1 - a_{12} x_2^{(k)} - a_{13} x_3^{(k)} - ... - a_{1n} x_n^{(k)}]$$

$$x_2^{(k+1)} = \frac{1}{a_{22}} [b_2 - a_{21} x_1^{(k+1)} - a_{23} x_3^{(k)} - ... - a_{2n} x_n^{(k)}]$$

.

.

.

$$x_n^{(k+1)} = \frac{1}{a_{nn}} [b_n - a_{n1} x_1^{(k+1)} - a_{n2} x_2^{(k+1)} - ... - a_{n,n-1} x_{n-1}^{(k+1)}]$$

ou então

$$x_i^{(k+1)} = d + \left[\sum_{j=1}^{i-1} F_{ij} x_j^{(k+1)} + \sum_{j=i+1}^{n} F_{ij} x_j^{(k)} \right] \qquad \begin{array}{l} i = 1, 2, ..., n \\ k = 0, 1, 2 ... \end{array}$$

Continua-se a gerar aproximações até que um dos critérios abaixo seja satisfeito

$$\max_{1 \leqslant i \leqslant n} | x_i^{(k+1)} - x_i^{(k)} | < \epsilon \text{ tolerância}$$

ou

$k > M$, M número máximo de iterações

Exemplo 2.19

Resolver pelo método de Gauss-Seidel:

$$\begin{cases} 2x_1 - x_2 = 1 \\ x_1 + 2x_2 = 3 \end{cases}$$

com $\mathbf{x}^{(0)} = [0 \quad 0]^T$

As equações iterativas são $\begin{cases} x_1^{(k+1)} = \dfrac{1}{2}(1 + x_2^{(k)}) \\ x_2^{(k+1)} = \dfrac{1}{2}(3 - x_1^{(k+1)}) \end{cases}$

$k = 0, 1, 2, \ldots$

$k = 0$ (1ª iteração):

$$\begin{cases} x_1^{(1)} = \dfrac{1}{2}(1 + x_2^{(0)}) = \dfrac{1}{2}(1 + 0) = 0{,}5 \\ x_2^{(1)} = \dfrac{1}{2}(3 - x_1^{(1)}) = \dfrac{1}{2}(3 - 0{,}5) = 1{,}25 \end{cases}$$

$k = 1$ (2ª iteração):

$$\begin{cases} x_1^{(2)} = \dfrac{1}{2}(1 + x_2^{(1)}) = \dfrac{1}{2}(1 + 1{,}25) = 1{,}125 \\ x_2^{(2)} = \dfrac{1}{2}(3 - x_1^{(2)}) = \dfrac{1}{2}(3 - 1{,}125) = 0{,}9375 \end{cases}$$

Prosseguindo as iterações o leitor notará que o método de Gauss-Seidel converge para a solução mais rapidamente que o método de Jacobi.

Exemplo 2.20

Resolver pelo método de Gauss-Seidel, retendo quatro casas decimais.

$$\begin{cases} 20x_1 + x_2 + x_3 + 2x_4 = 33 \\ x_1 + 10x_2 + 2x_3 + 4x_4 = 38{,}4 \\ x_1 + 2x_2 + 10x_3 + x_4 = 43{,}5 \\ 2x_1 + 4x_2 + x_3 + 20x_4 = 45{,}6 \end{cases}$$

As equações iterativas são:

$$x_1^{(k+1)} = \frac{1}{20}(33 - x_2^{(k)} - x_3^{(k)} - 2x_4^{(k)})$$

$$x_2^{(k+1)} = \frac{1}{10}(38{,}4 - x_1^{(k+1)} - 2x_3^{(k)} - 4x_4^{(k)})$$

$$x_3^{(k+1)} = \frac{1}{10}(43{,}5 - x_1^{(k+1)} - 2x_2^{(k+1)} - x_4^{(k)})$$

$$x_4^{(k+1)} = \frac{1}{20}(45{,}6 - 2x_1^{(k+1)} - 4x_2^{(k+1)} - x_3^{(k+1)})$$

Iter.	(0)	(1)	(2)	(3)	(4)	(5)	(6)
x_1	0	1,6500	1,1730	1,1951	1,1996	1,2000	1,2000
x_2	0	3,6750	2,5497	2,4110	2,4006	2,4000	2,4000
x_3	0	3,4500	3,6020	3,6010	3,6001	3,6000	3,6000
x_4	0	1,2075	1,4727	1,4982	1,4999	1,5000	1,5000
ϵ	–	3,6750	1,1253	0,0104	0,0104	0,0006	0,0000

2.3.6. Exercícios de Fixação

Determinar o vetor solução dos sistemas lineares abaixo, através do método de Gauss-Seidel, com no máximo 10 iterações:

2.3.6.1 $\mathbf{x}^{(0)} = [0 \quad 0 \quad 0 \quad 0]^T$ e $\epsilon < 10^{-2}$

$$\begin{cases} x_1 - 0{,}25x_2 - 0{,}25x_3 = 0 \\ -0{,}25x_1 + x_2 - 0{,}25x_4 = 0 \\ -0{,}25x_1 + x_3 - 0{,}25x_4 = 0{,}25 \\ -0{,}25x_2 + x_4 = 0{,}25 \end{cases}$$

2.3.6.2 $\mathbf{x}^{(0)} = [0 \quad 0 \quad 0 \quad 0]^T$ e $\epsilon < 10^{-2}$

$$\begin{cases} 4x_1 + x_2 + x_3 + x_4 = 7 \\ 2x_1 - 8x_2 + x_3 - x_4 = -6 \\ x_1 + 2x_2 - 5x_3 + x_4 = -1 \\ x_1 + x_2 + x_3 - 4x_4 = -1 \end{cases}$$

2.3.6.3 $\mathbf{x}^{(0)} = [1 \quad 3 \quad 1 \quad 3]^T$ e $\epsilon < 10^{-2}$

$$\begin{cases} 5x_1 - x_2 + 2x_3 - x_4 = 5 \\ x_1 + 9x_2 - 3x_3 + 4x_4 = 26 \\ 3x_2 - 7x_3 + 2x_4 = -7 \\ -2x_1 + 2x_2 - 3x_3 + 10x_4 = 33 \end{cases}$$

2.3.6.4 $\mathbf{x}^{(0)} = [0 \quad 0 \quad 0 \quad 0 \quad 0]^T$ e $\epsilon < 10^{-2}$

$$\begin{cases} 10x_1 + 4x_2 - x_3 + 3x_4 = 2 \\ -8x_2 - 2x_3 + x_4 - 3x_5 = 5 \\ 2x_1 - 4x_2 + 7x_3 = 13 \\ -x_1 + 2x_2 - 3x_3 - 10x_4 + 2x_5 = 4 \\ 2x_1 - x_2 - x_3 + x_4 - 7x_5 = 7 \end{cases}$$

2.3.7. Convergência dos Métodos Iterativos

Seja o sistema $A\mathbf{x} = b$ na sua forma

$$\mathbf{x} = F\mathbf{x} + d \tag{2.11}$$

e a iteração definida por

$$\mathbf{x}^{(k+1)} = F\mathbf{x}^{(k)} + d, \quad k = 0, 1, 2, \ldots \tag{2.12}$$

Subtraindo (2.11) de (2.12), tem-se:

$$\mathbf{x}^{(k+1)} - \mathbf{x} = F(\mathbf{x}^{(k)} - \mathbf{x})$$

Seja $e^{(k)}$, o erro na k-ésima iteração, dado por:

$$e^{(k)} = \mathbf{x}^{(k)} - \mathbf{x}$$

Substituindo-se em (2.12), tem-se:

$$e^{(k+1)} = Fe^{(k)} \tag{2.13}$$

Teorema 2.1: É condição suficiente, para que a iteração (2.12) convirja, que os elementos f_{ij} de F satisfaçam a desigualdade:

$$\sum_{i=1}^{n} |f_{ij}| \leqslant L < 1, \quad j = 1, 2, \ldots, n \tag{2.14}$$

qualquer que seja a condição inicial $\mathbf{x}^{(0)}$.

Demonstração

Escrevendo (2.13) na sua forma expandida, tem-se:

$$e_1^{(k+1)} = f_{11}\, e_1^{(k)} + f_{12}\, e_2^{(k)} + \ldots + f_{1n}\, e_n^{(k)}$$

$$e_2^{(k+1)} = f_{21}\, e_1^{(k)} + f_{22}\, e_2^{(k)} + \ldots + f_{2n}\, e_n^{(k)}$$

$$\vdots$$

$$e_n^{(k+1)} = f_{n1}\, e_1^{(k)} + f_{n2}\, e_2^{(k)} + \ldots + f_{nn}\, e_n^{(k)}$$

Tomando o módulo em ambos os membros, aplicando a desigualdade triangular e somando membro a membro as igualdades acima, tem-se:

$$\sum_{i=1}^{n} |e_i^{(k+1)}| \leqslant |e_1^{(k)}| \sum_{i=1}^{n} |f_{i1}| + \ldots + |e_n^{(k)}| \sum_{i=1}^{n} |f_{in}| \tag{2.15}$$

Aplicando (2.14) em (2.15) obtém-se:

$$\sum_{i=1}^{n} |e_i^{(k+1)}| < L \sum_{i=1}^{n} |e_i^{(k)}| \tag{2.16}$$

Fazendo $k = 0, 1, 2 \ldots$ em (2.16) tem-se:

$$\left[\sum_{i=1}^{n} |e_i^{(k+1)}| < L^2 \sum_{i=1}^{n} |e_i^{(k-1)}| < L^3 \sum_{i=1}^{n} |e_i^{(k-2)}| < \ldots < L^{k+1} \sum_{i=1}^{n} |e_i^{(0)}| \right]$$

$$\sum_{i=1}^{n} |e_i^{(k+1)}| < L^{k+1} \sum_{i=1}^{n} |e_i^{(0)}|$$

Como $L < 1$, segue que:

$$\lim_{k \to \infty} \sum_{i=1}^{n} |e_i^{(k+1)}| = 0$$ como se queria demonstrar.

Pode-se fazer o erro tão pequeno quanto se queira.

Corolário 2.1 (Critério das linhas): É condição sucifiente para que a iteração definida em (2.12) convirja, que

$$|a_{ii}| > \sum_{\substack{j=1 \\ j \neq i}}^{n} |a_{ij}|, \qquad \text{para } i = 1, 2, \ldots n$$

Observação: A matriz que satisfaz as hipóteses do corolário 2.1 é chamada *diagonal dominante estrita.*

Teorema 2.2: É condição suficiente, para que a iteração definida em (2.12) convirja, que os elementos f_{ij} de F satisfaçam a desigualdade

$$\sum_{j=1}^{n} |f_{ij}| \leqslant L < 1, \text{ para } i = 1, 2, \ldots n$$

qualquer que seja a aproximação inicial $\mathbf{x}^{(0)}$.

A demonstração fica como exercício.

Corolário 2.2 (Critério das colunas): É condição suficiente para que a iteração definida em (2.12) convirja, que

$$|a_{jj}| > \sum_{\substack{i=1 \\ i \neq j}}^{n} |a_{ij}| \qquad \text{para } j = 1, 2, \ldots, n$$

Na prática, são usados os critérios de suficiência de convergência expressos nos corolários 2.1 e 2.2 tanto para o método de Jacobi quanto para o método de Gauss-Seidel. Basta que o sistema satisfaça apenas um desses critérios para ter-se convergência garantida, independentemente da escolha do vetor inicial. Os sistemas dos exemplos 2.17, 2.19 e 2.20 satisfazem a ambos os critérios. Verifique!

2.3.8. Implementação do Critério das Linhas

Seguem, abaixo, a implementação do critério pela função ICONV e um exemplo de programa para usá-la.

2.3.8.1. FUNÇÃO ICONV

```
C..................................................................
C
C
C        FUNCAO ICONV
C
C        OBJETIVO :
C             VERIFICACAO DA CONVERGENCIA DE METODOS ITERATIVOS
C             PARA RESOLUCAO DE SISTEMAS DE EQUACOES LINEARES
C
C        METODO UTILIZADO :
C             CRITERIO DAS LINHAS
C
C        USO :
C             ICONV(A,N,NMAX,MMAX)
C
C        PARAMETROS :
C             A       : MATRIZ DE COEFICIENTES E TERMOS
C                       INDEPENDENTES
C             N       : ORDEM DA MATRIZ A
C             NMAX    : NUMERO MAXIMO DE LINHAS DECLARADO
C             MMAX    : NUMERO MAXIMO DE COLUNAS DECLARADO
C
C..................................................................
C
C
      INTEGER FUNCTION ICONV(A,N,NMAX,MMAX)
C
C
      INTEGER I,J,MMAX,N,NMAX
      REAL A(NMAX,MMAX),SOMA
        ICONV=0
        DO 20 I=1,N
          SOMA=0.
          DO 10 J=1,N
            IF(I.EQ.J)GO TO 10
              SOMA=SOMA+ABS(A(I,J))
   10     CONTINUE
          IF(ABS(A(I,I)).GT.SOMA)GO TO 20
            ICONV=1
            RETURN
   20   CONTINUE
        RETURN
      END
```

2.3.8.2. PROGRAMA PRINCIPAL

```
C
C
C         PROGRAMA PRINCIPAL PARA UTILIZACAO DA FUNCAO ICONV
C
C
      INTEGER I,IC,J,K,LF,LI,MMAX,N,NC,NMAX,N1
      REAL A(20,21)
        NMAX=20
        MMAX=NMAX+1
        READ(1,1)N
    1   FORMAT(I2)
        N1=N+1
        DO 10 I=1,N
          READ(1,2)(A(I,J),J=1,N1)
    2     FORMAT(10F8.0)
   10   CONTINUE
C
C         IMPRESSAO DA MATRIZ DE COEFICIENTES E TERMOS
C         INDEPENDENTES
C
        WRITE(2,11)
   11   FORMAT(1H1,29X,22HMATRIZ DE COEFICIENTES,/)
        NC=N/5
        LI=1
        LF=0
        IF(NC.EQ.0)GO TO 40
        DO 30 IC=1,NC
          LF=IC*5
          WRITE(2,12)(I,I=LI,LF)
   12     FORMAT(1H0,3HI/J,7X,I2,4(13X,I2))
          DO 20 I=1,N
            WRITE(2,13)I,(A(I,J),J=LI,LF)
   13       FORMAT(1H0,I2,5(3X,1PE12.5))
   20     CONTINUE
          LI=LF+1
   30   CONTINUE
   40   K=MOD(N,5)
        IF(K.EQ.0)GO TO 60
          LF=LF+K
          WRITE(2,12)(I,I=LI,LF)
          DO 50 I=1,N
            WRITE(2,13)I,(A(I,J),J=LI,LF)
   50     CONTINUE
   60   CONTINUE
        WRITE(2,61)
   61   FORMAT(1H0)
        WRITE(2,62)
   62   FORMAT(1H0,21H TERMOS INDEPENDENTES,/)
        DO 70 I=1,N
          WRITE(2,63)I,A(I,N1)
   63     FORMAT(1X,I2,3X,1PE12.5,/)
   70   CONTINUE
C
```

```
C        FIM DA IMPRESSAO
C
C        IMPRESSAO DOS RESULTADOS
C
        IF(ICONV(A,N,NMAX,MMAX).EQ.0)GO TO 80
         WRITE(2,71)
   71    FORMAT(5(/),1X,29HO SISTEMA NAO CONVERGE COM AS,
     G          23H EQUACOES NA ORDEM DADA)
         CALL EXIT
   80    CONTINUE
         WRITE(2,81)
   81    FORMAT(5(/),1X,18HO SISTEMA CONVERGE)
         CALL EXIT
      END
```

Exemplo 2.21

Verificar se o sistema de equações lineares abaixo converge ou não:

$$\begin{cases} 10x_1 + x_2 + x_3 + 2x_4 + 3x_5 - 2x_6 = 6{,}57 \\ 4x_1 - 20x_2 + 3x_3 + 2x_4 - x_5 + 7x_6 = -68{,}448 \\ 5x_1 - 3x_2 + 15x_3 - x_4 - 4x_5 + x_6 = -112{,}05 \\ -x_1 + x_2 + 2x_3 + 8x_4 - x_5 + 2x_6 = -3{,}968 \\ x_1 + 2x_2 + x_3 + 3x_4 + 9x_5 - x_6 = -2{,}18 \\ 4x_1 + 3x_2 + x_3 + 2x_4 - x_5 + 12x_6 = 10{,}882 \end{cases}$$

Para resolver este exemplo, usando o programa acima, devem ser fornecidos:
Dados de entrada

1∅., 1., 1., 2., 3., – 2., 6.57,
4., – 2∅., 3., 2., – 1., 7., – 68.448,
5., – 3., 15., – 1., – 4., 1., – 112.∅5,
– 1., 1., 2., 8., –1., 2., – 3.968,
1., 2., 1., 3., 9., – 1., – 2.18,
4., 3., 1., 2., – 1., 12., 1∅.882,

Os resultados obtidos foram:

MATRIZ DE COEFICIENTES

I/J	1	2	3	4
1	1.00000E+01	1.00000E+00	1.00000E+00	2.00000E+00
2	4.00000E+00	-2.00000E+01	3.00000E+00	2.00000E+00

MATRIZ DE COEFICIENTES

I/J	1	2	3	4
3	5.00000E+00	-3.00000E+00	1.50000E+01	-1.00000E+00
4	-1.00000E+00	1.00000E+00	2.00000E+00	8.00000E+00
5	1.00000E+00	2.00000E+00	1.00000E+00	3.00000E+00
6	-4.00000E+00	3.00000E+00	1.00000E+00	2.00000E+00

I/J	5	6
1	3.00000E+00	-2.00000E+00
2	-1.00000E+00	7.00000E+00
3	-4.00000E+00	1.00000E+00
4	-1.00000E+00	2.00000E+00
5	9.00000E+00	-1.00000E+00
6	-1.00000E+00	1.20000E+01

TERMOS INDEPENDENTES

1	6.57000E+00
2	-6.84480E+01
3	-1.12050E+02
4	-3.96800E+00
5	-2.18000E+00
6	1.08820E+01

O SISTEMA CONVERGE

2.3.9. Qual Método é Melhor: o Direto ou o Iterativo?

Não se pode garantir *a priori* que método é o mais eficiente. É necessário o estabelecimento de certos critérios. Dado o caráter introdutório deste curso e usando critérios bem gerais, pode-se afirmar que os métodos diretos se prestam aos sistemas de pequeno porte com matrizes de coeficientes densas; também, resolvem satisfatoriamente vários sistemas lineares com a mesma matriz de coeficientes. Já os métodos iterativos, quando há convergência garantida, são bastante vantajosos na resolução de sistemas de grande porte com a matriz de coeficientes do tipo "esparso" (grande proporção de zeros entre seus elementos). Os sistemas oriundos da discretização de equações diferenciais parciais são um caso típico. Neles, os zeros da matriz original são preservados e as iterações são conduzidas com a matriz original, tornando os cálculos autocorrigíveis, o que tende a minimizar os erros de arredondamento.

2.4. SISTEMAS LINEARES COMPLEXOS

Seja o sistema

$$A\mathbf{x} = b \tag{2.17}$$

onde A, $\mathbf{x}$ e b são matrizes complexas.

Fazendo

$$\begin{aligned} A &= M + iN \\ b &= c + id \\ \mathbf{x} &= s + it \end{aligned} \tag{2.18}$$

onde:

M, N – são matrizes reais de dimensão $n \times n$
c, d, s, t – são matrizes reais de dimensão $n \times 1$

Substituindo (2.18) em (2.17), tem-se:

$$(M + iN)(s + it) = c + id$$
$$Ms - Nt + i(Ns + Mt) = c + id$$

ou, ainda,

$$Ms - Nt = c \quad \text{e}$$
$$Ns + Mt = d$$

Este último sistema se reduz a

$$\left[\begin{array}{c|c} M & -N \\ \hline N & M \end{array}\right] \begin{bmatrix} s \\ \\ t \end{bmatrix} = \begin{bmatrix} c \\ \\ d \end{bmatrix} \tag{2.19}$$

O sistema (2.17) foi reduzido, portanto, ao sistema real (2.19). Basta, pois aplicar em (2.19) um dos métodos vistos nas secções 2.2 e 2.3.

Exemplo 2.22

Resolver o sistema:

$$\begin{cases} (1+2i)x_1 + 3x_2 = -5+4i \\ -x_1 + x_2 = -1 \end{cases}$$

$$A = \begin{bmatrix} 1+2i & 3+0i \\ -1+0i & 1+0i \end{bmatrix} = \underbrace{\begin{bmatrix} 1 & 3 \\ -1 & 1 \end{bmatrix}}_{M} + i \underbrace{\begin{bmatrix} 2 & 0 \\ 0 & 0 \end{bmatrix}}_{N}$$

$$b = \begin{bmatrix} -5+4i \\ -1+0i \end{bmatrix} = \underbrace{\begin{bmatrix} -5 \\ -1 \end{bmatrix}}_{c} + i \underbrace{\begin{bmatrix} 4 \\ 0 \end{bmatrix}}_{d}$$

$$\mathbf{x} = \begin{bmatrix} x_1 \\ x_2 \end{bmatrix} = \underbrace{\begin{bmatrix} s_1 \\ s_2 \end{bmatrix}}_{s} + i \underbrace{\begin{bmatrix} t_1 \\ t_2 \end{bmatrix}}_{t}$$

Escrevendo o sistema na forma (2.19) tem-se:

$$\left[\begin{array}{cccc} 1 & 3 & -2 & 0 \\ -1 & 1 & 0 & 0 \\ \hline 2 & 0 & 1 & 3 \\ 0 & 0 & -1 & 1 \end{array}\right] \left[\begin{array}{c} s_1 \\ s_2 \\ \hline t_1 \\ t_2 \end{array}\right] = \left[\begin{array}{c} -5 \\ -1 \\ \hline 4 \\ 0 \end{array}\right]$$

Resolvendo o sistema acima por um dos métodos vistos nas secções 2.2 e 2.3 obtém-se a solução:

$$\bar{\mathbf{x}} = [i \quad -1+i]^T$$

2.4.1. Exercícios de Fixação

Determinar o vetor solução dos sistemas lineares complexos abaixo:

2.4.1.1
$$\begin{cases} (1+i)x_1 + ix_2 + x_3 = 1+4i \\ -x_1 - 2ix_2 + (1+2i)x_3 = -1-2i \\ 2x_1 + 2x_2 - x_3 = 4-i \end{cases}$$

2.4.1.2
$$\begin{cases} (3+4i)x_1 + x_2 = -2+3i \\ ix_1 + (-2-3i)x_2 = 13 \end{cases}$$

2.4.1.3
$$\begin{cases} x_1 + x_2 = 4 \\ x_1 - x_2 = 2i \end{cases}$$

2.5. NOÇÕES DE MAL CONDICIONAMENTO

Nas subseções 2.2.1, 2.2.4 e 2.2.5 foi usado como critério para avaliar a precisão da solução $\bar{\mathbf{x}}$ do sistema $A\mathbf{x} = b$, o resíduo $r = b - A\hat{\mathbf{x}}$, onde $\hat{\mathbf{x}}$ é a solução computada.

Se $\hat{\mathbf{x}}$ for uma boa aproximação para $\mathbf{x}$, é esperado que as componentes de r sejam valores pequenos. Entretanto, valores pequenos para as componentes do resíduo podem não indicar que $\hat{\mathbf{x}}$ seja uma boa aproximação para $\mathbf{x}$.

Exemplo 2.23

Seja o sistema

$$\begin{cases} x_1 + 1{,}001x_2 = 2{,}001 \\ 0{,}999x_1 + x_2 = 1{,}999 \end{cases} \tag{2.20}$$

A solução exata para (2.20) é $\bar{\mathbf{x}} = [1 \quad 1]^T$.

Para $\hat{x} = [2 \quad 0{,}001]^T$, o resíduo de (2.20) é

$$r = \begin{bmatrix} 2{,}001 \\ 1{,}999 \end{bmatrix} - \begin{bmatrix} 1 & 1{,}001 \\ 0{,}999 & 1 \end{bmatrix} \begin{bmatrix} 2{,}000 \\ 0{,}001 \end{bmatrix}$$

$$r = \begin{bmatrix} 2{,}001 \\ 1{,}999 \end{bmatrix} - \begin{bmatrix} 2{,}001001 \\ 1{,}999000 \end{bmatrix}$$

$$r = \begin{bmatrix} -0{,}000001 \\ 0 \end{bmatrix}$$

Examinando r, $\hat{\mathbf{x}} = [2 \quad 0{,}001]^T$ poderia ser considerada como uma boa aproximação para $\mathbf{x}$, o que, de fato, não acontece.

Equações como as do sistema (2.20) são *mal condicionadas*.

Um modo de se detetar o mal condicionamento é através do determinante normalizado da matriz dos coeficientes do sistema dado; se o determinante normalizado for sensivelmente menor que a unidade, o sistema será mal condicionado.

Se A é uma matriz de ordem n, seu determinante normalizado, denotado por det (Norm A) é dado por:

$$\det(\text{Norm } A) = \frac{\det(A)}{\alpha_1 \, \alpha_2 \ldots \alpha_n}$$

$$\text{onde } \alpha_i = \sqrt{a_{i1}^2 + a_{i2}^2 + \ldots + a_{in}^2}, \quad i = 1, 2, \ldots, n$$

O determinante normalizado da matriz dos coeficientes de (2.20) é 5×10^{-7}, isto é,

$$\det(\text{Norm } A) < 1$$

O sistema (2.20) é mal condicionado, como já era esperado.

Observação: Há outros critérios para a verificação de mal condicionamento de sistemas lineares e o leitor poderá encontrá-los em [3] e [7].

2.6. EXEMPLO DE APLICAÇÃO

2.6.1. Descrição do Problema

Vários candidatos prestaram concurso para preenchimento de duas vagas numa empresa. Somente quatro dentre eles conseguiram aprovação. A classificação, com as respectivas notas e médias, foi divulgada através da seguinte tabela:

Notas / Candidatos	Português	Matemática	Datilografia	Legislação	Média	Classificação
A	8,0	9,2	8,5	9,3	8,58	1º
B	8,1	7,7	8,2	8,2	8,28	2º
C	8,9	7,3	7,8	8,6	8,22	3º
D	8,0	7,5	7,6	8,1	7,80	4º

Evidentemente, a empresa convocou os candidatos A e B para preencher as vagas. Inconformado com o resultado, o candidato C procurou o gerente da firma para se informar de como as médias tinham sido calculadas, já que pôde verificar que não se tratava de média aritmética, pois, se assim o fosse, sua média seria 8,15 e não 8,22. Recebeu, então, como resposta, que o critério utilizado fora o da média ponderada. Baseado nesta informação, o candidato C requereu à Justiça a anulação do concurso, pois as médias não haviam sido calculadas corretamente.

Qual o veredicto do juiz designado para o caso?

2.6.2. Modelo Matemático

Sejam p_1, p_2, p_3 e p_4 os respectivos pesos das disciplinas mencionadas acima.

Tendo em vista que se trata de média ponderada, para os candidatos A, B, C e D têm-se as seguintes equações:

$$(S): \begin{cases} 8{,}58 = \dfrac{8{,}0p_1 + 9{,}2p_2 + 8{,}5p_3 + 9{,}3p_4}{p_1 + p_2 + p_3 + p_4} \\[2ex] 8{,}28 = \dfrac{8{,}1p_1 + 7{,}7p_2 + 8{,}2p_3 + 8{,}2p_4}{p_1 + p_2 + p_3 + p_4} \\[2ex] 8{,}22 = \dfrac{8{,}9p_1 + 7{,}3p_2 + 7{,}8p_3 + 8{,}6p_4}{p_1 + p_2 + p_3 + p_4} \\[2ex] 7{,}80 = \dfrac{8{,}0p_1 + 7{,}5p_2 + 7{,}6p_3 + 8{,}1p_4}{p_1 + p_2 + p_3 + p_4} \end{cases}$$

que formam o sistema linear homogêneo (S') abaixo:

$$(S'): \begin{cases} -0{,}58p_1 + 0{,}62p_2 - 0{,}08p_3 + 0{,}72p_4 = 0 \\ -0{,}18p_1 - 0{,}58p_2 - 0{,}08p_3 + 0{,}38p_4 = 0 \\ 0{,}68p_1 - 0{,}92p_2 - 0{,}42p_3 + 0{,}38p_4 = 0 \\ 0{,}2\ p_1 - 0{,}3\ p_2 - 0{,}2\ p_3 + 0{,}3\ p_4 = 0 \end{cases}$$

2.6.3. Solução Numérica

Para resolver o sistema (S') é utilizada a eliminação de Gauss, cuja implementação é feita através da sub-rotina Gauss e do programa principal descritos na subsecção 2.2.2.

Dados de entrada

```
Ø4
-Ø.58,Ø.62,-Ø.Ø8,Ø.72,Ø.,
-Ø.18,-Ø.58,-Ø.Ø8,Ø.38,Ø.,
Ø.68,-0.92,-Ø.42,Ø.38,Ø.,
Ø.2,-0,3,-Ø.2,Ø.3,Ø.,
```

Os resultados obtidos são:

```
  VETOR SOLUCAO

X   =  0.00000E+00
 1

X   =  0.00000E+00
 2

X   =  0.00000E+00
 3

X   =  0.00000E+00
 4

 O VALOR DO DETERMINANTE E' -1.34800E-03
```

2.6.4. Análise do Resultado

O vetor solução do sistema (S') é $[0\ 0\ 0\ 0]^T$, isto é, $p_1 = p_2 = p_3 = p_4 = 0$, o que não satisfaz às equações do sistema S. Como o determinante é diferente de zero, pode-se afirmar que a solução de (S') é única.

Certamente, o juiz dará ganho de causa ao candidato C, já que os pesos são todos nulos, demonstrando, assim, que o critério da média ponderada não foi aplicado.

2.7. EXERCÍCIOS PROPOSTOS

2.7.1. O método da **pivotação parcial** consiste na resolução de um sistema linear fazendo-se as eliminações do seguinte modo: segue-se a seqüência de eliminações como no método de Gauss (subsecção 2.2.1), cuidando de escolher em cada coluna o coeficiente de maior módulo.

Resolver, pelo método da pivotação parcial, o sistema abaixo, retendo durante as eliminações e as substituições retroativas cinco casas decimais:

$$\begin{cases} 1{,}0234x_1 - 2{,}4567x_2 + 1{,}2345x_3 = 6{,}6728 \\ 5{,}0831x_1 + 1{,}2500x_2 + 0{,}9878x_3 = 6{,}5263 \\ -3{,}4598x_1 + 2{,}5122x_2 - 1{,}2121x_3 = -11{,}2784 \end{cases}$$

2.7.2. Resolver pelo método de Gauss o seguinte sistema:

$$\begin{cases} 2x_1 + 3x_2 + 4x_3 + 5x_4 = 14 \\ 4x_1 + 6x_2 + x_3 + x_4 = 12 \\ 2x_1 + x_2 + x_3 + x_4 = 5 \\ 4x_1 - 2x_2 - 2x_3 + x_4 = 1 \end{cases}$$

2.7.3. Seja A_{nxn} a matriz que se deseja inverter.

Se A possui inversa X_{nxn}, então $AX = I$, onde

$$I = \begin{pmatrix} 1 & 0 & 0 & \dots & 0 \\ 0 & 1 & 0 & \dots & 0 \\ 0 & 0 & 1 & \dots & 0 \\ \cdot & \cdot & \cdot & \cdot & \cdot \\ 0 & 0 & 0 & \dots & 1 \end{pmatrix}$$

Sejam $\mathbf{x}^{(1)}$ $\mathbf{x}^{(2)}$ ... $\mathbf{x}^{(n)}$ as colunas de X. Para se achar a matriz inversa é necessário resolver n sistemas lineares, cuja matriz de coeficientes é a mesma, isto é, devem ser resolvidos os sistemas

$$A\mathbf{x}^{(1)} = (1\ 0\ 0\ \dots\ 0)^T$$
$$A\mathbf{x}^{(2)} = (0\ 1\ 0\ \dots\ 0)^T$$
$$A\mathbf{x}^{(3)} = (0\ 0\ 1\ \dots\ 0)^T$$
$$\vdots$$
$$A\mathbf{x}^{(n)} = (0\ 0\ 0\ \dots\ 1)^T$$

Aplicar o método acima para achar a inversa da matriz

$$\begin{pmatrix} 2 & 3 & -1 \\ 4 & 4 & -3 \\ 2 & -3 & 1 \end{pmatrix}$$

2.7.4. Se o método da pivotação completa fosse usado para resolver um sistema linear, como seria calculado o determinante da matriz de coeficientes do sistema dado?

2.7.5. Calcular o determinante da matriz de coeficientes do sistema do exemplo 2.9.

2.7.6. Calcular o determinante da matriz de coeficientes do sistema do exemplo 2.12.

2.7.7. Resolver pelo método de Gauss, retendo cinco decimais durante as eliminações e as substituições retroativas:

$$\begin{cases} x_1 + 6x_2 + 2x_3 + 4x_4 = 8 \\ 3x_1 + 19x_2 + 4x_3 + 15x_4 = 25 \\ x_1 + 4x_2 + 8x_3 + 12x_4 = 18 \\ 5x_1 + 33x_2 + 9x_3 + 3x_4 = 72 \end{cases}$$

2.7.8. Verificar se o sistema do exercício 2.7.7 é mal condicionado.

2.7.9. Qual o número de multiplicações e divisões na fase de eliminação do método de Jordan? E na fase de resolução do sistema diagonal?

2.7.10. Qual o número de multiplicações e divisões da fase de eliminação do método de Gauss? E da fase de substituições retroativas?

2.7.11. Comparar o número de multiplicações e divisões nos exercícios 2.7.9 e 2.7.10 e responda: qual o método de esforço computacional menor para $n = 5, 10, 20, 30$?

2.7.12. Seja o diagrama de um circuito

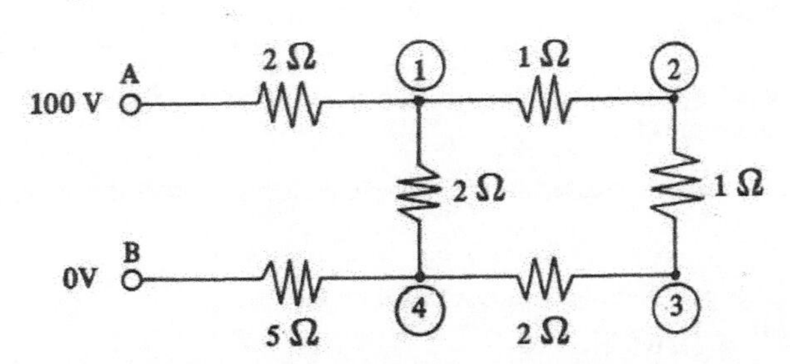

A corrente que flui do nó p para o nó q de uma rede elétrica é $I_{pq} = \frac{V_p - V_q}{R_{pq}}$, I em ampères e R em ohms, onde V_p e V_q são voltagens nos nós p e q, respectivamente, e R_{pq} é a resistência no arco pq (LEI DE OHM).

A soma das correntes que chegam a cada nó é nula (LEI DE KIRCHOFF); assim, as equações que relacionam as voltagens podem ser obtidas.

No nó 1, tem-se a equação $I_{A1} + I_{21} + I_{41} = 0$, ou seja,

$$\frac{100 - V_1}{2} + \frac{V_2 - V_1}{1} + \frac{V_4 - V_1}{2} = 0 \text{ ou } \boxed{-4V_1 + 2V_2 + V_4 = -100}$$

a) Obter as equações dos nós 2, 3 e 4.

b) Resolver, por qualquer método, o sistema linear formado pelas equações dos nós 1, 2, 3 e 4, a fim de obter as voltagens em cada nó do circuito.

2.7.13. As transformações da 1ª e da 2ª etapas do exemplo 2.8 possuem a seguinte interpretação matricial:

Na 1ª etapa, as transformações são equivalentes à pré-multiplicação da matriz B_0 pela matriz

$$M_0 = \begin{pmatrix} 1 & 0 & 0 \\ m_{21}^{(0)} & 1 & 0 \\ m_{31}^{(0)} & 0 & 1 \end{pmatrix}$$

Então, $B_1 = M_0 B_0$.

Na 2ª etapa, as transformações são equivalentes à pré-multiplicação da matriz B_1 pela matriz

$$M_1 = \begin{pmatrix} 1 & 0 & 0 \\ 0 & 1 & 0 \\ 0 & m_{32}^{(1)} & 1 \end{pmatrix}$$

Então, $B_2 = M_1 B_1$.

Logo, $B_2 = M_1 M_0 B_0$, onde B_0 é a matriz aumentada do sistema dado e B_2 é a matriz triangular aumentada transformada.

Interpretar, matricialmente, a transformação de B_0 da ordem $n(n+1)$ em B_{n-1}.

2.7.14. Resolver pelo método de Gauss-Seidel ou Jacobi com $\epsilon < 10^{-3}$ e $\mathbf{x}^{(0)} = [0\ 0\ 0]^T$:

$$\begin{cases} 4x_1 - 2x_2 + x_3 = 3 \\ x_1 - 4x_2 + x_3 = -2 \\ x_1 + 2x_2 + 4x_3 = 7 \end{cases}$$

2.7.15. Resolver pelo método de Gauss-Seidel ou Jacobi com $\epsilon < 10^{-3}$ e $x^{(0)} = [0\ 0\ 0]^T$:

$$\begin{cases} 10x_1 + 2x_2 + 6x_3 = 28 \\ x_1 + 10x_2 + 9x_3 = 7 \\ 2x_1 - 7x_2 - 10x_3 = -17 \end{cases}$$

2.7.16. Resolver, por qualquer método, o sistema:

$$\begin{cases} -2ix_1 + 3x_2 = 2 + 5i \\ (1+i)x_1 + ix_2 = -3 \end{cases}$$

2.7.17. Resolver, por qualquer método, o sistema:

$$\begin{cases} x_1 + 2x_2 - ix_3 = 1 - 2i \\ -ix_1 + x_2 + 2ix_3 = -2i \\ 2ix_1 - ix_2 + x_3 = -1 + 2i \end{cases}$$

2.7.18. Resolver, por qualquer método, o sistema:

$$\begin{cases} x_1 + 2ix_2 = 1 + 5i \\ (-1+i)x_1 + (1+2i)x_2 = 4i \end{cases}$$

2.7.19. Resolver pelo método de Gauss retendo, durante as eliminações e substituições retroativas, quatro decimais; a seguir, usar refinamento para melhorar a solução:

$$\begin{cases} 8{,}7x_1 + 3{,}0x_2 + 9{,}3x_3 + 11{,}0x_4 = 16{,}4 \\ 24{,}5x_1 - 8{,}8x_2 + 11{,}5x_3 - 45{,}1x_4 = -49{,}7 \\ 52{,}3x_1 - 84{,}0x_2 - 23{,}5x_3 + 11{,}4x_4 = -80{,}8 \\ 21{,}0x_1 - 81{,}0x_2 - 13{,}2x_3 + 21{,}5x_4 = -106{,}30 \end{cases}$$

2.7.20. Resolver pelo método de Jordan:

$$\begin{cases} 0{,}25x_1 + 0{,}30x_2 + 0{,}12x_3 = 0{,}795 \\ 0{,}12x_1 + 0{,}18x_2 + 0{,}24x_3 = 0{,}600 \\ 0{,}24x_1 + 0{,}13x_2 + 0{,}22x_3 = 0{,}710 \end{cases}$$

2.7.21. Verificar se o sistema abaixo é mal condicionado:

$$\begin{cases} 3{,}81x_1 + 0{,}25x_2 + 1{,}28x_3 + 0{,}80x_4 = 4{,}21 \\ 2{,}25x_1 + 1{,}32x_2 + 5{,}08x_3 + 0{,}49x_4 = 6{,}97 \\ 5{,}31x_1 + 6{,}78x_2 + 0{,}98x_3 + 1{,}04x_4 = 2{,}38 \\ 9{,}89x_1 + 2{,}45x_2 + 3{,}35x_3 + 2{,}28x_4 = 10{,}98 \end{cases}$$

2.7.22. Resolver pelo método de Gauss, retendo quatro decimais:

$$\begin{cases} 1{,}427x_1 - 3{,}948x_2 + 10{,}383x_3 = -32{,}793 \\ -2{,}084x_1 + 6{,}425x_2 - 0{,}083x_3 = 36{,}672 \\ 15{,}459x_1 - 2{,}495x_2 - 1{,}412x_3 = -6{,}557 \end{cases}$$

2.7.23. Resolver o sistema abaixo pelo método de Gauss-Seidel usando como aproximação inicial $\mathbf{x}^{(0)} = [\ 0\ \ 0\ \ 0\ ]^T$ e como critérios de parada $k = 10$ ou $\epsilon < 10^{-2}$.

$$\begin{cases} -x_1 + 6x_2 - x_3 = 32 \\ 6x_1 - x_2 - x_3 = 11{,}33 \\ -x_1 - x_2 - 6x_3 = 42 \end{cases}$$

2.7.24. Seja o sistema linear:

$$\begin{cases} 3x_1 + 2x_2 + 2x_3 = 9 \\ 4x_1 + x_2 + 3x_3 = 9 \\ x_1 - x_2 = -1 \end{cases}$$

Após resolvê-lo, pelo método de Jordan, retendo quatro decimais, obteve-se o seguinte resultado:

$$\bar{\mathbf{x}} = [\ 1{,}0001\ \ 1{,}9999\ \ 1\ ]^T$$

Aplicar refinamentos sucessivos até que $\max_i r_i^{(k)} \leqslant 10^{-4}$ ou $k = 3$.

Capítulo 3

Equações Algébricas e Transcendentes

3.1. INTRODUÇÃO

Em muitos problemas de Ciência e Engenharia há necessidade de se determinar um número ξ para o qual uma função $f(x)$ seja zero, ou seja, $f(\xi) = 0$. Este número é chamado raiz da equação $f(x) = 0$ ou zero da função $f(x)$.

As equações algébricas de 1º e 2º graus, certas classes de 3º e 4º graus e algumas equações transcendentes podem ter suas raízes computadas exatamente através de métodos analíticos, mas para polinômios de grau superior a quatro e para a grande maioria das equações transcendentes o problema só pode ser resolvido por métodos que aproximam as soluções.

Embora estes métodos não forneçam raízes exatas, elas podem ser calculadas com a exatidão que o problema requeira, desde que certas condições sobre f sejam satisfeitas.

Para se calcular uma raiz duas etapas devem ser seguidas:

a) Isolar a raiz, ou seja, achar um intervalo $[a, b]$, o menor possível, que contenha uma e somente uma raiz da equação $f(x) = 0$.

b) Melhorar o valor da raiz aproximada, isto é, refiná-la até o grau de exatidão requerido.

3.2. ISOLAMENTO DE RAÍZES

Será visto, agora, um importante teorema da Álgebra para isolamento de raízes.

Teorema 3.1: Se uma função contínua $f(x)$ assume valores de sinais opostos nos pontos extremos do intervalo $[a, b]$, isto é $f(a) \cdot f(b) < 0$, então o intervalo conterá, no mínimo, uma raiz da equação $f(x) = 0$, em outras palavras haverá, no mínimo, um número & $\in (a, b)$ tal que f(&) $= 0$ (Figura 3.1).

O leitor interessado na demonstração poderá encontrá-la em [20].

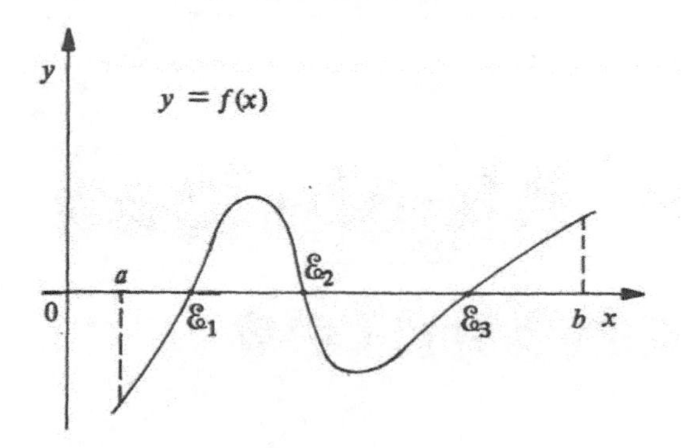

Figura 3.1. $f(a) \cdot f(b) < 0$

A raiz & será definida e única se a derivada $f'(x)$ existir e preservar o sinal dentro do intervalo (a, b), isto é, se $f'(x) > 0$ (Figura 3.2) ou $f'(x) < 0$ para $a < x < b$.

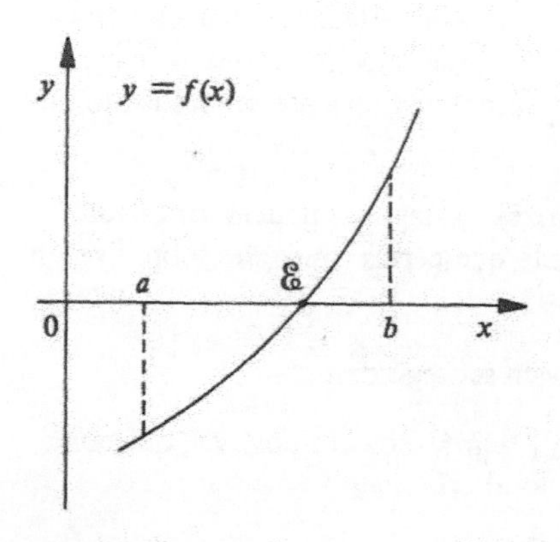

Figura 3.2. $f'(x) > 0$

Devido às propriedades de cada tipo de equação (algébrica ou transcendente), o isolamento de raízes de cada uma delas será visto separadamente.

3.2.1. Equações Algébricas

3.2.1.1. PROPRIEDADES GERAIS

Seja uma equação algébrica de grau n ($n \geqslant 1$):

$$P(x) = a_n x^n + a_{n-1}x^{n-1} + a_{n-2}x^{n-2} + \ldots + a_0 = 0 \qquad (3.1)$$

onde os coeficientes a_i são números reais e $a_n \neq 0$.

Teorema 3.2 (Teorema fundamental da Álgebra): Uma equação algébrica de grau n tem exatamente n raízes, reais ou complexas, desde que cada raiz seja contada de acordo com sua multiplicidade. A demostração pode ser obtida em [20]-

Uma raiz $\&$ da equação (3.1) tem multiplicidade m se:

$$P(\&) = P'(\&) = P''(\&) = \ldots = P^{m-1}(\&) = 0 \text{ e } P^m(\&) \neq 0$$

onde $P^j(\&) = \left.\dfrac{d^j P(x)}{dx^j}\right| \quad x = \&, j = 1, 2, \ldots m$

Exemplo 3.1

$$\begin{aligned}
\text{Seja } P(x) &= (x-2)^3 (x+1) & & \\
&= x^4 - 5x^3 + 6x^2 + 4x - 8 & & \therefore P(2) = 0 \\
P'(x) &= 4x^3 - 15x^2 + 12x + 4 & & \therefore P'(2) = 0 \\
P''(x) &= 12x^2 - 30x + 12 & & \therefore P''(2) = 0 \\
P'''(x) &= 24x - 30 & & \therefore P'''(2) \neq 0
\end{aligned}$$

então $\& = 2$ é raiz de multiplicidade $m = 3$.

Teorema 3.3: Se os coeficientes da equação algébrica (3.1) são reais, então as raízes complexas desta equação são complexos conjugados em pares, isto é, se $\&_1 = \alpha + \beta i$ é uma raiz de (3.1) de multiplicidade m, então o número $\&_2 = \alpha - \beta i$ também é uma raiz desta equação e tem a mesma multiplicidade m.

A demonstração pode ser vista em [20].

Exemplo 3.2

Seja:

$$P(x) = x^2 - 6x + 10$$

$$\&= \frac{6 \pm \sqrt{36 - 40}}{2} = \frac{6 \pm 2i}{2} \begin{cases} \&_1 = 3 + i \\ \&_2 = 3 - i \end{cases}$$

Corolário 3.1: Uma equação algébrica de grau ímpar com coeficientes reais tem, no mínimo, uma raiz real.

Exemplo 3.3

Aproveitando o exemplo 3.2, seja:

$$P(x) = (x^2 - 6x + 10)(x - 1)$$

$$P(x) = x^3 - 7x^2 + 16x - 10$$

As raízes são

$$\&_1 = 3 + i$$

$$\&_2 = 3 - i$$

$$\&_3 = 1$$

3.2.1.2. VALOR NUMÉRICO DE UM POLINÔMIO

Dado um polinômio $P(x)$, um problema que se coloca é o de calcular o valor de $P(x)$ para $x = x_0$, ou seja, $P(x_0)$. Este problema aparece, por exemplo, quando se quer isolar uma raiz.

Exemplo 3.4

Dado $P(x) = x^2 - 3x + 1$, então

$$P(3) = 3^2 - 3 \cdot 3 + 1 = 1$$

Para calcular $P(x_0)$, sendo $P(x)$ dado pelo primeiro membro de (3.1), é necessário fazer $n(n+1)/2$ multiplicações e n adições. Então, se o grau n do polinômio for elevado (digamos $n \geqslant 20$), o cálculo de $P(x_0)$, além de se tornar muito laborioso, é, também, ineficiente em termos computacionais.

Exemplo 3.5

Avaliando

$$P(x) = 3x^9 + 2x^8 - 10x^7 + 2x^6 - 15x^5 - 3x^4 + 2x^3 - 16x^2 + 3x - 5$$

no ponto 2, tem-se:

$$\begin{aligned} P(2) &= 3 \cdot 2^9 + 2 \cdot 2^8 - 10 \cdot 2^7 + 2 \cdot 2^6 - 15 \cdot 2^5 - 3 \cdot 2^4 + 2 \cdot 2^3 - 16 \cdot 2^2 + 3 \cdot 2 - 5 \\ &= 3 \cdot 512 + 2 \cdot 256 - 10 \cdot 128 + 2 \cdot 64 - 15 \cdot 32 - 3 \cdot 16 + 2 \cdot 8 - 16 \cdot 4 + 3 \cdot 2 - 5 \\ &= 321 \end{aligned}$$

Número de operações requeridas:

$$\text{multiplicações} = \frac{9\,(9+1)}{2} = 45$$

adições $= 9$

Serão vistos, agora, dois métodos que tornam esta tarefa mais fácil e que necessitam somente de n multiplicações e n adições.

A. Método de Briot-Ruffini

Sejam os polinômios:

$$P(x) = a_n x^n + a_{n-1} x^{n-1} + \ldots + a_1 x + a_0$$

$$Q(x) = b_n x^{n-1} + b_{n-1} x^{n-2} + \ldots + b_2 x + b_1$$

Dividindo $P(x)$ pelo binômio $(x - c)$, obtém-se a igualdade:

$$P(x) = (x - c)\; Q(x) + r$$

onde $Q(x)$ é o polinômio quociente de grau $n - 1$ e r é uma constante (resto).

O resto da divisão de $P(x)$ por $(x - c)$ é o valor numérico de $P(c)$:

$$P(c) = (c - c)\; Q(c) + r = r$$

Se $r = 0$, então, c é uma raiz real de $P(x) = 0$.

Dispositivo prático de Briot-Ruffini para avaliar $P(c)$:

$$b_n = a_n$$

$$b_{n-k} = cb_{n+1-k} + a_{n-k} \quad (1 \leqslant k \leqslant n) \tag{3.2}$$

ou

$$b_{n-1} = cb_n + a_{n-1}$$

$$b_{n-2} = cb_{n-1} + a_{n-2}$$

$\cdot$

$\cdot$

$\cdot$

$$b_0 = cb_1 + a_0$$

Esquematicamente:

	a_n	a_{n-1}	a_{n-2}	$\dots$	a_1	a_0
c		cb_n	$+ cb_{n-1}$	$\dots$	cb_2	$+ cb_1$
	b_n	b_{n-1}	b_{n-2}	$\dots$	b_1	$b_0 = r$

Exemplo 3.6

$P(x) = x^3 - 7x^2 + 16x - 10$

	1	−7	16	−10
2		+2	−10	+12
	1	−5	6	2

$P(2) = 2$

	1	−7	16	−10
−3		−3	+30	−138
	1	−10	46	−148

$P(-3) = -148$

	1	−7	16	−10
1		+1	−6	+10
	1	−6	10	0

$P(1) = 0$

(ver exemplo 3.3)

B. Método de Horner

$$P(x) = a_n x^n + a_{n-1} x^{n-1} + \ldots + a_2 x^2 + a_1 x + a_0$$

$$= (a_n x^{n-1} + a_{n-1} x^{n-2} + \ldots + a_2 x + a_1)\, x + a_0$$

$$= ((a_n x^{n-2} + a_{n-1} x^{n-3} + \ldots + a_2)\, x + a_1)\, x + a_0$$

$$\ldots\ldots\ldots\ldots\ldots\ldots\ldots\ldots\ldots\ldots$$

$$P(x) = \underbrace{((\ldots}_{n-1}(a_n x + a_{n-1})x + \ldots + a_2)\, x + a_1)\, x + a_0$$

Exemplo 3.7

$$P(x) = 2x^4 - 5x^3 - 2x^2 + 4x - 8$$

$$= (2x^3 - 5x^2 - 2x + 4)x - 8$$

$$= ((2x^2 - 5x - 2)x + 4)x - 8$$

$$P(x) = (((2x - 5)x - 2)x + 4)x - 8$$

$$P(3) = (((2 \cdot 3 - 5) \cdot 3 - 2) \cdot 3 + 4) \cdot 3 - 8$$

$$P(3) = 13$$

Exemplo 3.8

$$P(x) = 3x^9 + 2x^8 - 10x^7 + 2x^6 - 15x^5 - 3x^4 + 2x^3 - 16x^2 + 3x - 5$$

$$(3x^8 + 2x^7 - 10x^6 + 2x^5 - 15x^4 - 3x^3 + 2x^2 - 16x + 3)x - 5$$

$$((3x^7 + 2x^6 - 10x^5 + 2x^4 - 15x^3 - 3x^2 + 2x - 16)x + 3)x - 5$$

$$(((3x^6 + 2x^5 - 10x^4 + 2x^3 - 15x^2 - 3x + 2)x - 16)x + 3)x - 5$$

$$((((3x^5 + 2x^4 - 10x^3 + 2x^2 - 15x - 3)x + 2)x - 16)x + 3)x - 5$$

$$(((((3x^4 + 2x^3 - 10x^2 + 2x - 15)x - 3)x + 2)x - 16)x + 3)x - 5$$
$$((((((3x^3 + 2x^2 - 10x + 2)x - 15)x - 3)x + 2)x - 16)x + 3)x - 5$$
$$(((((((3x^2 + 2x - 10)x + 2)x - 15)x - 3)x + 2)x - 16)x + 3)x - 5$$
$$= ((((((((3x + 2)x - 10)x + 2)x - 15)x - 3)x + 2)x - 16)x + 3)x - 5$$
$$P(2) = 321$$

Número de operações requeridas:
multiplicações = 9
adições = 9

Com um pouco de prática o leitor conseguirá passar, facilmente, um polinômio da forma de potência para a forma de Horner:

$$P(x) = 2x^4 + 3x^3 - x^2 + 5$$
$$= (((2x + 3)x - 1)x + 0)x + 5$$

$$P(x) = -x^5 + 2x^4 - 5x^3 + 2x^2 + 4x - 1$$
$$= ((((-x + 2)x - 5)x + 2)x + 4)x - 1$$

3.2.1.3. OS LIMITES DAS RAÍZES REAIS

Consideremos um polinômio $P(x)$ tal que:

$$P(x) = a_n x^n + a_{n-1} x^{n-1} + \ldots + a_1 x + a_0$$

com $a_n \neq 0$ e $a_i \in R$

Será visto, a seguir, um teorema que permite delimitar as raízes da equação (3.1).

Teorema 3.4 (Teorema de Lagrange): Sejam $a_n > 0$, $a_0 \neq 0$ e k $(0 \leqslant k \leqslant n-1)$ o maior índice dos coeficientes negativos do polinômio $P(x)$. Então, para o limite superior das raízes positivas da equação (3.1) pode-se tomar o número

$$L = 1 + \sqrt[n-k]{\frac{B}{a_n}}$$

onde B é o máximo dos módulos dos coeficientes negativos do polinômio. O leitor interessado na demonstração poderá encontrá-la em [8].

Assim, se ξ_p é a maior das raízes positivas, então $\xi_p \leqslant L$. Se os coeficientes de $P(x)$ forem todos não negativos, então $P(x) = 0$ não terá raízes positivas.

Exemplo 3.9

Seja o polinômio:

$$P(x) = x^4 - 5x^3 - 7x^2 + 29x + 30$$
$$k = 3$$
$$B = |-7|$$
$$L = 1 + \sqrt[4-3]{\frac{7}{1}} \quad \therefore L = 8$$

ou seja, a partir de $x = 8$ o polinômio não tem zeros.

Sendo $\xi_1, \xi_2, \xi_3, ..., \xi_n$ as raízes de $P(x) = 0$, pode-se escrever o polinômio na forma fatorada:

$$P(x) = a_n (x - \xi_1)(x - \xi_2)(x - \xi_3) \ldots (x - \xi_n)$$

A fim de se estabelecer os outros limites das raízes, positivas e negativas, serão consideradas três equações auxiliares, ou seja:

$$1)\ P_1(x) = x^n P(1/x) = 0$$
$$= x^n \left[a_n \left(\frac{1}{x} - \xi_1\right)\left(\frac{1}{x} - \xi_2\right)\left(\frac{1}{x} - \xi_3\right) \cdots \left(\frac{1}{x} - \xi_n\right) \right] = 0$$
$$P_1(x) = a^n (1 - x\xi_1)(1 - x\xi_2)(1 - x\xi_3) \ldots (1 - x\xi_n) = 0$$

As raízes de $P_1(x)$ são:

$$1/\xi_1, 1/\xi_2, 1/\xi_3, \ldots, 1/\xi_n$$

Sendo $1/\xi_p$ a maior das raízes positivas e L_1 o limite superior das raízes positivas de $P_1(x) = 0$, então

$$\frac{1}{\xi_p} \leqslant L_1 \ \therefore\ \xi_p \geqslant 1 / L_1$$

ou seja, $1/L_1$ é o limite inferior das raízes positivas de $P(x) = 0$.

2) $P_2(x) = P(-x) = 0$

Suas raízes são (ver exercício 3.12.1):

$-\&_1, -\&_2, -\&_3, \ldots, -\&_n$

Sendo $-\&_q$ ($\&_q < 0$) a maior das raízes positivas e L_2 o limite superior das raízes positivas de $P_2(x) = 0$, então:

$-\&_q \leqslant L_2 \therefore \&_q \geqslant -L_2$

ou seja, $-L_2$ é o limite inferior das raízes negativas de $P(x) = 0$

3) $P_3(x) = x^n P(-1/x) = 0$

Suas raízes são (ver exercício 3.12.2):

$-1/\&_1, -1/\&_2, -1/\&_3, \ldots, -1/\&_n$

Sendo $-1/\&_q$ ($\&_q < 0$) a maior das raízes positivas e L_3 o limite superior das raízes positivas de $P_3(x) = 0$, então:

$-\dfrac{1}{\&_q} \leqslant L_3 \therefore \&_q \leqslant -1/L_3$

ou seja, $-1/L_3$ é o limite superior das raízes negativas de $P(x) = 0$

Em vista disto, todas as raízes positivas $\&^+$ da equação (3.1), se existirem, satisfarão a desigualdade

$$1/L_1 \leqslant \&^+ \leqslant L$$

Do mesmo modo, todas as raízes negativas $\&^-$ da equação (3.1), se houver alguma, satisfarão a desigualdade (ver Figura 3.3)

$$-L_2 \leqslant \&^- \leqslant -1/L_3$$

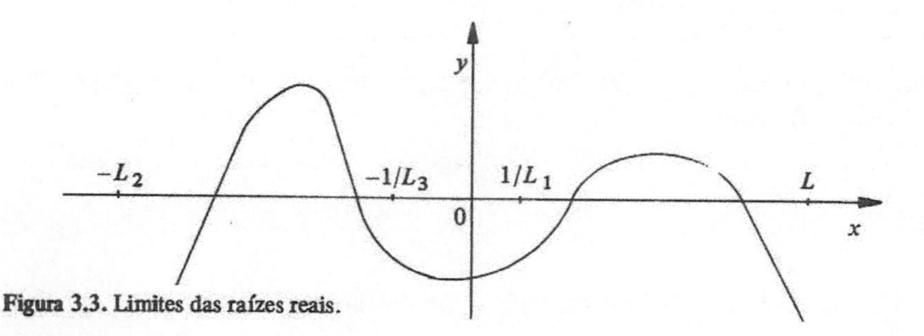

Figura 3.3. Limites das raízes reais.

Exemplo 3.10

Seja a equação algébrica do exemplo 3.9:

$$P(x) = x^4 - 5x^3 - 7x^2 + 29x + 30 = 0$$

então

$$P_1(x) = 30x^4 + 29x^3 - 7x^2 - 5x + 1 = 0$$

$$P_2(x) = x^4 + 5x^3 - 7x^2 - 29x + 30 = 0$$

$$P_3(x) = 30x^4 - 29x^3 - 7x^2 + 5x + 1 = 0$$

$$L_1 = 1 + (7/30)^{\frac{1}{4-2}} = 1{,}48 \rightarrow 1 / L_1 = 0{,}68$$

$$L_2 = 1 + (29/1)^{\frac{1}{4-2}} = 6{,}39 \rightarrow -L_2 = -6{,}39$$

$$L_3 = 1 + (29/30)^{\frac{1}{4-3}} = 1{,}97 \rightarrow -1 / L_3 = -0{,}51$$

$L = 8$ (Ver exemplo 3.9)

$0{,}68 \leqslant \&^+ \leqslant 8$

$-6{,}39 \leqslant \&^- \leqslant -0{,}51$

Dispositivo Prático

$n = 4$	$P(x)$	$P_1(x)$	$P_2(x)$	$P_3(x)$
a_0	30	1	30	1
a_1	29	–5	–29	5
a_2	–7	–7	–7	–7
a_3	–5	29	5	–29
a_4	1	30	1	30
k	3	2	2	3
$n - k$	1	2	2	1
B	7	7	29	29
L_i	8,00	1,48	6,39	1,97
$L\&$	8,00	0,68	–6,39	–0,51

Sendo L_i o limite superior das raízes positivas das equações auxiliares e $L_{\mathcal{E}}$ os limites superior e inferior das raízes positivas e negativas de $P(x) = 0$.

3.2.1.4. O NÚMERO DE RAÍZES REAIS

Na seção anterior foi visto como delimitar as raízes reais de $P(x) = 0$. Agora é necessário que se saiba quantas raízes existem nos intervalos. Os métodos que fornecem o número exato de raízes reais estão acima do nível deste texto, mas podem ser vistos em [8]; no entanto, serão vistos métodos que dão uma boa indicação sobre este número.

Teorema 3.5 (*Teorema de Bolzano*): Seja $P(x) = 0$ uma equação algébrica com coeficientes reais e $x \in (a, b)$.

Se $P(a) \cdot P(b) < 0$, então existe um número ímpar de raízes reais (contando suas multiplicidades) no intervalo (a, b) (ver figura 3.4).

Se $P(a) \cdot P(b) > 0$, então existe um número par de raízes reais (contando suas multiplicidades) ou não existem raízes reais no intervalo (a, b) (ver figura 3.5).

A demonstração pode ser vista em [14].

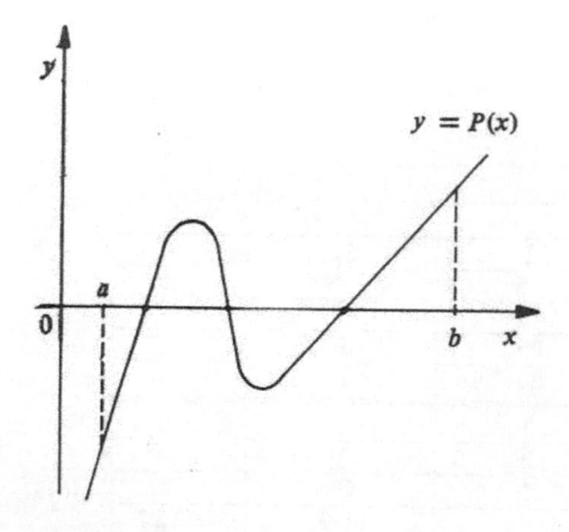

Figura 3.4. $P(a) \cdot P(b) < 0$

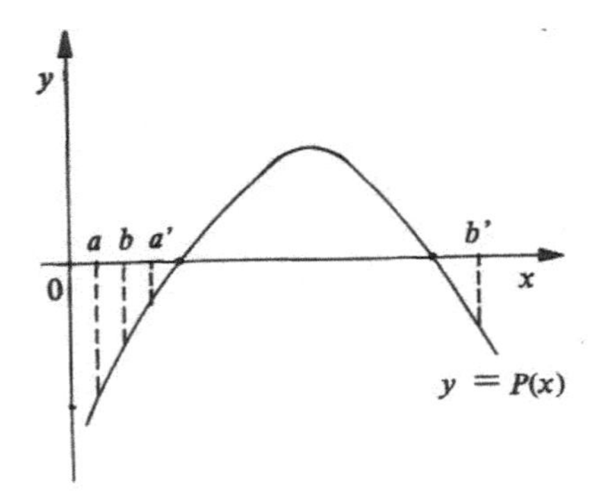

Figura 3.5. $P(a) \cdot P(b) > 0$

Regra de Sinais de Descartes

O número de raízes reais positivas n^+ de uma equação algébrica é igual ao número de variações de sinais na seqüência dos coeficientes, ou menor que este número por um inteiro par, sendo uma raiz de multiplicidade m contada como m raízes e não sendo contados os coeficientes iguais a zero.

Corolário 3.2: Se os coeficientes de uma equação algébrica são diferentes de zero, então, o número de raízes reais negativas n^- (contando multiplicidades) é igual ao número de permanências de sinais na seqüência dos seus coeficientes, ou é menor que este número por um inteiro par.

A prova desta afirmativa segue diretamente da aplicação da regra de Descartes para o polinômio $P(-x)$.

Exemplo 3.11

Seja a equação algébrica no exemplo 3.10:

$$P(x) = x^4 - 5x^3 - 7x^2 + 29x + 30 = 0$$
$$n^+ = 2 - 2k_1 \rightarrow n^+ = 2 \text{ ou } 0$$
$$n^- = 2 - 2k_2 \rightarrow n^- = 2 \text{ ou } 0$$

Sabendo-se que as raízes da equação do exemplo 3.10 são

$$\xi_1 = -2,\ \xi_2 = -1,\ \xi_3 = 3 \text{ e } \xi_4 = 5$$

pode-se observar que a previsão do número de raízes reais positivas e negativas, dada pela regra de Descartes (exemplo 3.11), e o intervalo onde elas se encontram, dado pelo teorema de Lagrange (exemplo 3.10), estão corretos. É muito importante notar que n^+ e n^- não são, necessariamente, o número de raízes positivas e negativas, respectivamente (a menos que $n^+ = 1$ ou $n \;\; = 1$). Observe que a regra de Descartes menciona "ou é menor que este número por um inteiro par". O exemplo abaixo esclarece melhor.

Exemplo 3.12

Seja a equação

$$P(x) = x^5 - 9x^4 + 7x^3 + 185x^2 - 792x + 1.040 = 0$$
$$n^+ = 4 - 2k_1$$
$$n^- = 1$$

As raízes são:

$$\xi_1 = -5,\ \xi_2 = \xi_3 = 4,\ \xi_4 = 3 - 2i \text{ e } \xi_5 = 3 + 2i$$

Observem que $n^+ = 2$ e não 4, que é o número de variações de sinais dos coeficientes. Deve-se ter muito cuidado ao se aplicar a regra de Descartes.

3.2.1.5. RELAÇÕES ENTRE RAÍZES E COEFICIENTES (RELAÇÕES DE GIRARD)

Escrevendo $P(x) = 0$ na forma fatorada tem-se:

$$P(x) = a_n(x - \xi_1)(x - \xi_2)(x - \xi_3)\ldots(x - \xi_n) = 0$$

Multiplicando-se

$$P(x) = a_n x^n - a_n(\xi_1 + \xi_2 + \xi_3 + \ldots + \xi_n)x^{n-1}$$
$$+ a_n(\xi_1\xi_2 + \xi_1\xi_3 + \ldots + \xi_1\xi_n + \xi_2\xi_3 + \ldots + \xi_{n-1}\xi_n)x^{n-2}$$
$$- a_n(\xi_1\xi_2\xi_3 + \ldots + \xi_1\xi_2\xi_n + \xi_1\xi_3\xi_4 + \ldots + \xi_{n-2}\xi_{n-1}\xi_n)x^{n-3} + \ldots +$$
$$(-1)^n a_n(\xi_1\xi_2\xi_3\ldots\xi_n) = 0$$

Comparando o resultado com $P(x) = 0$ na forma de potências:

$$P(x) = a_n x^n + a_{n-1} x^{n-1} + a_{n-2} x^{n-2} + \ldots + a_1 x + a_0 = 0$$

e aplicando a condição de identidade das equações algébricas, tem-se:

$$\xi_1 + \xi_2 + \xi_3 + \ldots + \xi_n = -a_{n-1}/a_n$$
$$\xi_1 \xi_2 + \xi_1 \xi_3 + \ldots + \xi_1 \xi_n + \xi_2 \xi_3 + \ldots + \xi_{n-1} \xi_n = a_{n-2}/a_n$$
$$\xi_1 \xi_2 \xi_3 + \ldots + \xi_1 \xi_2 \xi_n + \xi_1 \xi_3 \xi_4 + \ldots + \xi_{n-2} \xi_{n-1} \xi_n = -a_{n-3}/a_n$$

. . . .

somatório dos C_i^n produtos de i raízes $= (-1)^i a_{n-i}/a_n$

. . . .

$$\xi_1 \xi_2 \xi_3 \ldots \xi_n = (-1)^n a_0 / a_n$$

Estas são as relações entre as raízes e os coeficientes de uma equação algébrica, ou relações de Girard.

Exemplo 3.13

Seja a equação do exemplo 3.3:

$$P(x) = x^3 - 7x^2 + 16x - 10 = 0$$

cujas raízes são:

$$\xi_1 = 3 + i$$
$$\xi_2 = 3 - i$$
$$\xi_3 = 1$$

Então:

$$(3 + i) + (3 - i) + 1 = 7 = -(-7)/1$$
$$(3 + i) \cdot (3 - i) + (3 + i) \cdot 1 + (3 - i) \cdot 1 = 16 = 16/1$$
$$(3 + i) \cdot (3 - i) \cdot 1 = 10 = -(-10)/1$$

3.2.2. Equações Transcendentes

Um estudo analítico do comportamento de equações transcendentes está acima do nível deste texto devido à sua complexidade.

A determinação do número de raízes geralmente é quase impossível, pois algumas equações podem ter um número infinito de raízes.

O método mais simples de se achar um intervalo que contenha só uma raiz, ou seja, isolar uma raiz, é o método gráfico. Antes de abordar este método será útil uma recordação do esboço de algumas funções importantes.

3.2.2.1. ESBOÇOS DE FUNÇÕES

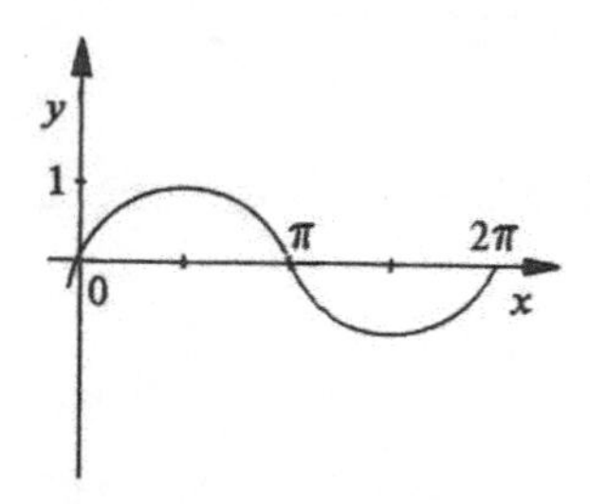

Figura 3.6. $y = \text{sen}\, x$

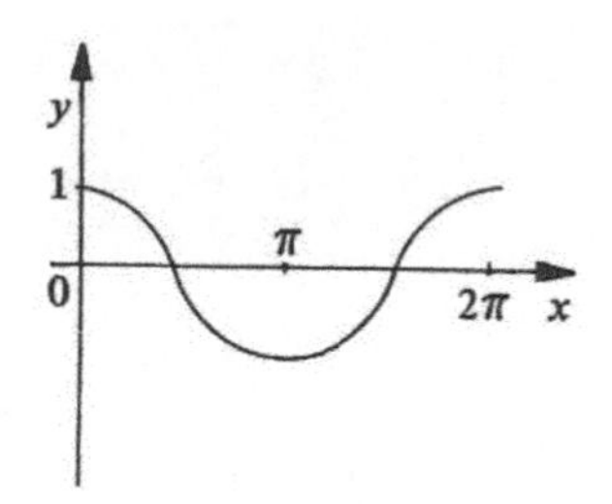

Figura 3.7. $y = \cos x$

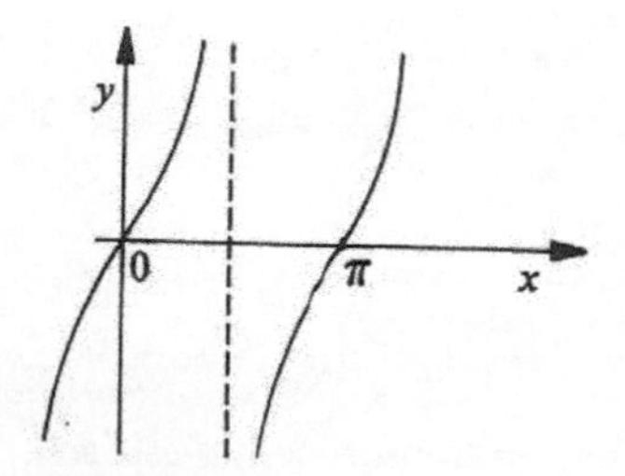

Figura 3.8. $y = \text{tg}\, x$

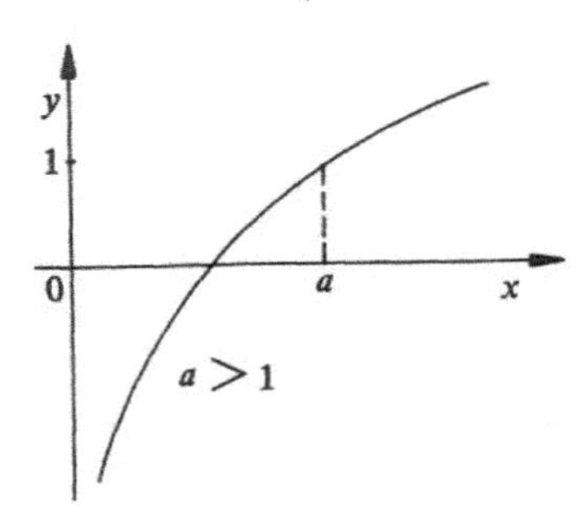

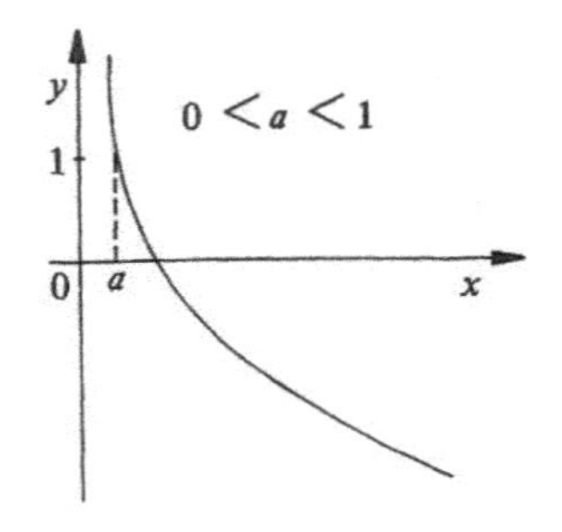

Figura 3.9. $y = \log_a x$

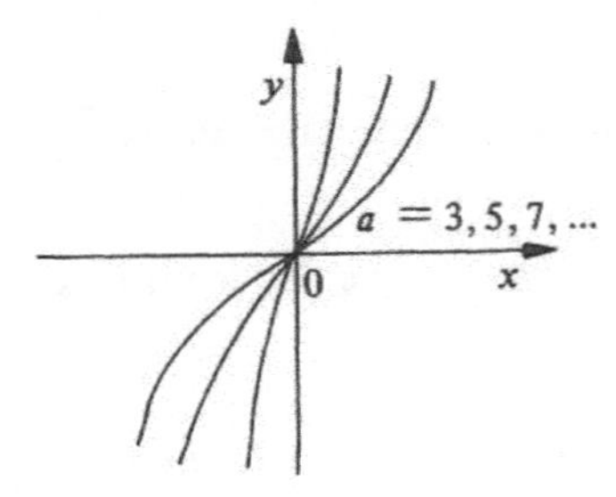

Figura 3.10. $y = x^a$

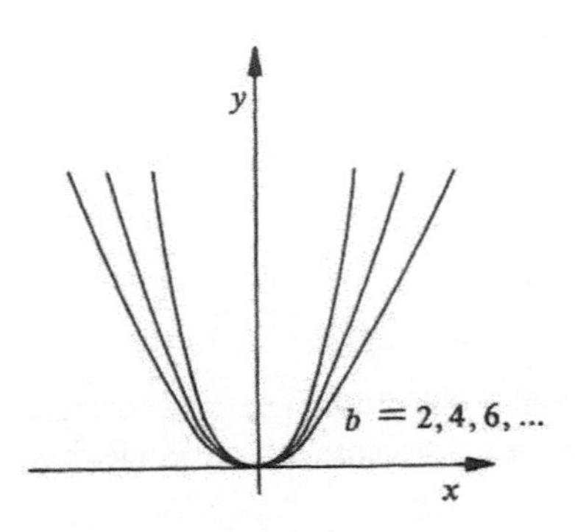

Figura 3.11. $y = x^b$

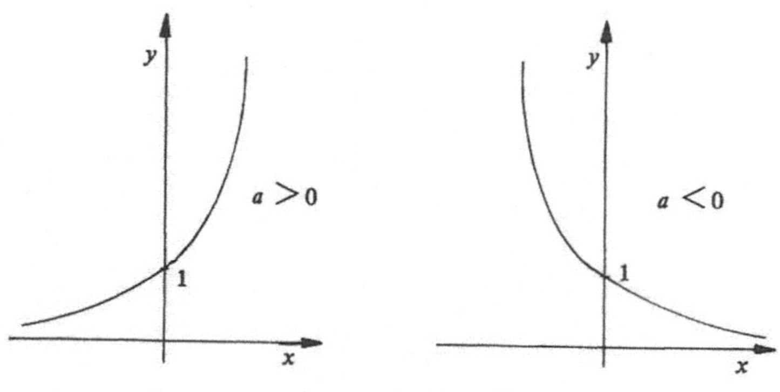

Figura 3.12. $y = e^{ax}$

3.2.2.2. MÉTODO GRÁFICO

Uma raiz real de uma equação $f(x) = 0$ é um ponto onde a função $f(x)$ toca o eixo dos x (figura 3.1).

Para se achar a raiz, basta que se faça um esboço da função $f(x)$ e que se verifique em que ponto do eixo dos x a função se anula.

Exemplo 3.14

Seja $f(x) = e^x - \text{sen } x - 2$

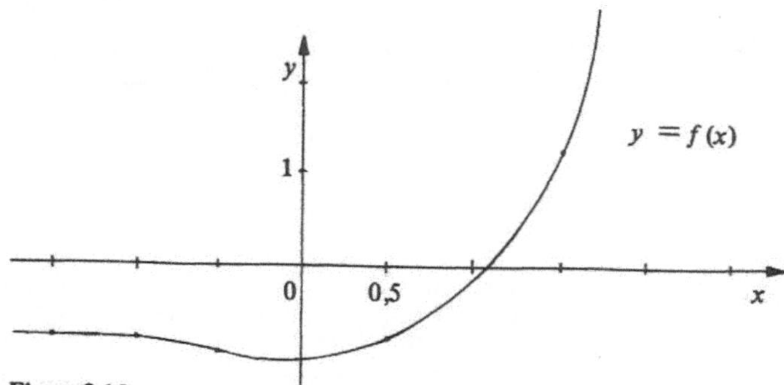

Figura 3.13

A função tem uma raiz $\xi \doteq 1,1$.

Uma outra maneira de se resolver o problema é substituir $f(x) = 0$ por uma equação $g(x) - h(x) = 0$ equivalente, ou seja, uma equação que tem as mesmas raízes de $f(x) = 0$.

$f(x) = g(x) - h(x)$

Fazendo os gráficos de $y_1 = g(x)$ e $y_2 = h(x)$, eles se interceptam em um ponto de abscissa $x = x_0$ (figura 3.14); neste ponto,

$$g(x_0) = h(x_0)$$

e, portanto,

$$f(x_0) = g(x_0) - h(x_0) = 0$$

Por isto, pode-se concluir que $\mathcal{E} = x_0$.

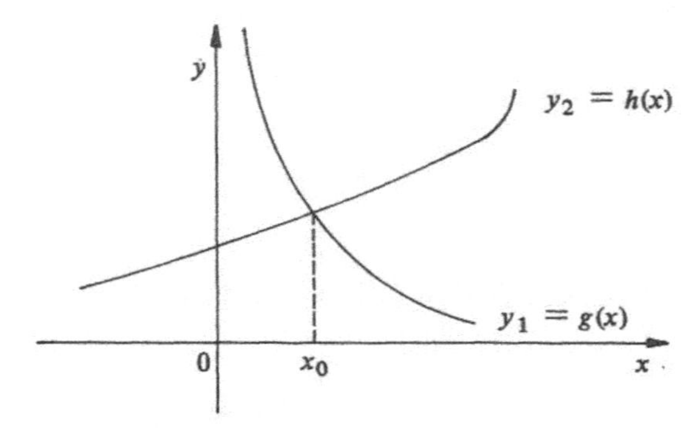

Figura 3.14. Método gráfico.

Exemplo 3.15

Seja a função do exemplo 3.14:

$$f(x) = e^x - \text{sen } x - 2$$

Separando $f(x)$ em duas funções, tem-se:

$$g(x) = e^x$$
$$h(x) = \text{sen } x + 2$$

É importante mencionar aqui que as raízes da equação $f(x) = 0$ não podem estar muito próximas e que o valor obtido graficamente deve ser usado apenas, como uma aproximação inicial da raiz exata $\mathcal{E}$.

Os métodos de aproximação da raiz exata serão vistos adiante.

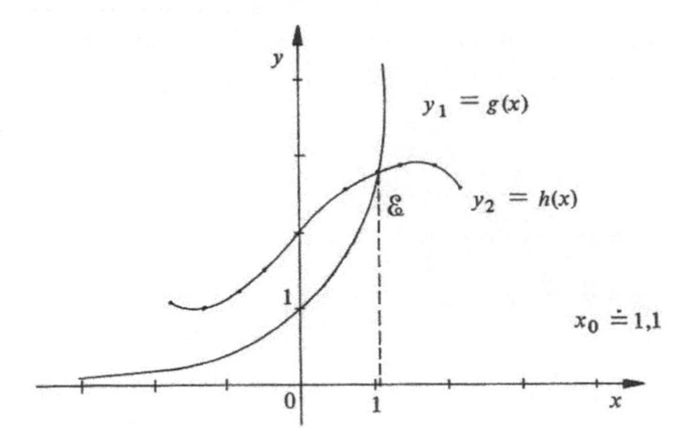

Figura 3.15

Serão vistos, agora, dois exemplos que sintetizam o que foi abordado, até aqui.

Exemplo 3.16

Isolar todas as raízes da equação

$$P(x) = x^3 - 2x^2 - 20x + 30 = 0$$

a) Limite das raízes reais:

$n = 3$	$P(x)$	$P_1(x)$	$P_2(x)$	$P_3(x)$
a_0	30	1	−30	−1
a_1	−20	−2	−20	−2
a_2	−2	−20	2	20
a_3	1	30	1	30
k	2	2	1	1
$n - k$	1	1	2	2
B	20	20	30	2
L_i	21	1,67	6,48	1,26
$L\&$	21	0,60	−6,48	−0,79

$$0,60 \leqslant \&^+ \leqslant 21$$
$$-6,48 \leqslant \&^- \leqslant -0,79$$

b) Número de raízes reais:

$n^+ = 2$ ou 0

$n^- = 1$

Portanto, existe uma raiz negativa no intervalo $[-6{,}48; -0{,}79]$ e, se existirem duas raízes positivas, elas estarão no intervalo $[0{,}60; 21]$.

c) Esboço da função:

A função pode ser esboçada apenas no domínio destes dois intervalos, pois fora deles não há raízes.

x	$P(x)$
–6,48	–196,5
–6,0	–138,0
–5,0	–45,0
–4,0	14,0
.....	......
0,6	17,5
1,0	9,0
2,0	–10,0
3,0	–21,0
4,0	–18,0
5,0	5,0

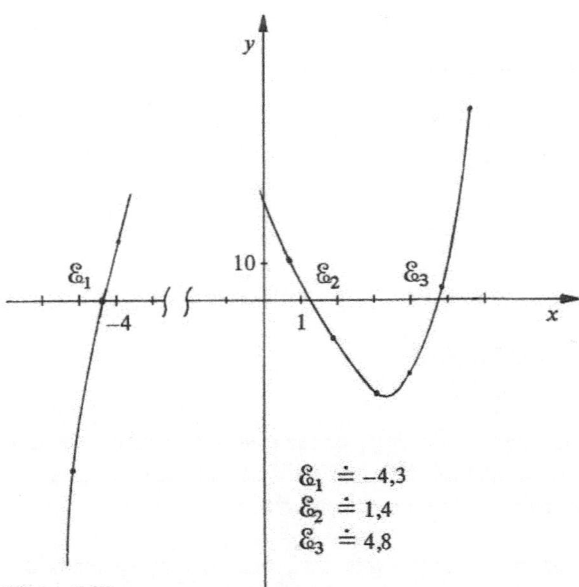

Figura 3.16

Exemplo 3.17

Isolar todas as raízes da equação:

$f(x) = x^2 - \text{sen } x - 1$

$g(x) = x^2; \ h(x) = \text{sen } x + 1$

x	$g(x)$	$h(x)$
−1,5	2,3	0,0
−1,0	1,0	0,2
−0,5	0,3	0,5
0,0	0,0	1,0
0,5	0,3	1,5
1,0	1,0	1,8
1,5	2,3	2,0
2,0	4,0	1,9

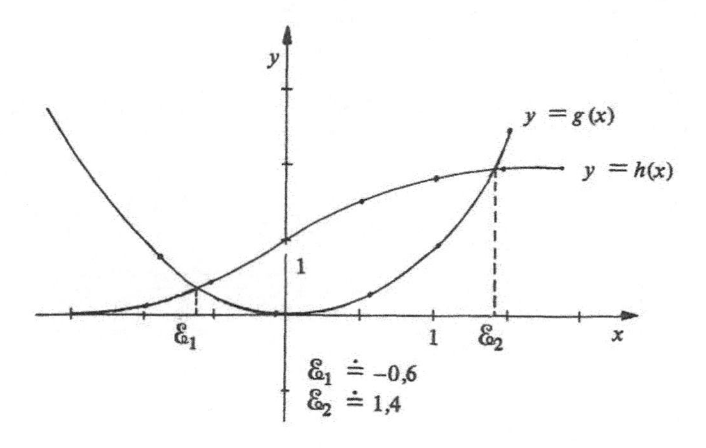

Figura 3.17

3.3. GRAU DE EXATIDÃO DA RAIZ

Depois de isolar a raiz no intervalo [a, b], passa-se a calculá-la através de métodos numéricos. Como será visto adiante, estes métodos devem fornecer uma seqüência $\{x_i\}$ de aproximações, cujo limite é a raiz exata &.

Teorema 3.6: Seja & uma raiz isolada exata e x_n uma raiz aproximada da equação $f(x) = 0$, com & e x_n pertencentes ao intervalo [a,b] e

$$| f'(x) | \geqslant m > 0 \quad \text{para} \quad a \leqslant x \leqslant b$$

onde

$$m = \min_{a \leqslant x \leqslant b} | f'(x) |$$

Então

$$|x_n - \&| \leqslant \frac{|f(x_n)|}{m}$$

Prova:

Aplicando o teorema do valor médio, tem-se:

$$f(x_n) - f(\&) = (x_n - \&) f'(c)$$

onde

$$x_n < c < \& \rightarrow c \in (a, b)$$

Como

$f(\&) = 0$ e $| f'(c) | \geqslant m$, tem-se:

$$|f(x_n) - f(\&) | = | f(x_n) | \geqslant m | x_n - \& |$$

portanto

$$| x_n - \& | \leqslant \frac{|f(x_n)|}{m}$$

Exemplo 3.18

Sendo $f(x) = x^2 - 8$, delimitar o erro cometido com $x_n = 2{,}827$ no intervalo [2, 3].

$$m = \min_{2 \leqslant x \leqslant 3} |2x| = 4$$

$$|2{,}827 - \& | \leqslant \frac{0{,}008}{4} = 0{,}002$$

$$\& = 2{,}827 \pm 0{,}002 \qquad (\sqrt{8} = 2{,}828 \ldots)$$

O cálculo de m é muitas vezes trabalhoso e difícil de ser feito. Por esta razão, a tolerância ϵ é, muitas vezes, avaliada por um dos três critérios abaixo:

$$|f(x_n)| \leqslant \epsilon \qquad \text{Critério 3.1}$$

$$|x_n - x_{n-1}| \leqslant \epsilon \qquad \text{Critério 3.2}$$

$$\frac{|x_n - x_{n-1}|}{|x_n|} \leqslant \epsilon \qquad \text{Critério 3.3}$$

Em cada aproximação x_n da raiz exata $\mathcal{E}$ usa-se um destes critérios e compara-se o resultado com a tolerância ϵ prefixada.

Observação: Se a raiz é da ordem da unidade (aproximadamente 1), devemos usar o critério 3.2 (teste de erro absoluto), caso contrário, usa-se o critério 3.3 (teste do erro relativo). Há casos em que a condição do critério 3.2 é satisfeita sem que o mesmo ocorra com o critério 3.1.

Agora que já foi visto como se isolar uma raiz, pode-se passar para a segunda etapa deste capítulo. Os métodos que se seguem têm como objetivo o refinamento da raiz isolada.

3.4. MÉTODO DA BISSEÇÃO

3.4.1. Descrição

Seja $f(x)$ uma função contínua no intervalo $[a, b]$ e $f(a) \cdot f(b) < 0$.

Dividindo o intervalo $[a, b]$ ao meio, obtém-se x_0 (figura 3.18), havendo, pois, dois subintervalos, $[a, x_0]$ e $[x_0, b]$, a ser considerados.

Se $f(x_0) = 0$, então, $\mathcal{E} = x_0$; caso contrário, a raiz estará no subintervalo onde a função tem sinais opostos nos pontos extremos, ou seja, se $f(a) \cdot f(x_0) < 0$, então, $\mathcal{E} \in (a, x_0)$; senão $f(a) \cdot f(x_0) > 0$ e $\mathcal{E} \in (x_0, b)$.

O novo intervalo $[a_1, b_1]$ que contém $\mathcal{E}$ é dividido ao meio e obtém-se o ponto x_1. O processo se repete até que se obtenha uma aproximação para a raiz exata $\mathcal{E}$, com a tolerância ϵ desejada.

3.4.2. Interpretação Geométrica

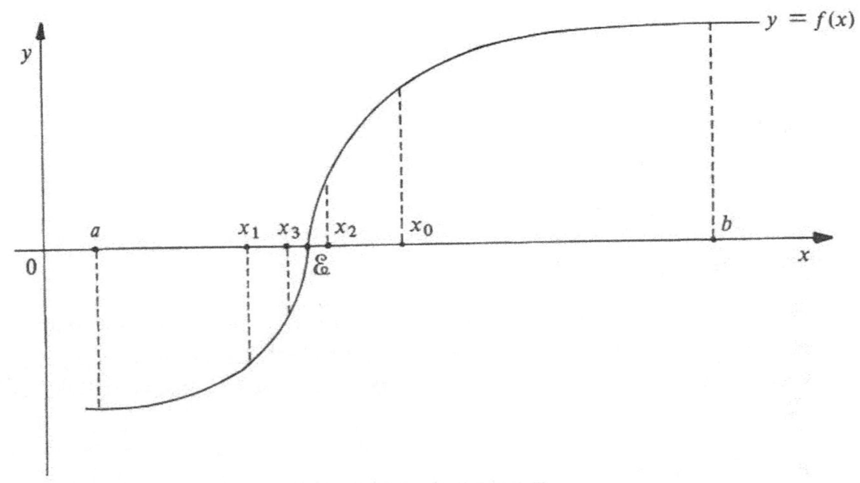

Figura 3.18. Interpretação geométrica do método da bisseção.

3.4.3. Convergência

Em alguma etapa do processo tem-se ou a raiz exata ℰ ou uma seqüência infinita de intervalos encaixados a_1, b_1, a_2, b_2, . . ., a_n, b_n, . . ., tal que

$$f(a_n) \cdot f(b_n) < 0 \qquad n = 1, 2, 3, \ldots \tag{3.3}$$

Como a cada iteração o intervalo $[\, a,\ b\,]$ é dividido ao meio, na n-ésima iteração o comprimento do intervalo será:

$$b_n - a_n = \frac{b - a}{2^n} \tag{3.4}$$

ou

$$|x_n - x_{n-1}| = \frac{b - a}{2^{n+1}} \qquad \text{(ver exercício 3.12.3)}$$

Desde que

$$|x_n - x_{n-1}| \leqslant \epsilon$$

então

$$\left|\frac{b-a}{2^{n+1}}\right| \leqslant \epsilon \quad .$$

ou

$$n \geqslant \frac{\ln\left[(b-a)/\ \epsilon\ \right]}{\ln 2} - 1$$

ou seja, para um dado intervalo $[a, b]$ são necessárias, no mínimo, n iterações para se calcular a raiz & com tolerância ϵ.

Visto que os pontos extremos inferiores $a_1, a_2, \ldots, a_n$ formam uma seqüência monótona não-descrescente limitada e os pontos extremos superiores $b_1, b_2, \ldots, b_n$ formam uma seqüência monótona não-crescente limitada, então, por (3.4) existe um limite comum.

$$\lim_{n \to \infty} a_n = \lim_{n \to \infty} b_n = \&$$

Passando ao limite na desigualdade (3.3) com $n \to \infty$ tem-se, em virtude da continuidade da função $f(x)$, que $[f(\&)]^2 \leqslant 0$, de onde $f(\&) = 0$, o que significa que & é uma raiz da equação $f(x) = 0$.

Nos exemplos abaixo, a tolerância ϵ é avaliada usando-se o critério 3.2.

Exemplo 3.19

Calcular a raiz positiva da equação $f(x) = x^2 - 3$ com $\epsilon \leqslant 0{,}01$.

Isolando-se a raiz, tem-se que & $\in (1, 2)$ e que

$$f(a) = f(1) = -2 < 0$$
$$f(b) = f(2) = \quad 1 > 0$$

Logo:

N	AN	BN	XN	F(XN)	E
0	1.00000	2.00000	1.50000	-.75000	
1	1.50000	2.00000	1.75000	.06250	.25000
2	1.50000	1.75000	1.62500	-.35938	.12500
3	1.62500	1.75000	1.68750	-.15234	.06250
4	1.68750	1.75000	1.71875	-.04590	.03125
5	1.71875	1.75000	1.73437	.00806	.01563
6	1.71875	1.73437	1.72656	-.01898	.00781

A raiz é & $\doteq x_6 = 1{,}72656$

Exemplo 3.20

Calcular a raiz da equação $f(x) = x^2 + \ln x$ com $\epsilon \leqslant 0{,}01$.

Fazendo o gráfico da equação verifica-se que & $\in (0{,}5; 1{,}0)$ e que

$f(a) = f(0{,}5) = -0{,}44315 < 0$

$f(b) = f(1{,}0) = 1{,}00000 > 0$

Logo:

N	AN	BN	XN	F(XN)	E
0	.50000	1.00000	.75000	.27482	
1	.50000	.75000	.62500	.07938	.12500
2	.62500	.75000	.68750	.09796	.06250
3	.62500	.68750	.65625	.00945	.03125
4	.62500	.65625	.64063	-.03491	.01563
5	.64063	.65625	.64844	-.01272	.00781

& $\doteq x_5 = 0{,}64844$

Exemplo 3.21

Calcular a raiz da equação $f(x) = x^3 - 10$ com $\epsilon < 0{,}1$.

Sabendo-se que & $\in (2, 3)$ e que

$f(a) = f(2) = -2 < 0$

$f(b) = f(3) = 17 > 0$

tem-se:

N	AN	BN	XN	F(XN)	E
0	2.00000	3.00000	2.50000	5.62500	
1	2.00000	2.50000	2.25000	1.39062	.25000
2	2.00000	2.25000	2.12500	-.40430	.12500
3	2.12500	2.25000	2.18750	.46753	.06250

& $\doteq x_3 = 2{,}18750$

Observação: O método da bisseção deve ser usado apenas para diminuir o intervalo que contém a raiz para posterior aplicação de outro método, pois o esforço computacional cresce demasiadamente quando se aumenta a exatidão com que se quer a raiz.

3.4.4. Exercícios de Fixação

Calcular pelo menos uma raiz real das equações abaixo, com $\epsilon \leqslant 10^{-2}$, usando o método da bisseção.

3.4.4.1 $f(x) = x^3 - 6x^2 - x + 30 = 0$

3.4.4.2 $f(x) = x + \log x = 0$

3.4.4.3 $f(x) = 3x - \cos x = 0$

3.4.4.4 $f(x) = x + 2\cos x = 0$

3.5. MÉTODO DAS CORDAS

3.5.1. Descrição

Seja $f(x)$ uma função contínua que tenha derivada segunda com sinal constante no intervalo $[a, b]$, sendo que $f(a) \cdot f(b) < 0$ e que existe somente um número $\&\in[a, b]$ tal que $f(\&) = 0$.

No método das cordas, ao invés de se dividir o intervalo $[a, b]$ ao meio, ele é dividido em partes proporcionais à razão $-f(a) / f(b)$ (figura 3.19), ou seja:

$$\frac{h_1}{b-a} = \frac{-f(a)}{-f(a) + f(b)}$$

Isto conduz a um valor aproximado da raiz,

$$x_1 = a + h_1$$

$$x_1 = a - \frac{f(a)}{f(b) - f(a)}(b-a) \tag{3.5}$$

Ao se aplicar este procedimento ao novo intervalo que contém & ($[a, x_1]$ ou $[x_1, b]$), obtém-se uma nova aproximação x_2 da raiz.

3.5.2. Interpretação Geométrica

O método das cordas equivale a substituir a curva $y = f(x)$ por uma corda que passa através dos pontos $A[a, f(a)]$ e $B[b, f(b)]$. Quatro situações são possíveis:

$$f''(x) > 0 \quad \begin{cases} f(a) < 0 \text{ e } f(b) > 0 : & \text{Caso I} \\ f(a) > 0 \text{ e } f(b) < 0 : & \text{Caso II} \end{cases}$$

(figura 3.19)
(figura 3.20)

$$f''(x) < 0 \quad \begin{cases} f(a) < 0 \text{ e } f(b) > 0 : & \text{Caso III} \\ f(a) > 0 \text{ e } f(b) < 0 : & \text{Caso IV} \end{cases}$$

(figura 3.21)
(figura 3.22)

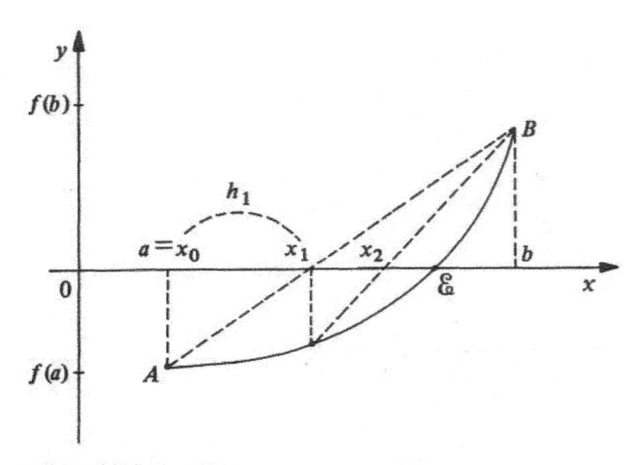

Figura 3.19. Caso I.

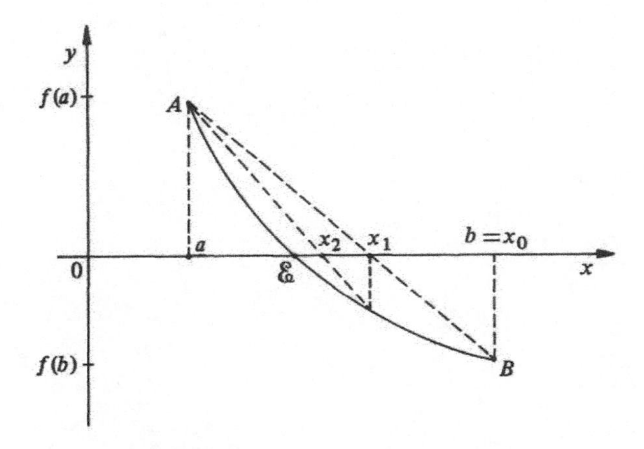

Figura 3.20. Caso II.

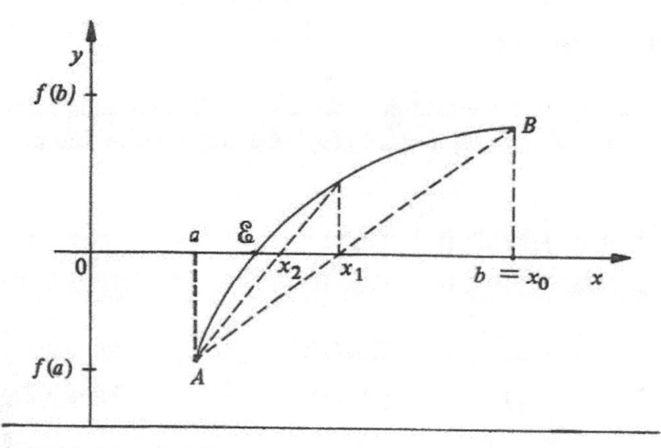

Figura 3.21. Caso III.

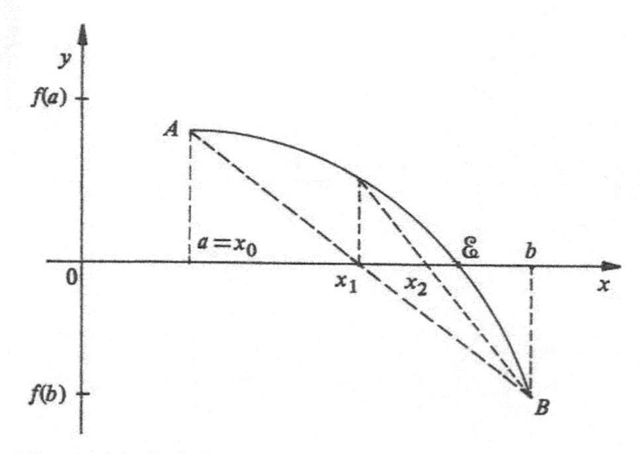

Figura 3.22. Caso IV.

Caso I

Pela figura 3.19 vê-se que

$$\frac{f(b) - f(x_0)}{b - x_0} = \frac{0 - f(x_0)}{x_1 - x_0}$$

$$\frac{x_1 - x_0}{-f(x_0)} = \frac{x_0 - b}{f(x_0) - f(b)}$$

$$x_1 = x_0 - \frac{f(x_0)}{f(x_0) - f(b)} (x_0 - b)$$

Por indução,

$$x_{n+1} = x_n - \frac{f(x_n)}{f(x_n) - f(b)} (x_n - b) \tag{3.6}$$

$$n = 0, 1, 2, \ldots$$

Caso II

Pela figura 3.20 vê-se que

$$\frac{f(a) - f(x_0)}{x_0 - a} = \frac{0 - f(x_0)}{x_0 - x_1}$$

$$\frac{x_1 - x_0}{f(x_0)} = -\frac{x_0 - a}{f(x_0) - f(a)}$$

$$x_1 = x_0 - \frac{f(x_0)}{f(x_0) - f(a)} (x_0 - a)$$

Por indução,

$$x_{n+1} = x_n - \frac{f(x_n)}{f(x_n) - f(a)} (x_n - a) \tag{3.7}$$

$$n = 0, 1, 2, \ldots$$

Caso III

Pela figura 3.21 vê-se que

$$\frac{f(x_0) - f(a)}{x_0 - a} = \frac{f(x_0) - 0}{x_0 - x_1}$$

$$\frac{x_1 - x_0}{-f(x_0)} = \frac{x_0 - a}{f(x_0) - f(a)}$$

$$x_1 = x_0 - \frac{f(x_0)}{f(x_0) - f(a)} (x_0 - a)$$

Por indução,

$$x_{n+1} = x_n - \frac{f(x_n)}{f(x_n) - f(a)} (x_n - a) \qquad (3.8)$$

$$n = 0, 1, 2, \ldots$$

Caso IV

Pela figura 3.22 vê-se que

$$\frac{f(x_0) - f(b)}{b - x_0} = \frac{f(x_0) - 0}{x_1 - x_0}$$

$$\frac{x_1 - x_0}{f(x_0)} = -\frac{x_0 - b}{f(x_0) - f(b)}$$

$$x_1 = x_0 - \frac{f(x_0)}{f(x_0) - f(b)} (x_0 - b)$$

Por indução,

$$x_{n+1} = x_n - \frac{f(x_n)}{f(x_n) - f(b)} (x_n - b) \qquad (3.9)$$

$$n = 0, 1, 2, \ldots$$

3.5.3. Equação Geral

Observando as figuras 3.19, 3.20, 3.21 e 3.22 e as equações (3.6), (3.7), (3.8) e (3.9) conclui-se que:

a) O ponto fixado (a ou b) é aquele no qual o sinal da função $f(x)$ coincide com o sinal da sua derivada $f''(x)$.

b) A aproximação sucessiva x_n se faz do lado da raiz &, onde o sinal da função $f(x)$ é oposto ao sinal de sua derivada segunda $f''(x)$.

Com base no que foi exposto, tem-se a equação geral para o cálculo de raiz de equação pelo método das cordas:

$$x_{n+1} = x_n - \frac{f(x_n)}{f(x_n) - f(c)}(x_n - c) \quad (3.10)$$

$$n = 0, 1, 2, ...$$

sendo c o ponto extremo do intervalo $[a, b]$ onde a função apresenta o mesmo sinal de $f''(x)$, ou seja,
$f(c) \cdot f''(c) > 0$.

3.5.4. Convergência

A aproximação x_{n+1} está mais próxima da raiz $\mathcal{E}$ que a anterior x_n. Supondo

$$\bar{\mathcal{E}} = \lim_{n \to \infty} x_n \quad (a < \bar{\mathcal{E}} < b)$$

este limite existe, pois a seqüência $\{x_n\}$ é limitada e monótona.

Passando ao limite na equação (3.10)

$$\lim_{n \to \infty} x_{n+1} = \lim_{n \to \infty} x_n - \lim_{n \to \infty} \left[\frac{f(x_n)}{f(x_n) - f(c)}(x_n - c)\right]$$

$$\bar{\mathcal{E}} = \bar{\mathcal{E}} - \frac{f(\bar{\mathcal{E}})}{f(\bar{\mathcal{E}}) - f(c)}(\bar{\mathcal{E}} - c) \therefore f(\bar{\mathcal{E}}) = 0$$

Já que a equação $f(x) = 0$ tem somente uma raiz $\mathcal{E}$ no intervalo $[a, b]$, tem-se que $\bar{\mathcal{E}} = \mathcal{E}$.

Nos exemplos abaixo, a tolerância ϵ é avaliada usando o critério 3.2.

Exemplo 3.22

Calcular a raiz da equação $f(x) = e^x - \text{sen } x - 2$ com $\epsilon \leqslant 10^{-5}$.

Esta equação tem uma raiz em $[1{,}0; 1{,}2]$ (Ver exemplo 3.14):

$f''(x) = e^x + \text{sen } x > 0 \;\; \forall x \in [1,0; 1,2]$

$$\left.\begin{array}{l} f(1,0) = -0,12319 < 0 \\ f(1,2) = 0,38808 > 0 \end{array}\right\} \begin{array}{l} c = 1,2 \text{ pois } f(1,2) \cdot f''(1,2) > 0 \\ x_0 = 1,0 \end{array}$$

N	XN	F(XN)	E
0	1.00000	-.12319	
1	1.04819	-.01404	-.04819
2	1.05349	-.00151	-.00530
3	1.05406	-.00016	-.00057
4	1.05412	-.00002	-.00006
5	1.05413	-.00000	-.00001

Logo,

$\& \doteq x_5 = 1,05413$

Exemplo 3.23

Calcular uma raiz da equação $f(x) = 2x^2 + \text{sen}\, x - 10$ com $\epsilon \leq 10^{-3}$.

Fazendo um esboço da função, vê-se que $\& \in [\pi/2, \pi]$:

$f''(x) = 4 - \text{sen}\, x > 0 \;\; \forall \; x \in [\pi/2, \pi]$

$$\left.\begin{array}{l} f(\pi/2) = -4,06520 < 0 \\ f(\pi) = 9,73921 > 0 \end{array}\right\} \begin{array}{l} c = \pi \text{ pois } f(\pi) \cdot f''(\pi) > 0 \\ x_0 = \pi/2 \end{array}$$

N	XN	F(XN)	E
0	1.57080	-4.06518	
1	2.03337	-.83587	-.46257
2	2.12097	-.15054	-.08760
3	2.13651	-.02648	-.01554
4	2.13923	-.00464	-.00273
5	2.13971	-.00081	-.00048

Logo,

$\& \doteq x_5 = 2,13971$

Exemplo 3.24

Calcular um zero do polinômio $f(x) = x^3 - 4x^2 + x + 6$ com $\epsilon \leq 10^{-2}$.

Aplicando o teorema de Lagrange e fazendo um esboço da função, constata-se que existe uma $\xi \in [\, 1{,}4; 2{,}2 \,]$:

$$f''(x) = 6x - 8 > 0 \quad \forall\ x \in [\, 1{,}4, 2{,}2 \,]$$

$$\left.\begin{aligned} f(1{,}4) &= 2{,}30400 > 0 \\ f(2{,}2) &= -0{,}51200 < 0 \end{aligned}\right\} \quad \begin{aligned} c &= 1{,}4 \quad \text{pois } f(1{,}4) \cdot f''(1{,}4) > 0 \\ x_0 &= 2{,}2 \end{aligned}$$

N	XN	F(XN)	E
0	2.20000	-.51200	
1	2.05455	-.15752	.14545
2	2.01266	-.03765	.04189
3	2.00281	-.00841	.00985

Logo,

$$\xi \doteq x_3 = 2{,}00281$$

3.5.5. Exercícios de Fixação

Calcular pelo menos uma raiz real das equações abaixo, com $\epsilon \leqslant 10^{-3}$, usando o método das cordas.

3.5.5.1 $f(x) = x^2 - 10 \ln x - 5 = 0$

3.5.5.2 $f(x) = x^3 - e^{2x} + 3 = 0$

3.5.5.3 $f(x) = 2x^3 + x^2 - 2 = 0$

3.5.5.4 $f(x) = \operatorname{sen} x - \ln x = 0$

3.6. MÉTODO PÉGASO

3.6.1. Introdução

O método das cordas pode ser alterado de maneira a ter uma maior convergência; o método da ***regula falsi*** é um exemplo disto. Este, também, sofreu alterações para acelerar a convergência, resultando métodos como o de Illinois [10] e o Pégaso.

A origem do nome Pégaso é devida à utilização deste método em um computador Pégaso, sendo seu autor desconhecido.

Será vista nesta seção uma breve descrição do método, porém, maiores detalhes, como convergência, podem ser encontrados em [11].

3.6.2. Descrição

Seja $f(x)$ uma função contínua no intervalo $[x_0, x_1]$ e $f(x_0) \cdot f(x_1) < 0$. Como existe uma raiz neste intervalo (teorema 3.1), as sucessivas aproximações $x_2, x_3, x_4, \ldots$ desta raiz podem ser obtidas pela fórmula de recorrência abaixo:

$$x_{n+1} = x_n - \frac{f(x_n)(x_n - x_{n-1})}{f(x_n) - f(x_{n-1})} \qquad n = 1, 2, 3, \ldots \qquad (3.11)$$

onde as aproximações da iteração seguinte são escolhidas do seguinte modo:

se $f(x_{n+1}) \cdot f(x_n) < 0$, então $[x_{n-1}, f(x_{n-1})]$ é trocado por $[x_n, f(x_n)]$

se $f(x_{n+1}) \cdot f(x_n) > 0$, então $[x_{n-1}, f(x_{n-1})]$ é trocado por $[x_{n-1}, f(x_{n-1}) \cdot f(x_n) / (f(x_n) + f(x_{n+1}))]$

Em ambos os casos, $[x_n, f(x_n)]$ é trocado por $[x_{n+1}, f(x_{n+1})]$ e esta escolha garante que os valores da função usados a cada iteração tenham sempre sinais opostos.

A filosofia do método Pégaso é reduzir o valor $f(x_{n-1})$ por um fator $f(x_n)/(f(x_n) + f(x_{n+1}))$ de modo a evitar a retenção de um ponto, como o ponto $[c, f(c)]$ no método das cordas, e com isto obter um método de convergência mais rápida.

3.6.3. Implementação do Método Pégaso

Seguem, abaixo, a implementação do método pela sub-rotina PÉGASO, a função requerida por ela e um exemplo de programa para usá-la.

3.6.3.1. SUB-ROTINA PÉGASO

```
C
C     ..................................................................
C
C         SUBROTINA PEGASO
C
C         OBJETIVO :
C              CALCULO DE RAIZ DE EQUACAO
C
C         METODO :
C              METODO PEGASO
```

```
C
C        REFERENCIA :
C             Dowell,M. & Jarratt,P. The " PEGASUS " method
C                 for computing  the  root  of an equation,
C                 BIT 12 : 503-508 (1972)
C
C        USO :
C             CALL PEGASO(FUNCAO,ITEMAX,ITER,TOLER,X,XA,XB)
C
C        PARAMETROS DE ENTRADA :
C             FUNCAO : ESPECIFICACAO DA FUNCAO
C             ITEMAX : NUMERO MAXIMO DE ITERACOES
C             TOLER  : TOLERANCIA DA RAIZ
C             XA     : LIMITE INFERIOR DO INTERVALO
C             XB     : LIMITE SUPERIOR DO INTERVALO
C
C        PARAMETROS DE SAIDA :
C             ITER   : NUMERO DE ITERACOES GASTAS
C             X      : RAIZ DA EQUACAO
C
C        FUNCAO EXTERNA REQUERIDA :
C             FUNCAO : ESPECIFICACAO DA FUNCAO
C
C        FUNCAO INTRINSECA REQUERIDA :
C             ABS    : VALOR ABSOLUTO
C
C     ..................................................................
C
      SUBROUTINE PEGASO(FUNCAO,ITEMAX,ITER,TOLER,X,XA,XB)
C
      INTEGER ITEMAX,ITER
      REAL A,B,DIF,FA,FB,FUNCAO,FX,TOLER,TOLER2,X,XA,XB
      LOGICAL L1,L2,L3,L4
C
      WRITE(3,13)
   13 FORMAT(1H0,11X,38HCALCULO DE RAIZ DE EQUACAO PELO METODO,
     G       7H PEGASO,/12X,1HN,9X,2HXN,11X,5HF(XN),7X,
     H       10HTOLERANCIA)
      ITER=0
      TOLER2=TOLER**2
      A=XA
      B=XB
      FA=FUNCAO(A)
      FB=FUNCAO(B)
      X=B
      WRITE(3,23) ITER,X,FB
   23 FORMAT(10X,I3,4X,F10.5,2(5X,1PE10.3))
   30 CONTINUE
            DIF=FB*(B-A)/(FB-FA)
            X=X-DIF
            FX=FUNCAO(X)
            IF(FX*FB.GE.0.0) GO TO 40
                  A=B
                  FA=FB
                  GO TO 50
   40       CONTINUE
                  FA=FA*FB/(FB+FX)
   50       CONTINUE
            B=X
            FB=FX
            ITER=ITER+1
            WRITE(3,23) ITER,X,FX,DIF
            L1=ABS(DIF).GT.TOLER
            L2=ITER.LT.ITEMAX
            L3=ABS(FA).GT.TOLER2
            L4=ABS(FB).GT.TOLER2
C
```

```
C         QUANDO PELO MENOS UMA DAS EXPRESSOES LOGICAS ACIMA
C         FOR FALSA O CICLO TERMINARA'
C
      IF(L1.AND.L2.AND.L3.AND.L4) GO TO 30
      IF(L2) GO TO 60
          WRITE(3,53) ITEMAX
   53     FORMAT(1H0,5X,25HERRO : NAO CONVERGIU COM ,I3,
     G            10H ITERACOES)
   60 CONTINUE
      RETURN
      END
```

3.6.3.2 FUNÇÃO FUNCAO

```
C
C         F(X)
C
      REAL FUNCTION FUNCAO(X)
      REAL X
      FUNCAO= " escreva a forma analitica de f(x) "
      RETURN
      END
```

3.6.3.3 PROGRAMA PRINCIPAL

```
C
C         PROGRAMA PRINCIPAL PARA UTILIZACAO DA SUBROTINA PEGASO
C
      INTEGER ITEMAX,ITER
      REAL A,B,FUNCAO,RAIZ,TOLER
      EXTERNAL FUNCAO
      READ(1,11) A,B,TOLER,ITEMAX
   11 FORMAT(3F10.0,I2)
C         A      : LIMITE INFERIOR DO INTERVALO
C         B      : LIMITE SUPERIOR DO INTERVALO
C         TOLER  : TOLERANCIA DA RAIZ
C         ITEMAX : NUMERO MAXIMO DE ITERACOES
C
      CALL PEGASO(FUNCAO,ITEMAX,ITER,TOLER,RAIZ,A,B)
C
      WRITE(3,13) RAIZ,ITER
   13 FORMAT(1H0,11X,19HRAIZ DA EQUACAO    = ,F10.5,//12X,
     G        19HITERACOES GASTAS = ,I4)
      CALL EXIT
      END
```

Exemplo 3.25

Calcular uma raiz de $f(x) = 5 - xe^x = 0$, com $\epsilon \leqslant 10^{-5}$.

Fazendo um esboço da equação, vê-se que $\xi \in [1, 2]$.

Para resolver este exemplo usando o programa acima, devem ser fornecidos

a) Dados de entrada

1.0, 2.0, 0.00001, 10

b) Função FUNCAO

```
C
C        F(X)
C
      REAL FUNCTION FUNCAO(X)
      REAL X
      FUNCAO=5.0-X*EXP(X)
      RETURN
      END
```

Os resultados obtidos foram:

```
CALCULO DE RAIZ DE EQUACAO PELO METODO PEGASO
N           XN             F(XN)          TOLERANCIA
0        2.00000        -9.778E+00
1        1.18920         1.094E+00         8.108E-01
2        1.27079         4.713E-01        -8.159E-02
3        1.31784         7.744E-02        -4.704E-02
4        1.32672         4.387E-05        -8.883E-03
5        1.32672         0.000E+00        -5.035E-06

RAIZ DA EQUACAO  =      1.32672

ITERACOES GASTAS =      5
```

Exemplo 3.26

Achar a raiz negativa de $f(x) = x^3 - 2x^2 - 20x + 30 = 0$, com $\epsilon \leqslant 10^{-6}$ (ver exemplo 3.16).

Mesmo usando o intervalo original $[-6{,}48; -0{,}79]$, a convergência é rápida:

```
CALCULO DE RAIZ DE EQUACAO PELO METODO PEGASO
N           XN             F(XN)          TOLERANCIA
0         -.79000        4.406E+01
1        -1.83223        5.378E+01         1.042E+00
2        -3.58928        2.978E+01         1.757E+00
3        -4.58188       -1.654E+01         9.926E-01
4        -4.22744        3.257E+00        -3.544E-01
5        -4.28575        2.607E-01         5.831E-02
6        -4.29070        1.373E-03         4.956E-03
7        -4.29073       -5.722E-06         2.625E-05
8        -4.29073       -5.722E-06        -1.088E-07
```

Logo,

$\& \doteq x_8 = -4{,}29073$

Exemplo 3.27

Calcular uma raiz de $f(x) = (x - 3)^2 - e^{-x} - 55 = 0$, com $\epsilon \leqslant 10^{-5}$.

Deve-se observar a convergência, ainda que usando um intervalo grande como [0, 20].

CALCULO DE RAIZ DE EQUACAO PELO METODO PEGASO

N	XN	F(XN)	TOLERANCIA
0	20.00000	2.340E+02	
1	3.34520	-5.492E+01	1.665E+01
2	6.51088	-4.268E+01	-3.166E+00
3	9.81257	-8.589E+00	-3.302E+00
4	10.55282	2.045E+00	-7.402E-01
5	10.41046	-8.511E-02	1.424E-01
6	10.41615	-7.782E-04	-5.688E-03
7	10.41620	0.000E+00	-5.246E-05

Logo,

$\& \doteq x_7 = 10{,}41620$

3.6.4. Exercícios de Fixação

Calcular pelo menos uma raiz real das equações abaixo, $\epsilon \leqslant 10^{-3}$, usando o método Pégaso.

3.6.4.1 $f(x) = e^{\cos x} + x^3 - 3 = 0$

3.6.4.2 $f(x) = 0{,}1\,x^3 - e^{2x} + 2 = 0$

3.6.4.3 $f(x) = 2 \ln(3 - \cos x) - 3x^x + 5 \operatorname{sen} x = 0$

3.6.4.4 $f(x) = x^3 - 5x^2 + x + 3 = 0$

3.7. MÉTODO DE NEWTON

3.7.1. Descrição

Seja $f(x)$ uma função contínua no intervalo $[\,a, b\,]$ e & o seu único zero neste intervalo; as derivadas $f'(x)$ $(f'(x) \neq 0)$ e $f''(x)$ devem também ser contínuas. Encontra-se uma aproximação x_n para a raiz & e é feita uma expansão em série de Taylor para $f(x) = 0$:

$$f(x) \doteq f(x_n) + f'(x_n)(x - x_n)$$
$$f(x_{n+1}) \doteq 0 = f(x_n) + f'(x_n)(x_{n+1} - x_n)$$
$$\frac{-f(x_n)}{f'(x_n)} = x_{n+1} - x_n$$
$$x_{n+1} = x_n - \frac{f(x_n)}{f'(x_n)} \tag{3.12}$$
$$n = 0, 1, 2, \ldots$$

onde x_{n+1} é uma aproximação de ξ.

3.7.2. Interpretação Geométrica

O método de Newton é equivalente a substituir um pequeno arco da curva $y = f(x)$ por uma reta tangente, traçada a partir de um ponto da curva (figura 3.23).

Como no método das cordas, quatro situações são possíveis:

$f''(x) > 0$ { $f'(x) > 0$: Caso I (figura 3.19)
$f'(x) < 0$: Caso II (figura 3.20) }

$f''(x) < 0$ { $f'(x) > 0$: Caso III (figura 3.21)
$f'(x) < 0$: Caso IV (figura 3.22) }

A equação do método de Newton será deduzida a partir do Caso I, embora todos os casos forneçam a mesma equação.

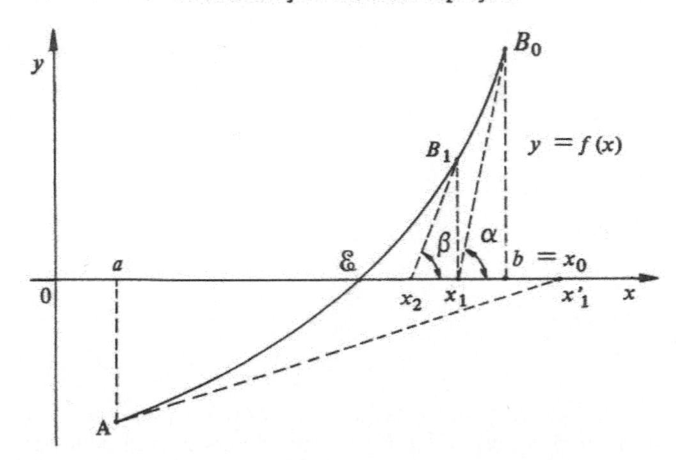

Figura 3.23. Interpretação geométrica do método de Newton.

A fim de se obter uma melhor aproximação x_1 da raiz $\mathcal{E}$, traça-se, a partir do ponto B_0 $[x_0, f(x_0)]$, uma reta tangente à curva $y = f(x)$, que intercepta o eixo dos x no ponto x_1. Do ponto B_1 $[x_1, f(x_1)]$ traça-se outra reta tangente à curva que corta o eixo dos x no ponto x_2, sendo este ponto uma melhor aproximação da raiz. O processo se repete até que se encontre $\mathcal{E} \doteq x_n$ com a tolerância requerida.

Geometricamente:

$$\operatorname{tg} \alpha = \frac{f(x_0)}{x_0 - x_1} = f'(x_0)$$

$$x_0 - x_1 = \frac{f(x_0)}{f'(x_0)}$$

$$x_1 = x_0 - \frac{f(x_0)}{f'(x_0)}$$

$$\operatorname{tg} \beta = \frac{f(x_1)}{x_1 - x_2} = f'(x_1)$$

$$x_1 - x_2 = \frac{f(x_1)}{f'(x_1)}$$

$$x_2 = x_1 - \frac{f(x_1)}{f'(x_1)}$$

Por indução,

$$x_{n+1} = x_n - \frac{f(x_n)}{f'(x_n)} \qquad n = 0, 1, 2, \ldots \tag{3.13}$$

3.7.3. Escolha de x_0

Pela figura 3.23 vê-se que traçando a tangente a partir do ponto A $[x_0, f(x_0)]$ pode-se encontrar um ponto $x_1' \notin [a, b]$ e o método de Newton pode não convergir. Por outro lado, escolhendo-se $b = x_0$ o processo convergirá.

É condição suficiente para a convergência do método de Newton que: $f'(x)$ e $f''(x)$ sejam não nulas e preservem o sinal em (a, b) e x_0 seja tal que $f(x_0) \cdot f''(x_0) > 0$.

3.7.4. Convergência

Sendo

$$\bar{\xi} = \lim_{n \to \infty} x_n \qquad (a < \bar{\xi} < b)$$

este limite existe, pois a seqüência $\{x_n\}$ é limitada e monótona. Passando ao limite a equação, tem-se que

$$\lim_{n \to \infty} x_{n+1} = \lim_{n \to \infty} x_n - \lim_{n \to \infty} \left(\frac{f(x_n)}{f'(x_n)} \right)$$

$$\bar{\xi} = \bar{\xi} - \frac{f(\bar{\xi})}{f'(\bar{\xi})}$$

$$f(\bar{\xi}) = 0$$

Já que a função $f(x)$ tem somente um zero no intervalo $[\ a,\ b\ ]$, conclui-se que:

$$\bar{\xi} = \xi$$

3.7.5. Implementação do Método de Newton

Seguem, abaixo, a implementação do método pela sub-rotina NEWTON, as funções requeridas por ela e um exemplo de programa para usá-la.

3.7.5.1. SUB-ROTINA NEWTON

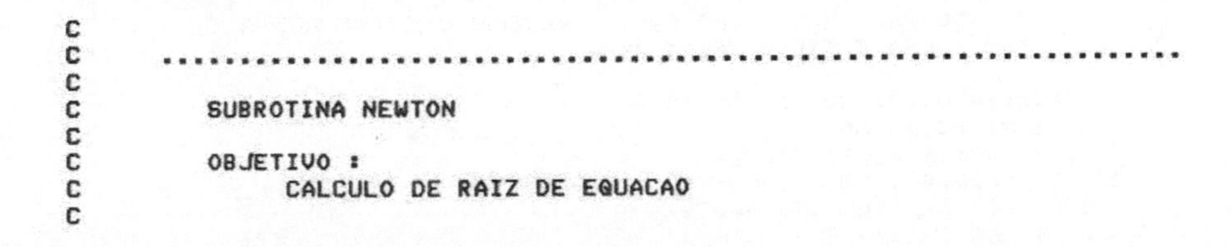

```
C
C     ...............................................................
C
C        SUBROTINA NEWTON
C
C        OBJETIVO :
C             CALCULO DE RAIZ DE EQUACAO
C
```

```
C        METODO UTILIZADO :
C             METODO DE NEWTON
C
C        USO :
C             CALL NEWTON(DERFUN,FUNCAO,ITEMAX,ITER,TOLER,X,XO)
C
C        PARAMETROS DE ENTRADA :
C             DERFUN : ESPECIFICACAO DA DERIVADA DA FUNCAO
C             FUNCAO : ESPECIFICACAO DA FUNCAO
C             ITEMAX : NUMERO MAXIMO DE ITERACOES
C             TOLER  : TOLERANCIA DA RAIZ
C             XO     : APROXIMACAO INICIAL DA RAIZ
C
C        PARAMETROS DE SAIDA :
C             ITER   : NUMERO DE ITERACOES GASTAS
C             X      : RAIZ DA EQUACAO
C
C        FUNCOES EXTERNAS REQUERIDAS :
C             DERFUN : ESPECIFICACAO DA DERIVADA DA FUNCAO
C             FUNCAO : ESPECIFICACAO DA FUNCAO
C
C        FUNCAO INTRINSECA REQUERIDA :
C             ABS    : VALOR ABSOLUTO
C
C     ..................................................................
C
      SUBROUTINE NEWTON(DERFUN,FUNCAO,ITEMAX,ITER,TOLER,X,XO)
C
      INTEGER ITEMAX,ITER
      REAL DERFUN,DFX,DIF,FUNCAO,FX,TOLER,X,XO
      LOGICAL DIVZER,L1,L2,L3
      DATA DIVZER/.FALSE./
C
      WRITE(3,13)
   13 FORMAT(1H0,10X,38HCALCULO DE RAIZ DE EQUACAO PELO METODO,
     G        10H DE NEWTON,/12X,1HN,10X,2HXN,11X,5HF(XN),7X,
     H        10HTOLERANCIA)
      ITER=0
      X=XO
      FX=FUNCAO(X)
      DFX=DERFUN(X)
      WRITE(3,23) ITER,X,FX
   23 FORMAT(10X,I3,5X,F10.5,2(5X,1PE10.3))
   30 CONTINUE
         IF(ABS(DFX).LT.1.0E-5) GO TO 40
            DIF=FX/DFX
            X=X-DIF
            FX=FUNCAO(X)
            DFX=DERFUN(X)
            ITER=ITER+1
            WRITE(3,23) ITER,X,FX,DIF
            GO TO 50
   40    CONTINUE
            DIVZER=.TRUE.
   50    CONTINUE
         L1=ABS(DIF).GT.TOLER
         L2=ITER.LT.ITEMAX
         L3=.NOT.DIVZER
C
C       QUANDO PELO MENOS UMA DAS EXPRESSOES LOGICAS ACIMA
C       FOR FALSA O CICLO TERMINARA'
C
      IF(L1.AND.L2.AND.L3) GO TO 30
      IF(L2) GO TO 60
         WRITE(3,53) ITEMAX
   53    FORMAT(1H0,5X,25HERRO : NAO CONVERGIU COM ,I3,
     G              10H ITERACOES)
```

```
60 CONTINUE
   IF(L3) GO TO 70
         WRITE(3,63)
63       FORMAT(1H0,5X,26HERRO : ABS(F'(X)) < 1.0E-5)
70 CONTINUE
   RETURN
   END
```

3.7.5.2. FUNÇÕES FUNCAO E DERFUN

```
C
C        F(X)
C
      REAL FUNCTION FUNCAO(X)
      REAL X
      FUNCAO= " escreva a forma analitica de f(x) "
      RETURN
      END
C
C        F'(X)
C
      REAL FUNCTION DERFUN(X)
      REAL X
      DERFUN= " escreva a forma analitica de f'(x) "
      RETURN
      END
```

3.7.5.3. PROGRAMA PRINCIPAL

```
C
C        PROGRAMA PRINCIPAL PARA UTILIZACAO DA SUBROTINA NEWTON
C
      INTEGER ITEMAX,ITER
      REAL DERFUN,FUNCAO,RAIZ,TOLER,X0
      EXTERNAL DERFUN,FUNCAO
      READ(1,11) X0,TOLER,ITEMAX
   11 FORMAT(2F10.0,I2)
C        X0     : APROXIMACAO INICIAL DA RAIZ
C        TOLER  : TOLERANCIA DA RAIZ
C        ITEMAX : NUMERO MAXIMO DE ITERACOES
C
      CALL NEWTON(DERFUN,FUNCAO,ITEMAX,ITER,TOLER,RAIZ,X0)
C
      WRITE(3,13) RAIZ,ITER
   13 FORMAT(1H0,11X,19HRAIZ DA EQUACAO   =   ,F10.5,//12X,
     G       19HITERACOES GASTAS = ,I4)
      CALL EXIT
      END
```

Nos dois primeiros exemplos dados a seguir, os resultados foram obtidos usando-se o programa Newton, com tolerância ϵ, avaliada pelo critério 3.2.

Exemplo 3.28

Achar a raiz de $f(x) = 2x^3 + \ln x - 5 = 0$, com $\epsilon \leqslant 10^{-7}$.

Fazendo um esboço da equação vê-se que $\xi \in [1, 2]$:

$$\begin{aligned} f'(x) &= 6x^2 + 1/x \\ f''(x) &= 12x - 1/x^2 > 0 \ \forall\, x \in [1,2] \\ \left.\begin{aligned} f(1) &= -3{,}00000 < 0 \\ f(2) &= 11{,}69315 > 0 \end{aligned}\right\} & x_0 = 2 \text{ pois } f(2) \cdot f''(2) > 0 \end{aligned}$$

Para resolver este exemplo, usando o programa acima, devem ser fornecidos:

a) Dados de entrada
2.0, 0.0000001, 10

b) Funções FUNCAO e DERFUN

```
C
C          F(X)
C
      REAL FUNCTION FUNCAO(X)
      REAL X
      FUNCAO=2.0*X**3+ALOG(X)-5.0
      RETURN
      END
C
C          F'(X)
C
      REAL FUNCTION DERFUN(X)
      REAL X
      DERFUN=6.0*X**2+1.0/X
      RETURN
      END
```

Os resultados obtidos foram:

```
CALCULO DE RAIZ DE EQUACAO PELO METODO DE NEWTON
 N          XN            F(XN)          TOLERANCIA
 0        2.00000       1.169E+01
 1        1.52273       2.482E+00         4.773E-01
 2        1.35237       2.485E-01         1.704E-01
 3        1.33115       3.510E-03         2.122E-02
 4        1.33084       4.768E-07         3.084E-04
 5        1.33084       4.768E-07         4.191E-08

 RAIZ DA EQUACAO  =     1.33084

 ITERACOES GASTAS =     5
```

Exemplo 3.29

Calcular a raiz negativa de $f(x) = x^3 - 5x^2 + x + 3$, com $\epsilon \leqslant 10^{-5}$.

Aplicando o teorema de Lagrange, nota-se que $\xi \in [-2{,}44; -0{,}38]$:

$$f'(x) = 3x^2 - 10x + 1$$
$$f''(x) = 6x - 10 < 0 \ \forall \ x < 5/3$$

$$\left.\begin{array}{l} f(-2{,}44) = -43{,}73478 < 0 \\ f(-0{,}38) = \ \ 1{,}84313 > 0 \end{array}\right\} x_0 = -2{,}44 \text{ pois } f(-2{,}44) \cdot f''(-2{,}44) > 0$$

CALCULO DE RAIZ DE EQUACAO PELO METODO DE NEWTON

N	XN	F(XN)	TOLERANCIA
0	-2.44000	-4.373E+01	
1	-1.42904	-1.156E+01	-1.011E+00
2	-.88937	-2.548E+00	-5.397E-01
3	-.68167	-3.218E-01	-2.077E-01
4	-.64673	-8.558E-03	-3.494E-02
5	-.64575	-6.676E-06	-9.812E-04
6	-.64575	0.000E+00	-7.666E-07

Logo:

$$\xi \doteq x_6 = -0{,}64575$$

Exemplo 3.30

Calcular $\sqrt{a}$ $(a \geqslant 0)$ para $a = 5$, $a = 16{,}81$ e $a = 805{,}55$, com $\epsilon \leqslant 10^{-5}$.

Fazendo $x = \sqrt{a}$ tem-se que:

$$f(x) = x^2 \quad a$$

e o problema recai no cálculo da raiz desta equação.

Então,

$$x_{n+1} = x_n - \frac{f(x_n)}{f'(x_n)}$$

$$= x_n - \frac{x_n^2 - a}{2x_n}$$

ou

$$x_{n+1} = \frac{1}{2}\left(x_n + \frac{a}{x_n}\right)$$

Este método de cálculo da raiz quadrada é chamado processo de Hero. Pode-se mostrar que se $x_0 > 0$ o processo converge, mas deve-se tomar cuidado na escolha de x_0. Existem várias maneiras de se escolher x_0 e uma delas é a seguinte. Escreve-se a na forma

$$a = m \cdot 10^{2p+q}$$

onde m é a mantissa na forma normalizada ($0 \leqslant m < 1$) e $2p+q$ é o expoente, sendo q igual a 0 ou 1.

Então,

$$\sqrt{a} = \sqrt{m} \cdot \sqrt{10^{2p}} \cdot \sqrt{10^q}$$

Usando um ajuste hiperbólico para $\sqrt{m}$, tem-se a primeira aproximação para $\sqrt{a}$:

$$x_0 = \left(1{,}68 - \frac{1{,}29}{0{,}84 + m}\right) \cdot 10^p \cdot 3{,}16^q$$

E, a seguir, calculam-se as raízes:

Para $a = 5$

$a = 0{,}5 \cdot 10^1 \therefore m = 0{,}5,\ p = 0$ e $q = 1$

n	x_n	ϵ	
0	2,26671		
1	2,23628	0,03043	
2	2,23607	0,00021	
3	2,23607	0,00000	$\Rightarrow \sqrt{5} \doteq 2{,}23607$

Para $a = 16{,}81$

$a = 0{,}1681 \cdot 10^2 \therefore m = 0{,}1681,\ p = 1$ e $q = 0$

n	x_n	ϵ	
0	4,00365		
1	4,10116	0,09751	
2	4,10000	0,00116	
3	4,10000	0,00000	$\Rightarrow \sqrt{16{,}81} \doteq 4{,}10000$

Para $a = 805{,}55$
$a = 0{,}80555 \cdot 10^3 \therefore m = 0{,}80555,\ p = 1 \text{ e } q = 1$

n	x_n	ϵ
0	28,31574	
1	28,38229	0,06655
2	28,38221	0,00008
3	28,38221	0,00000 $\Rightarrow \sqrt{805{,}55} \doteq 28{,}38221$

Observação: Não se deve usar o método de Newton para resolver equações cuja curva $y = f(x)$, próxima do ponto de interseção com o eixo dos x, é quase horizontal, pois neste caso $f'(x) \doteq 0$ e $f(x) / f'(x)$ dará um número tão grande que pode não ser possível representá-lo em um instrumento de cálculo.

3.7.6. Exercícios de Fixação

Calcular pelo menos uma raiz real das equações abaixo, com $\epsilon \leqslant 10^{-3}$, usando o método de Newton.

3.7.6.1. $f(x) = 2x - \operatorname{sen} x + 4 = 0$

3.7.6.2. $f(x) = e^x - \operatorname{tg} x = 0$

3.7.6.3. $f(x) = 10^x + x^3 + 2 = 0$

3.7.6.4. $f(x) = x^3 - x^2 - 12x = 0$

3.8. MÉTODO DA ITERAÇÃO LINEAR

3.8.1. Descrição

Sejam $f(x)$ uma função contínua no intervalo $[a, b]$ e & um número pertencente a este intervalo tal que $f(\&) = 0$.

Por um artifício algébrico pode-se transformar $f(x) = 0$ em

$x = F(x)$

onde $F(x)$ é chamada a função de iteração.

Sendo x_0 uma primeira aproximação da raiz &, calcula-se $F(x_0)$. Faz-se, então, $x_1 = F(x_0)$; $x_2 = F(x_1)$; $x_3 = F(x_2)$ e assim sucessivamente, ou seja:

$$x_{n+1} = F(x_n) \quad , \quad n = 0, 1, 2, \ldots \tag{3.14}$$

Se a seqüência $\{x_0, x_1, x_2, ...\}$ é convergente, isto é, se existe o limite $\lim_{n \to \infty} x_n = \xi$ e $F(x)$ é contínua, então, passando ao limite a equação (3.14), tem-se:

$$\lim_{n \to \infty} x_{n+1} = F(\lim_{n \to \infty} x_n)$$

$$\xi = F(\xi)$$

onde ξ é uma raiz de $f(x) = 0$.

3.8.2. Interpretação Geométrica

Traçam-se no plano xy os gráficos da função $y = x$ e $y = F(x)$. Cada raiz real ξ da equação $x = F(x)$ é uma abscissa do ponto de interseção R da curva $y = F(x)$ com a bissetriz $y = x$ (figura 3.24).

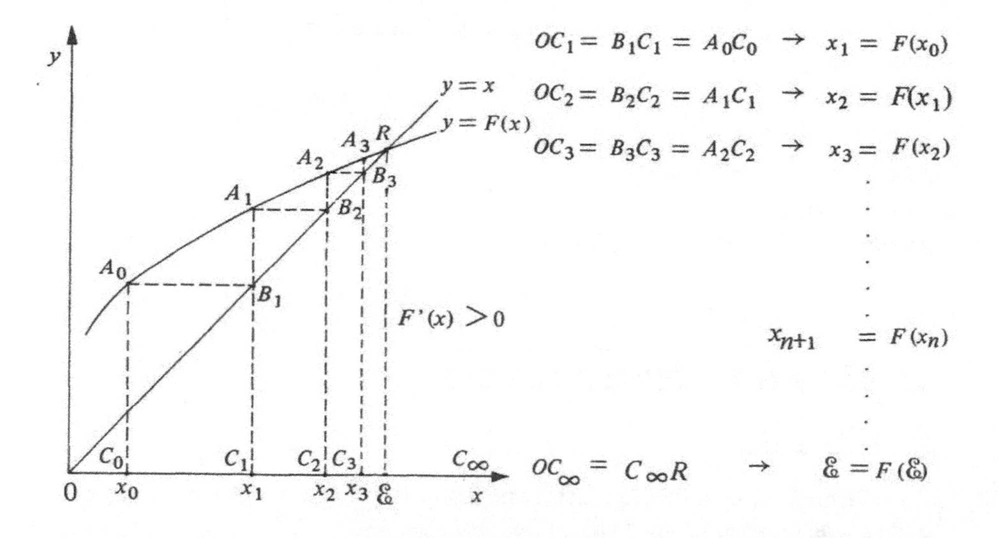

Figura 3.24. Interpretação geométrica do método da iteração linear.

Do ponto A_0 $[x_0, f(x_0)]$ constrói-se a linha poligonal $A_0B_1A_1B_2A_2B_3$ ... (em forma de escada), cujos segmentos são, alternadamente, paralelos aos eixos dos x e dos y, sendo os pontos A_i pertencentes à curva $y = F(x)$ e os pontos B_i pertencentes à reta $y = x$.

Os pontos A_i, B_i possuem abscissas comuns x_i, que são as sucessivas aproximações da raiz ξ.

Esta representação geométrica pode ser vista sob outro aspecto.

Seja o triângulo isósceles OC_1B_1. Os lados OC_1 e B_1C_1 são iguais e $B_1C_1 = A_0C_0$. Como $OC_1 = x_1$ e $A_0C_0 = F(x_0)$, então $x_1 = F(x_0)$.

No triângulo OC_2B_2 os lados OC_2 e B_2C_2 são iguais e $B_2C_2 = A_1C_1$; considerando que $OC_2 = x_2$ e $A_1C_1 = F(x_1)$, então, $x_2 = F(x_1)$.

Por indução temos que $x_{n+1} = F(x_n)$. Repetindo o método infinitas vezes chega-se ao triângulo $OC_\infty R$, onde $OC_\infty = C_\infty R$, $OC_\infty = \&$ e $C_\infty R = C_\infty F(\&) = F(\&)$ ou seja, $\& = F(\&)$.

A linha poligonal tem a forma de escada quando a derivada $F'(x)$ é positiva. Se ela for negativa ter-se-á uma poligonal de forma espiral (figura 3.25).

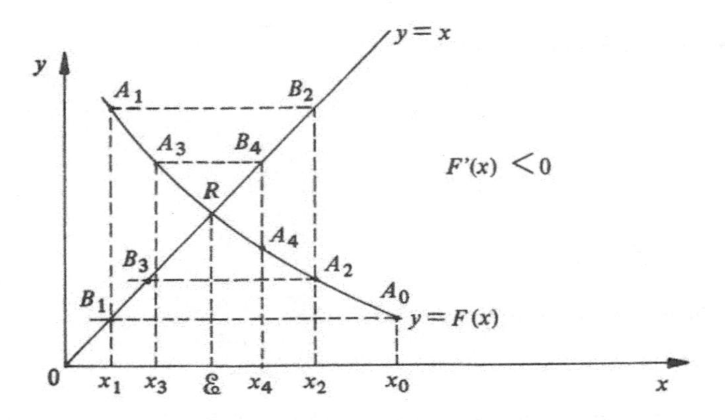

Figura 3.25. Iteração linear com $F'(x) < 0$ (forma espiral).

3.8.3. Convergência

Nas figuras anteriores nota-se que a curva $y = F(x)$ inclina-se numa região próxima de &, isto é, $|F'(x)| < 1$ e o processo de iteração converge.

Por outro lado, se $|F'(x)| > 1$ o processo não converge (figura 3.26).

Portanto, antes de se aplicar o método da iteração linear deve-se verificar se a função de iteração $F(x)$ escolhida conduzirá a um processo convergente. As condições suficientes para assegurar a convergência estão contidas no teorema 3.7.

Teorema 3.7: Seja $\& \in I$ uma raiz da equação $f(x) = 0$ e $F(x)$ contínua e diferenciável em I. Se $|F'(x)| \leqslant k < 1$ para todos os pontos em I e $x_0 \in I$, então os valores dados pela equação (3.14) convergem para &.

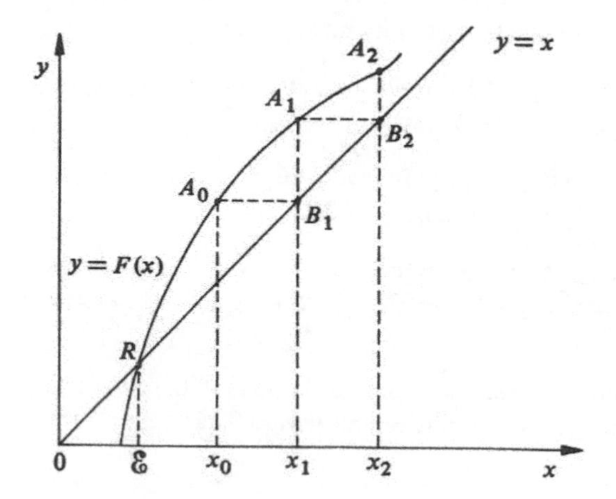

Figura 3.26. Iteração linear não convergente ($| F'(x) | > 1$).

Demonstração

I) $x_0 \in I \rightarrow x_n \in I \ \forall \ n$

& é raiz $\rightarrow$ & $= F(\&)$

Subtraindo da equação (3.14) a equação acima, tem-se

$x_{n+1} - \& = F(x_n) - F(\&)$

Pelo teorema do valor médio, existe ω_n com $x_n \leqslant \omega_n \leqslant \&$, tal que

$$x_{n+1} - \& = F'(\omega_n)(x_n - \&) \qquad (3.15)$$

Para $n = 0$:

$x_1 - \& = F'(\omega_0)(x_0 - \&)$

como $\omega_0 \in I$ e $| F'(\omega_0) | < 1$ segue que

$| x_1 - \& | = | F'(\omega_0) | \cdot |x_0 - \& |$

$| x_1 - \& | \leqslant | x_0 - \& | \rightarrow x_1 \in I$

Por indução, pode-se mostrar que

$x_n \in I \ \forall \ n$

II) $\lim\limits_{n \rightarrow \infty} x_n = \&$

Seja e_n o erro cometido na n-ésima iteração, isto é,

$e_n = x_n - \&$.

Substituindo a equação acima na equação (3.15) tem-se:

$e_{n+1} = F'(\omega_n)e_n$

Fazendo $n = 0, 1, 2, \ldots$ na equação acima e considerando que $| F'(x) | \leqslant k < 1$:

$$| e_{n+1} | \leqslant k^{n+1} | e_0 | \tag{3.16}$$

sendo e_0 o erro na aproximação inicial.

Passando ao limite na equação (3.16) tem-se:

$$\lim_{n \to \infty} | e_{n+1} | \leqslant \lim_{n \to \infty} k^{n+1} | e_0 |$$

$$\lim_{n \to \infty} | e_{n+1} | = 0, (k < 1)$$

$$\lim_{n \to \infty} | x_n - \& | = 0$$

$$\lim_{n \to \infty} x_n = \&$$

Quando a iteração converge

$$\lim_{n \to \infty} \frac{e_{n+1}}{e_n} \equiv \lim_{n \to \infty} F'(\omega_n) = F'(\&)$$

Esta equação garante que para grandes valores de n o erro em qualquer iteração seja proporcional ao erro da iteração anterior, sendo o fator de proporcionalidade aproximadamente $F'(\&)$.

É por isso que o processo é denominado iteração linear e a convergência será tanto mais rápida quanto menor o valor de $| F'(\&) |$.

3.8.4. Escolha da Função de Iteração

A partir de uma função $f(x)$ podem-se obter várias funções de iteração $F(x)$, porém nem todas poderão ser utilizadas para avaliar $\&$.

Só se deve usar uma $F(x)$ que satisfaça ao teorema 3.7.

Exemplo 3.31

Seja $f(x) = x^2 - \text{sen}\, x = 0$ com $x_0 = 0{,}9$.

Pode-se facilmente obter três funções de iteração.

1) Somando x aos dois membros:

$$x = x^2 - \text{sen}\, x + x \rightarrow F_1(x) = x^2 - \text{sen}\, x + x$$

2) Somando sen x e extraindo a raiz quadrada:

$$x^2 - \text{sen}\, x + \text{sen}\, x = \text{sen}\, x$$
$$x = \pm\sqrt{\text{sen}\, x} \rightarrow F_2(x) = \sqrt{\text{sen}\, x}$$

3) Subtraindo x^2 e calculando o arco seno:

$$x^2 - \text{sen}\, x - x^2 = -x^2$$
$$\text{sen}\, x = x^2$$
$$x = \text{sen}^{-1}(x^2) \rightarrow F_3(x) = \text{sen}^{-1}(x^2)$$

As derivadas das funções de iteração são:

$$F'_1(x) = 2x - \cos x + 1$$

$$F'_2(x) = \frac{\cos x}{2\sqrt{\text{sen}\, x}}$$

$$F'_3(x) = \frac{2x}{\sqrt{1 - x^4}}$$

Como o valor de ξ é desconhecido, substitui-se $x_0 = 0{,}9$ nas derivadas (por isto deve-se tomar x_0 o mais próximo possível de ξ);

$$|F'_1(0{,}9)| = 2{,}178 > 1$$
$$|F'_2(0{,}9)| = 0{,}351 < 1$$
$$|F'_3(0{,}9)| = 3{,}069 > 1$$

Pelos resultados acima pode-se concluir que somente $F_2(x)$ deverá convergir. De fato, calculando duas iterações com as três funções, pode-se constatar isto, pois é a única em que $\epsilon_n \rightarrow 0$:

	$F_1(x)$		$F_2(x)$		$F_3(x)$	
n	x_n	ϵ_n	x_n	ϵ_n	x_n	ϵ_n
0	0,900		0,900		0,900	
1	0,927	0,027	0,885	0,015	0,944	0,044
2	0,987	0,060	0,880	0,005	1,100	0,156

Nos exemplos abaixo, a tolerância ϵ é avaliada usando o critério 3.2.

Exemplo 3.32

Calcular a raiz positiva de $f(x) = x^3 - x - 1 = 0$, com $\epsilon \leqslant 10^{-3}$.

Aplicando o teorema de Lagrange, vê-se que $\& \in [\,0{,}50; 2{,}00\,]$.

Seja $x_0 = 1{,}5$

$$x = F(x) = \sqrt[3]{x + 1} \therefore F'(x) = \frac{(x + 1)^{-2/3}}{3} \Rightarrow |\, F'(1{,}5) \,| = 0{,}18 < 1$$

N	XN	E
0	1.50000	
1	1.35721	-.14279
2	1.33086	-.02635
3	1.32588	-.00498
4	1.32494	-.00094

Logo,

$\& \doteq x_4 = 1{,}32494$

Exemplo 3.33

Avaliar a raiz de $f(x) = e^x + \cos x - 3 = 0$, com $\epsilon \leqslant 10^{-4}$

Fazendo um esboço da função, vê-se que a escolha de x_0 pode recair em $x_0 = 1$.

$$x = F(x) = \ln(3 - \cos x) \therefore F'(x) = \frac{\operatorname{sen} x}{3 - \cos x} \Rightarrow |F'(1)| = 0{,}34 < 1$$

N	XN	E
0	1.00000	
1	.90004	-.09996
2	.86644	-.03360
3	.85546	-.01098
4	.85191	-.00355
5	.85077	-.00114
6	.85041	-.00037
7	.85029	-.00012
8	.85025	-.00004

Logo,

$\mathcal{E} \doteq x_8 = 0{,}85025$

Exemplo 3.34

Achar a raiz de $f(x) = \cos x + \ln x + x = 0$ com $\epsilon \leqslant 10^{-2}$.

Fazendo um esboço, vê-se que $x_0 = 0{,}5$.

$$x = F(x) = e^{-(\cos x + x)} \quad \therefore \quad F'(x) = \frac{\operatorname{sen} x - 1}{e^{\cos x + x}} \Rightarrow |\, F'(0{,}5) \,| = 0{,}13 < 1$$

N	XN	E
0	.50000	
1	.25219	-.24781
2	.29507	.04288
3	.28598	-.00909

Logo,

$\mathcal{E} \doteq x_3 = 0{,}28598$

3.8.5. Exercícios de Fixação

Calcular pelo menos uma raiz real das equações abaixo, com $\epsilon \leqslant 10^{-3}$, usando o método de iteração linear.

3.8.5.1. $f(x) = x^3 - \cos x = 0$

3.8.5.2. $f(x) = x^2 + e^{3x} - 3 = 0$

3.8.5.3. $f(x) = 3x^4 - x - 3 = 0$

3.8.5.4. $f(x) = e^x + \cos x - 5 = 0$

3.9. COMPARAÇÃO DOS MÉTODOS

Para concluir este capítulo dá-se, a seguir, o número de iterações gasto em cada método para se avaliar a raiz de duas equações.

Exemplo 3.35

$f(x) = e^{-0,1\,x} + x^2 - 10 = 0$, $\epsilon \leqslant 10^{-5}$ e $\mathcal{E} \in [2,5; 3,5]$

$f'(x) = -0,1\, e^{-0,1x} + 2x$

$f''(x) = 0,01\, e^{-0,1x} + 2 > 0 \;\forall\, x \in [2,5; 3,5]$

$F(x) = \sqrt{10 - e^{-0,1x}}$

	Bisseção	Cordas	Pégaso	Newton	Iteração Linear
n	16	6	4	3	4

$\mathcal{E} \doteq 3,04342$

Exemplo 3.36

$f(x) = x^5 + x^3 + x^2 + x - 25 = 0$, $\epsilon \leqslant 10^{-5}$ e $\mathcal{E} \in [0,96; 1,93]$

$f'(x) = 5x^4 + 3x^2 + 2x + 1$

$f''(x) = 20x^3 + 6x + 2 > 0 \;\forall\, x \in [0,96; 1,93]$

$F(x) = (25 - x^3 - x^2 - x)^{0,2}$

	Bisseção	Cordas	Pégaso	Newton	Iteração Linear
n	16	8	6	4	10

$\mathcal{E} \doteq 1,72313$

3.10. OBSERVAÇÕES FINAIS SOBRE OS MÉTODOS

3.10.1. Bisseção

Não exige o conhecimento das derivadas, mas tem uma convergência lenta. Deve ser usado apenas para diminuir o intervalo que contém a raiz.

3.10.2. Cordas

Exige que o sinal da derivada segunda permaneça constante no intervalo (mas isto pode ser verificado até graficamente).

Se o ponto fixado c for razoavelmente próximo da raiz (grosseiramente, $|f(c)| < 10$), o método tem boa convergência; caso contrário, pode ser mais lento que a bisseção.

3.10.3. Pégaso

Além de não exigir o conhecimento do sinal das derivadas, tem uma convergência só superada pelo método de Newton.

3.10.4. Newton

Requer o conhecimento da forma analítica de $f'(x)$, mas sua convergência é extraordinária.

3.10.5. Iteração Linear

Sua maior dificuldade é achar uma função de iteração que satisfaça à condição de convergência.

O teste $|F'(x_0)| < 1$ pode levar a um engano se x_0 não estiver suficientemente próximo da raiz. A velocidade de convergência dependerá de $|F'(\&)|$: quanto menor este valor maior será a convergência.

3.11. EXEMPLO DE APLICAÇÃO

3.11.1. Descrição do Problema

Uma loja de eletrodomésticos oferece dois planos de financiamento para um produto cujo preço à vista é Cr\$ 16.200,00.

Plano A = entrada de Cr\$ 2.200,00 + 9 prestações mensais de Cr\$ 2.652,52
Plano B = entrada de Cr\$ 2.200,00 + 12 prestações mensais de Cr\$ 2.152,27

Qual dos dois planos é melhor para o consumidor?

3.11.2. Modelo Matemático

Para escolher o melhor plano deve-se saber qual tem a menor taxa de juros.

A equação abaixo relaciona os juros (j) e o prazo (P) com o valor financiado (VF = preço à vista – entrada) e a prestação mensal (PM):

$$\frac{1-(1+j)^{-P}}{j} = \frac{VF}{PM}$$

Fazendo

$x = 1 + j$

$k = VF/PM$

tem-se:

$$\frac{1-x^{-P}}{x-1} = k$$

multiplicando ambos os membros por x^P:

$$\frac{x^P-1}{x-1} = kx^P$$

e fazendo

$$f(x) = kx^{P+1} - (k+1)x^P + 1 = 0$$

chega-se a uma equação algébrica de grau $P + 1$.

Deve-se, agora, achar o valor de x no qual $f(x)$ se anule, ou seja, calcular uma raiz de $f(x) = 0$.

3.11.3. Solução Numérica

A raiz da equação deve ser primeiramente isolada e depois refinada até a tolerância desejada.

3.11.3.1. ISOLAMENTO DA RAIZ

Sendo $f(x)$ uma equação algébrica, fica mais fácil isolar suas raízes usando-se suas propriedades.

Número de raízes reais:

Sendo $k > 0$ então $n^+ = 2$ ou 0

Limite das raízes reais:

Plano A
$P = 9$
$k = (16.200 - 2.200)/2.652{,}52 = 5{,}278$
$f_A(x) = 5{,}278x^{10} - 6{,}278x^9 + 1$

$n = 10$	$f_A(x)$	$f_{A1}(x)$
a_0	1	5,278
a_1	0	–6,278
a_2	0	0
a_8	0	0
a_9	–6,278	0
a_{10}	5,278	1
k	9	1
n-k	1	9
B	6,278	6,278
L_i	2,19	2,23
L&	2,19	0,45

Plano B
$P = 12$
$k = (16.200 - 2.200)/2.152{,}27 = 6{,}50476$
$f_B(x) = 6{,}50476x^{13} - 7{,}50476x^{12} + 1$

$n = 13$	$f_B(x)$	$f_{B1}(x)$
a_0	1	6,50476
a_1	0	–7,50476
a_2	0	0
a_{11}	0	0
a_{12}	–7,50476	0
a_{13}	6,50476	1
k	12	1
n-k	1	12
B	7,50476	7,50476
L_i	2,15	2,18
L&	2,15	0,46

Portanto

$0{,}45 \leqslant \mathcal{E}_A^+ \leqslant 2{,}19$ e $0{,}46 \leqslant \mathcal{E}_B^+ \leqslant 2{,}15$

Pode-se verificar que $x = 1$ é raiz destas equações, mas isto significa $j = 0$ $(x = j + 1)$, o que não ocorre com os financiamentos! Como são duas raízes, a outra está entre um valor maior que 1, por exemplo, $x = 1{,}01$ e o limite superior já calculado pelo teorema de Lagrange:

$1{,}01 \leqslant \mathcal{E}_A \leqslant 2{,}19$ e $1{,}01 \leqslant \mathcal{E}_B \leqslant 2{,}15$

$f_A(1{,}01) = -0{,}04$ $f_B(1{,}01) = -0{,}05$

$f_A(2{,}19) = 6.120{,}25$ $f_B(2{,}15) = 63.223{,}01$

Como cada função muda de sinal no intervalo dado, pode-se afirmar que existe no mínimo uma raiz no intervalo (teorema 3.1); mas como as equações têm, no máximo, duas raízes positivas e uma delas é $x = 1$, então, nos respectivos intervalos existe, exatamente, uma raiz de cada equação. Com isto, a raiz de cada equação já está isolada.

3.11.3.2. REFINAMENTO DA RAIZ

Tanto $f_A(x)$ como $f_B(x)$ apresentam valores muito grandes no extremo superior dos intervalos, por isto é interessante aplicar o método da bisseção para diminuir o intervalo até, por exemplo, $f(x) < 10$.

Como se trata de uma equação algébrica com derivada de fácil obtenção, usa-se, a seguir, o método de Newton para o refinamento, pois ele apresenta uma maior convergência.

Método da bisseção

Plano A

n	a_n	b_n	x_n	$f(x_n)$
0	1,01	2,19	1,60	149,90
1	1,01	1,60	1,31	8,23

$1{,}01 \leqslant \mathcal{E}_A \leqslant 1{,}31$

Plano B

n	a_n	b_n	x_n	$f(x_n)$
0	1,01	2,15	1,58	672,12
1	1,01	1,58	1,30	23,17
2	1,01	1,30	1,16	1,24

$1{,}01 \leqslant \&_B \leqslant 1{,}16$

Método de Newton

Antes de aplicar o método de Newton, deve-se escolher um x_0 que garanta a convergência ($f(x_0) \cdot f''(x_0) > 0$)

$$f(x) = kx^{P+1} - (k+1)\,x^P + 1$$
$$f'(x) = (P+1)\,kx^P - P(k+1)x^{P-1}$$
$$f''(x) = P(P+1)\,kx^{P-1} - P(P-1)(k+1)x^{P-2}$$

Intervalo onde $f''(x) > 0$

Sendo $k > 0$, $x > 0$ e $P > 1$, então

$$Px^{P-2}\,[(P+1)kx - (P-1)(k+1)] > 0$$
$$(P+1)kx - (P-1)(k+1) > 0$$

Quando

$$x > \frac{(P-1)(k+1)}{(P+1)k} \rightarrow f''(x) > 0$$

Escolha de x_0

Plano A

$f''_A(x) > 0 \ \forall\ x > 0{,}95$

$$\left.\begin{array}{l} f_A(1{,}01) = -0{,}04 \\ f_A(1{,}31) = 8{,}23 \end{array}\right\} x_0 = 1{,}31 \text{ pois } f(1{,}31) \cdot f''(1{,}31) > 0$$

Plano B

$f''_B(x) > 0 \ \forall \ x > 0{,}98$

$$\left.\begin{array}{ll} f_B(1{,}01) & = -0{,}05 \\ f_B(1{,}16) & = 1{,}24 \end{array}\right\} x_0 = 1{,}16 \quad \text{pois} \quad f(1{,}16) \cdot f''(1{,}16) > 0$$

3.11.3.3. USO DA SUB-ROTINA NEWTON

Pode-se usar a sub-rotina NEWTON e o programa principal descritos no item 3.7.5 para calcular as raízes destas equações, sendo necessário, apenas, fornecer os dados de entrada e as funções FUNCAO e DERFUN.

Plano A

a) Dados de entrada
   1.31, 0.00001, 10
b) Funções FUNCAO e DERFUN

```
C
C          F(X)
C
      REAL FUNCTION FUNCAO(X)
      REAL X
      FUNCAO=(5.278*X-6.278)*X**9+1.0
      RETURN
      END
C
C          F'(X)
C
      REAL FUNCTION DERFUN(X)
      REAL X
      DERFUN=(52.78*X-56.502)*X**8
      RETURN
      END
```

Os resultados são:

```
CALCULO DE RAIZ DE EQUACAO PELO METODO DE NEWTON
 N          XN            F(XN)          TOLERANCIA
 0       1.31000        8.228E+00
 1       1.23494        2.604E+00        7.506E-02
 2       1.17949        7.673E-01        5.546E-02
 3       1.14387        1.932E-01        3.562E-02
 4       1.12685        3.181E-02        1.702E-02
 5       1.12273        1.600E-03        4.116E-03
 6       1.12250        3.815E-06        2.300E-04
 7       1.12250        5.364E-07        5.516E-07

 RAIZ DA EQUACAO  =    1.12250

 ITERACOES GASTAS =    7
```

Plano B

a) Dados de entrada
   1.16, 0.00001,10
b) Funções FUNCAO e DERFUN

```
C
C         F(X)
C
      REAL FUNCTION FUNCAO(X)
      REAL X
      FUNCAO=(6.50476*X-7.50476)*X**12+1.0
      RETURN
      END
C
C         F'(X)
C
      REAL FUNCTION DERFUN(X)
      REAL X
      DERFUN=(84.56188*X-90.05712)*X**11
      RETURN
      END
```

Os resultados são:

```
CALCULO DE RAIZ DE EQUACAO PELO METODO DE NEWTON
 N          XN              F(XN)         TOLERANCIA
 0        1.16000         1.242E+00
 1        1.12979         3.265E-01         3.021E-02
 2        1.11423         5.907E-02         1.556E-02
 3        1.10992         3.758E-03         4.316E-03
 4        1.10960         1.931E-05         3.141E-04
 5        1.10960        -8.345E-07         1.631E-06

 RAIZ DA EQUACAO  =      1.10960

 ITERACOES GASTAS =      5
```

3.11.4 Análise do Resultado

Plano A

A raiz de $f_A(x) = 0$ é $\&_A = 1{,}12250 \Rightarrow j = 0{,}12250$ ou $j = 12{,}25\%$

Plano B

A raiz de $f_B(x) = 0$ é $\&_B = 1{,}10960 \Rightarrow j = 0{,}10960$ ou $j = 10{,}96\%$

O total pago no plano A é Cr\$ 26.072,68 (= Cr\$ 2.200,00 + 9 • Cr\$ 2.652,52) contra Cr\$ 28.027,24 (= Cr\$ 2.200,00 + 12 • Cr\$ 2.152, 27) pagos no plano B.

O plano A, à primeira vista, parece melhor pois o consumidor paga uma quantia menor, mas isto é ilusório porque neste plano a taxa de juros cobrada é maior.

Concluindo, o financiamento do plano B é mais interessante para o consumidor.

3.12. EXERCÍCIOS PROPOSTOS

Resolver as questões abaixo:

3.12.1. Mostrar que as raízes de $P(-x)$ são $-\mathcal{E}_1, -\mathcal{E}_2, -\mathcal{E}_3, \ldots, -\mathcal{E}_n$, sendo $\mathcal{E}_1, \mathcal{E}_2, \mathcal{E}_3, \ldots, \mathcal{E}_n$ as raízes de $P(x) = a_n x^n + a_{n-1}x^{n-1} + \ldots + a_1 x + a_0 = 0$.

3.12.2. Mostrar que as raízes de $P(-1/x)$ são $-1/\mathcal{E}_2, -1/\mathcal{E}_3, \ldots, -1/\mathcal{E}_n$, sendo $\mathcal{E}_1, \mathcal{E}_2, \mathcal{E}_3, \ldots, \mathcal{E}_n$ as raízes de $P(x) = a_n x^n + a_{n-1}x^{n-1} + \ldots + a_1 x + a_0 = 0$.

3.12.3. Verificar que $|x_n - x_{n-1}| = \dfrac{b-a}{2^{n+1}}$.

3.12.4. Demonstrar que a equação $x_{n+1} = \dfrac{1}{P}\left((P-1)x_n + \dfrac{a}{x_n^{P-1}}\right)$ pode ser usada para calcular $\sqrt[P]{a}$, $a \geqslant 0$.

3.12.5. Construir um programa para calcular uma raiz usando o método da bisseção, com o auxílio de uma linguagem qualquer.

3.12.6. Escrever um programa, na linguagem de sua preferência, para implementar o método das cordas.

3.12.7. Fazer um programa, em uma linguagem disponível, para utilizar o método da iteração linear.

Resolver os exercícios abaixo usando qualquer método, com $\epsilon \leqslant 10^{-4}$.

3.12.8. Calcular a raiz positiva do exemplo 3.1.

3.12.9. Achar todas as raízes de $f(x) = 0{,}2x^3 - 3{,}006x^2 + 15{,}06x - 25{,}15 = 0$.

3.12.10. Determinar o ponto de mínimo da função $f(x) = 2x^4 - 2x^3 - x^2 - x - 3$.

3.12.11. Seja a função $f(x) = e^{x-2} + x^5 - 1$. Achar o valor de x no qual $f(x) = 2$.

3.12.12. Achar o ponto de inflexão da função $f(x) = 2e^x + x^3 - 1$.

3.12.13. Calcular $\sqrt[3]{8}$ (ver exercício 3.12.4).

3.12.14. Calcular $\sqrt[5]{1955}$.

Usar agora o método de sua preferência com $\epsilon \leqslant 10^{-3}$.

3.12.15. O preço à vista (PV) de uma mercadoria é Cr$ 312.000,00 mas pode ser financiado com uma entrada (E) de Cr $ 91.051,90 e 12 (P) prestações mensais (PM) de Cr $ 26.000,00. Calcular os juros (j) sabendo que

$$\frac{1-(1+j)^{-P}}{j} = \frac{PV-E}{PM}$$

3.12.16. Quais serão os juros se o plano de pagamento for uma entrada de Cr$ 112.000,00 e 18 prestações mensais de Cr$ 20.000,00?

3.12.17. Uma bola é arremessada para cima com velocidade $v_0 = 30\ \text{m}\cdot\text{s}^{-1}$ a partir de uma altura $x_0 = 5$ m, em um local onde a aceleração da gravidade é $g = -9{,}81\ \text{m}\cdot\text{s}^{-2}$. Sabendo que

$$h(t) = x_0 + v_0 t + \frac{1}{2} g t^2$$

qual será o tempo gasto para a bola tocar o solo, desconsiderando o atrito com o ar?

3.12.18. A capacidade calorífica C_p ($\text{cal}\cdot\text{K}^{-1}\cdot\text{mol}^{-1}$) da água em função da temperatura T(K) é dada por:

$$C_p(T) = 7{,}219 + 2{,}374 \cdot 10^{-3} T + 2{,}67 \cdot 10^{-7} T^2;$$
$$300 \leqslant T \leqslant 1.500$$

Para sabermos a que temperatura temos uma determinada capacidade calorífica c fazemos: $C_p(T) - c = 0$.
Em vista disto, em que temperatura a água tem capacidade calorífica igual a $10\ \text{cal}\cdot K^{-1}\cdot\text{mol}^{-1}$?

3.12.19. Determinar o comprimento (L) de um cabo suspenso em dois pontos do mesmo nível e distantes ($2x$) 400 m, com flecha (f) de 100 m, sabendo que

$$L = 2a \operatorname{senh} \frac{x}{a}$$

sendo a a raiz da equação

$$a\left(\cosh \frac{x}{a} - 1\right) - f = 0$$

3.12.20. O pH de soluções diluídas de ácido fraco é calculado pela fómula:

$$[H_3O^+]^3 + K_a [H_3O^+]^2 - (K_aC_a + K_\omega) [H_3O^+] - K_\omega K_a = 0$$

onde:

$pH \doteq -\log [H_3O^+]$
K_a : constante de dissociação do ácido
C_a : concentração do ácido
K_ω : produto iônico da água

Calcular o pH de uma solução de ácido bórico a 24°C, sabendo que

$K_a = 6{,}5 \cdot 10^{-10}$ M
$C_a = 1{,}0 \cdot 10^{-5}$ M
$K_\omega = 1{,}0 \cdot 10^{-14}$ M^2

Capítulo 4

Interpolação

4.1. INTRODUÇÃO

Muitas funções são conhecidas apenas em um conjunto finito e discreto de pontos de um intervalo $[a, b]$, como a função $y = f(x)$, dada pela tabela 4.1.

Tabela 4.1

i	x_i	y_i
0	x_0	y_0
1	x_1	y_1
2	x_2	y_2
3	x_3	y_3

Neste caso, tendo-se que trabalhar com esta função e não se dispondo de sua forma analítica, pode-se substituí-la por outra função, que é uma aproximação da função dada e que é deduzida a partir de dados tabelados.

Além destas, podem-se também encontrar funções cuja forma analítica é muito complicada, fazendo com que se procure uma outra função que seja uma aproximação da função dada e cujo manuseio seja bem mais simples.

As funções que substituem as funções dadas podem ser de tipos variados, tais como: exponencial, logarítmica, trigonométrica e polinomial.

Neste capítulo serão estudadas apenas as funções polinomiais.

4.2. CONCEITO DE INTERPOLAÇÃO

Seja a função $y = f(x)$, dada pela tabela 4.1. Deseja-se determinar $f(\bar{x})$, sendo:

a) $\bar{x} \in (x_0, x_3)$ e $\bar{x} \neq x_i$, $i = 0, 1, 2, 3$
b) $\bar{x} \notin (x_0, x_3)$

Para resolver (a) tem-se que fazer uma interpolação. E, sendo assim, determina-se o *polinômio interpolador,* que é uma aproximação da função tabelada. Por outro lado, para resolver (b), deve ser realizada uma extrapolação, cujo estudo não será objeto deste capítulo.

Exemplo 4.1

Na tabela 4.2 está assinalado o número de habitantes de Belo Horizonte nos quatro últimos censos.

Tabela 4.2

ANO	1950	1960	1970	1980
Nº DE HABITANTES	352.724	683.908	1.235.030	1.814.990

Determinar o número aproximado de habitantes de Belo Horizonte em 1975.

Para se resolver este problema, deve-se fazer uma interpolação, já que 1975 $\in$ (1950, 1980).

Exemplo 4.2

Seja a função $f(x) = \dfrac{2 \operatorname{sen}^2 x}{x+1}$

Determinar:

a) $f(\pi/16)$
b) $f(11\pi/18)$

utilizando apenas os valores disponíveis na tabela 4.3.

Tabela 4.3

i	x_i	sen (x_i)
0	0	0,00
1	$\pi/6$	0,50
2	$\pi/4$	0,71
3	$\pi/3$	0,87
4	$\pi/2$	1,00

Deve-se, em primeiro lugar, construir a tabela 4.4, substituindo os valores da tabela 4.3 na função dada, para obter os valores da função nos pontos disponíveis.

Tabela 4.4

i	x_i	$f(x_i)$
0	0	0,00
1	$\pi/6$	0,33
2	$\pi/4$	0,56
3	$\pi/3$	0,74
4	$\pi/2$	0,78

Para o cálculo do item (a) deve-se fazer uma interpolação, já que $\pi/16 \in (0, \pi/2)$.

Como $11\pi/18$ não pertence ao intervalo considerado, o item (b) é um problema de extrapolação.

Serão vistos, a seguir, alguns métodos que permitem interpolar um ou mais pontos numa função tabelada.

4.3. INTERPOLAÇÃO LINEAR

4.3.1. Obtenção da Fórmula

Dados dois pontos distintos de uma função $y = f(x)$: (x_0, y_0) e (x_1, y_1), deseja-se calcular o valor de $\bar{y}$ para um determinado valor de $\bar{x}$ entre x_0 e x_1, usando interpolação polinomial.

Pode-se provar que o grau do polinômio interpolador é uma unidade menor que o número de pontos conhecidos. Assim sendo, o polinômio interpolador nesse caso terá grau 1, isto é,

$$P_1(x) = a_1 x + a_0$$

Para determiná-lo, os coeficientes a_0 e a_1 devem ser calculados de forma que se tenha:

$$P_1(x_0) = f(x_0) = y_0$$

e

$$P_1(x_1) = f(x_1) = y_1$$

ou seja, basta resolver o sistema linear abaixo

$$\begin{cases} a_1 x_0 + a_0 = y_0 \\ a_1 x_1 + a_0 = y_1 \end{cases}$$

onde a_1 e a_0 são as incógnitas e

$$A = \begin{bmatrix} x_0 & 1 \\ x_1 & 1 \end{bmatrix}$$ é a matriz dos coeficientes.

O determinante da matriz A é diferente de zero, sempre que $x_0 \neq x_1$, logo para pontos distintos o sistema tem solução única.

Por outro lado, como a imagem geométrica de

$$P_1(x) = a_1 x + a_0$$

é uma reta, está-se, na realidade, aproximando a função $f(x)$ por uma reta que passa por (x_0, y_0) e (x_1, y_1).

A figura 4.1 mostra os dois pontos, (x_0, y_0) e (x_1, y_1), e a reta que passa por eles.

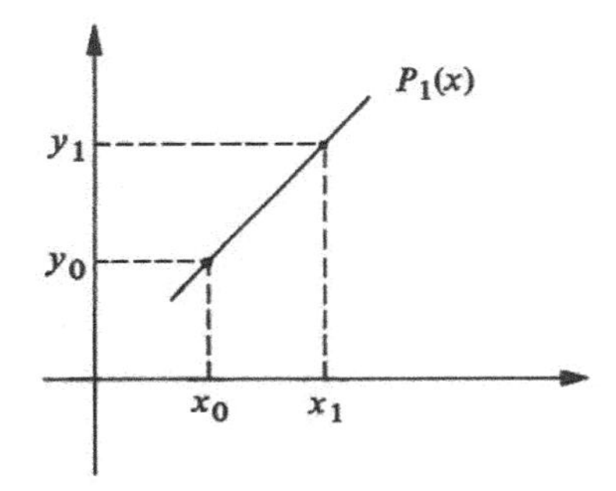

Figura 4.1

Exemplo 4.3

Seja a função $y = f(x)$ definida pelos pontos (0,00;1,35) e (1,00 ; 2,94). Determinar aproximadamente o valor de $f(0,73)$.

$P_1(x) = a_1x + a_0$ é o polinômio interpolador de 1º grau que passa pelos pontos dados. Logo, tem-se:

$$\begin{cases} P_1(0) = a_1 \cdot 0 + a_0 = 1,35 & \rightarrow \quad a_0 = 1,35 \\ P_1(1) = a_1 \cdot 1 + a_0 = 2,94 & \rightarrow \quad a_1 = 1,59 \end{cases}$$

$$P_1(x) = 1,59x + 1,35$$

$$P_1(0,73) = 1,59 \cdot 0,73 + 1,35$$

$$= 2,51$$

O resultado obtido no exemplo 4.3 está afetado por dois tipos de erros:

a) Erro de arredondamento (E_A) – é cometido durante a execução das operações e no caso de o resultado ser arredondado.

b) Erro de truncamento (E_T) – é cometido quando a fórmula de interpolação a ser utilizada é escolhida, pois a aproximação de uma função conhecida apenas através de dois pontos dados é feita por um polinômio de 1º grau.

4.3.2. Erro de Truncamento

Seja $f(x)$ a função dada representada pela curva, e $P_1(x)$ o polinômio interpolador, representado pela reta na figura 4.2.

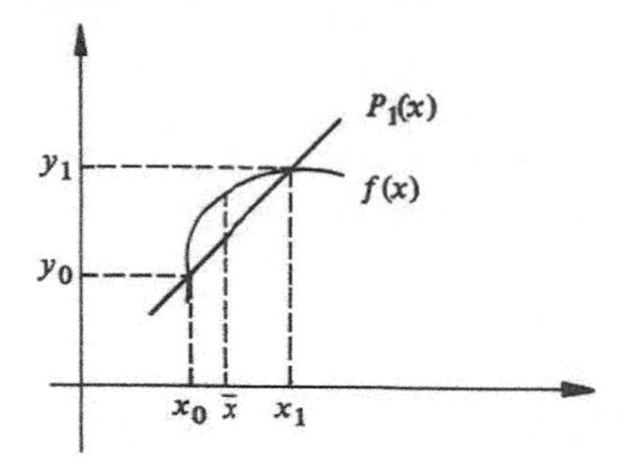

Figura 4.2

Teoricamente, o erro de truncamento cometido no ponto $\bar{x}$ é dado pela fórmula:

$$E_T(\bar{x}) = f(\bar{x}) - P_1(\bar{x}) \tag{4.1}$$

Observando a figura 4.2, pode-se notar que o erro de truncamento no ponto $\bar{x}$ depende de sua localização e que se $\bar{x}$ coincidir com x_0 ou x_1, o erro de truncamento é nulo. Diante disto, conclui-se que o erro de truncamento é uma função que se anula nos pontos x_0 e x_1.

Com base nestas observações pode-se considerar a expressão

$$E_T(x) = (x - x_0)(x - x_1) \cdot A \tag{4.2}$$

onde A é uma constante a determinar, como a função erro de truncamento.

OBTENÇÃO DE A

Seja a função auxiliar $G(t)$ definida por:

$$G(t) = f(t) - P_1(t) - E_T(t) \tag{4.3}$$

Substituindo

$P_1(t) = a_1 t + a_0$ e

$E_T(t) = (t - x_0)(t - x_1) \cdot A$

em (4.3), vem:

$$G(t) = f(t) - (a_1 t + a_0) - (t - x_0)(t - x_1) \cdot A \qquad (4.4)$$

A função $G(t)$ se anula, pelo menos, em três pontos:

para $t = x_0$
$t = x_1$
$t = \bar{x}$

Teorema 4.1 (Teorema de Rolle): Se a função $f(x)$ é contínua no intervalo $[a, b]$ e diferenciável no intervalo (a, b) e $f(a) = f(b)$, então, existe um $\xi \in (a, b)$, tal que $f'(\xi) = 0$.

Considerando $f(t)$ contínua em $[x_0, x_1]$ e diferenciável em (x_0, x_1), pode-se concluir que $G(t)$ também o é, tendo em vista que $P_1(t)$ e $E_T(t)$ são funções polinomiais de 1º e 2º graus, respectivamente.

Aplicando o teorema 4.1, vem:

- existe $\xi_1 \in (x_0, \bar{x})$, tal que $G'(\xi_1) = 0$ e
- existe $\xi_2 \in (\bar{x}, x_1)$, tal que $G'(\xi_2) = 0$

Aplicando novamente o teorema de Rolle na função $G'(t)$, vem:

- existe $\xi \in (\xi_1, \xi_2)$ e, portanto, $\xi \in (x_0, x_1)$, tal que $G''(\xi) = 0$.

Derivando a função $G(t)$ duas vezes, vem:

$$G''(t) = f''(t) - 2A$$

Fazendo $t = \xi$, vem:

$$G''(\xi) = f''(\xi) - 2A = 0$$

Logo,

$$A = \frac{f''(\xi)}{2} \qquad (4.5)$$

E, substituindo (4.5) em (4.2), tem-se:

$$E_T(x) = (x - x_0)(x - x_1) \cdot \frac{f''(\xi)}{2} \qquad (4.6)$$

para algum $\& \in (x_0, x_1)$.

Exemplo 4.4

Seja a função $f(x) = \text{sen } x$. Determinar:

a) o valor aproximado para $f(\pi/2)$ a partir dos pontos (1,00; 0,84) e (2,00; 0,91)

b) o erro de truncamento cometido no cálculo do item anterior

a)

$$P_1(x) = a_1 x + a_0$$
$$P_1(1) = a_1 \cdot 1 + a_0 = 0{,}84 \quad \rightarrow \quad a_1 = 0{,}07$$
$$P_1(2) = a_1 \cdot 2 + a_0 = 0{,}91 \quad \rightarrow \quad a_0 = 0{,}77$$
$$P_1(x) = 0{,}07x + 0{,}77 \Rightarrow P_1(\pi/2) = 0{,}88$$

b)

$$E_T(\bar{x}) = (\bar{x} - x_0)(\bar{x} - x_1) \cdot \frac{f''(\&)}{2}, \quad \text{onde } \& \in (x_0, x_1)$$

Como não se sabe o valor exato de &, pode-se considerá-lo igual ao valor de x que maximiza a função $|f''(x)|$ no intervalo (x_0, x_1), ou seja, (1,00; 2,00).

$$f(x) = \text{sen } x$$
$$f'(x) = \cos x$$
$$f''(x) = -\text{sen } x$$

$|f''(x)|$ é máximo para $x = \pi/2$ no intervalo considerado, pois $|f''(\pi/2)| = 1$. Logo, a cota máxima para o erro de truncamento é:

$$|E_T(\pi/2)| \leqslant \left| (\pi/2 - 1)(\pi/2 - 2) \cdot \frac{(-1)}{2} \right|$$

$$|E_T(\pi/2)| \leqslant 0{,}12 \text{ ou } -0{,}12 \leqslant E_T(\pi/2) \leqslant 0{,}12$$

Exemplo 4.5

Seja a função $f(x) = x^2 - 3x + 1$, usando os valores de x ($x_1 = 1{,}0$ e $x_2 = 1{,}5$) e os valores correspondentes $f(x_1)$ e $f(x_2)$, calcular:

a) o valor aproximado para $f(1{,}2)$

b) o erro de truncamento cometido no cálculo do item (a)

a) $P_1(x) = a_1x + a_0$

$P_1(1,0) = a_1 + a_0 = -1$

$P_1(1,5) = 1,5a_1 + a_0 = -1,25$

$a_1 = -0,5$ e $a_0 = -0,5$

$P_1(x) = -0,5x - 0,5 \Rightarrow P_1(1,2) = -1,10$

b) $f(x) = x^2 - 3x + 1$

$f'(x) = 2x - 3$

$f''(x) = 2, \forall x$

$E_T(1,2) = (1,2 - 1,0)(1,2 - 1,5) \cdot \frac{2}{2}$

$E_T(1,2) = -0,06$

4.3.3. Exercícios de Fixação

4.3.3.1. Dada a função $f(x) = 10x^4 + 2x + 1$ com os valores de $f(0,1)$ e $f(0,2)$ determinar $P_1(0,15)$.

4.3.3.2. Calcular a cota máxima do erro de truncamento cometido no cálculo do exercício anterior.

4.3.3.3. Calcular o número aproximado de habitantes de Belo Horizonte em 1975 usando os valores dados pela tabela 4.2 (exemplo 4.1) para 1970 e 1980.

4.3.3.4. Usando os valores de $f(0)$ e $f(\pi/6)$ da tabela 4.4 (exemplo 4.2), calcular $f(\pi/12)$.

4.4. INTERPOLAÇÃO QUADRÁTICA

4.4.1. Obtenção da Fórmula

Se, de uma função, são conhecidos três pontos distintos, então o polinômio interpolador será:

$$P_2(x) = a_2x^2 + a_1x + a_0$$

O polinômio $P_2(x)$ é conhecido como função quadrática, cuja imagem geométrica é uma parábola.

Para determinar os valores de a_2, a_1 e a_0 é necessário resolver o sistema:

$$a_2x_0^2 + a_1x_0 + a_0 = y_0$$
$$a_2x_1^2 + a_1x_1 + a_0 = y_1$$
$$a_2x_2^2 + a_1x_2 + a_0 = y_2$$

onde os pontos (x_0, y_0), (x_1, y_1) e (x_2, y_2) são conhecidos.

Observe-se que a matriz dos coeficientes é:

$$V = \begin{bmatrix} x_0^2 & x_0 & 1 \\ x_1^2 & x_1 & 1 \\ x_2^2 & x_2 & 1 \end{bmatrix}$$

O determinante desta matriz é conhecido como Determinante de Vandermonde. Pode-se provar que:

$$\det(V) = (x_1 - x_0)(x_2 - x_0)(x_2 - x_1)$$

Logo, como os pontos são distintos, o sistema terá solução única.

Exemplo 4.6

Utilizando os valores da função seno, dados pela tabela abaixo, determinar a função quadrática que se aproxima de

$f(x) = \dfrac{2\,\text{sen}^2 x}{x+1}$, trabalhando com três decimais.

Tabela 4.5

x	sen x	$f(x)$
0	0	0,000
$\pi/6$	$1/2$	0,328
$\pi/4$	$\sqrt{2}/2$	0,560

$$P_2(x) = a_2x^2 + a_1x + a_0$$

$$\begin{cases} P_2(0) = a_2 \cdot 0^2 + a_1 \cdot 0 + a_0 = 0 & \text{(I)} \\ P_2(\pi/6) = a_2 \cdot (\pi/6)^2 + a_1 \cdot (\pi/6) + a_0 = 0{,}328 & \text{(II)} \\ P_2(\pi/4) = a_2 \cdot (\pi/4)^2 + a_1 \cdot (\pi/4) + a_0 = 0{,}560 & \text{(III)} \end{cases}$$

De (I) vem que $a_0 = 0$. Logo, o sistema passa a ser:

$$\begin{cases} 0{,}274a_2 + 0{,}524a_1 = 0{,}328 \\ 0{,}617a_2 + 0{,}785a_1 = 0{,}560 \end{cases}$$

Usando o método da pivotação completa, encontra-se a solução aproximada:

$$\begin{cases} a_2 = 0{,}333 \\ a_1 = 0{,}452 \end{cases}$$

A função quadrática é:

$$P_2(x) = 0{,}333x^2 + 0{,}452x$$

4.4.2. Erro de Truncamento

Como foi visto na seção 4.3.2 e lembrando que, agora, são três os pontos conhecidos, o erro de truncamento é dado pelas expressões:

a) $E_T(\bar{x}) = f(\bar{x}) - P_2(\bar{x})$

onde:

$f(x)$ – é a função dada

$P_2(x)$ – é o polinômio interpolador de 2º grau

b) $E_T(x) = (x - x_0)(x - x_1)(x - x_2) \cdot A$

Tem-se, agora, como objetivo, a determinação do valor do parâmetro A em (b).

Fazendo-se

$$G(t) = f(t) - P_2(t) - E_T(t)$$

e sabendo-se que

$$P_2(t) = a_2t^2 + a_1t + a_0 \text{ e}$$
$$E_T(t) = (t - x_0)(t - x_1)(t - x_2) \cdot A$$

vem:

$$G(t) = f(t) - (at^2 + a_1 t + a_0) - (t - x_0)(t - x_1)(t - x_2) \cdot A \quad (4.7)$$

Como $P_2(t)$ e $E_T(t)$ são funções polinomiais e supondo que $f(t)$ seja contínua em $[x_0, x_2]$ e derivável em (x_0, x_2), $G(t)$ também o é e, além disso, se anula pelo menos para $t = x_0$, $t = x_1$, $t = x_2$ e $t = \bar{x}$.

Logo, pelo teorema 4.1, tem-se:

$\exists$ $\xi_1 \in (x_0, \bar{x}) \mid G'(\xi_1) = 0$

$\exists$ $\xi_2 \in (\bar{x}, x_1) \mid G'(\xi_2) = 0$

$\exists$ $\xi_3 \in (x_1, x_2) \mid G'(\xi_3) = 0$

e ainda:

$\exists$ $\xi_4 \in (\xi_1, \xi_2) \mid G''(\xi_4) = 0$

$\exists$ $\xi_5 \in (\xi_2, \xi_3) \mid G''(\xi_5) = 0$

e, finalmente:

$\exists$ $\xi \in (\xi_4, \xi_5)$ e, portanto, $\exists$ $\xi \in (x_0, x_2) \mid G'''(\xi) = 0$

Derivando $G(t)$ três vezes, vem:

$G'''(t) = f'''(t) - 6A$

Fazendo $t = \xi$, tem-se:

$G'''(\xi) = f'''(\xi) - 6A$

Logo,

$$A = \frac{f'''(\xi)}{6} = \frac{f'''(\xi)}{3!} \quad \text{para } \xi \in (x_0, x_2)$$

Logo,

$$E_T(x) = (x - x_0)(x - x_1)(x - x_2)\, \frac{f'''(\xi)}{3!} \quad , \quad \xi \in (x_0, x_2) \quad (4.8)$$

Exemplo 4.7

Determinar o valor aproximado de $f(0{,}2)$ e o erro de truncamento ocasionado pela aplicação da interpolação quadrática, no cálculo deste valor, usando os valores tabelados da função $f(x) = x^2 - 2x + 1$. Trabalhar com 2 decimais.

Tabela 4.6

x	$f(x)$
0,5	0,25
0,3	0,49
0,1	0,81

a) Cálculo do polinômio interpolador $P_2(x)$:

$$P_2(x) = a_2x^2 + a_1x + a_0$$

$$\begin{cases} 0{,}25a_2 + 0{,}5a_1 + a_0 = 0{,}25 \\ 0{,}09a_2 + 0{,}3a_1 + a_0 = 0{,}49 \\ 0{,}01a_2 + 0{,}1a_1 + a_0 = 0{,}81 \end{cases}$$

Resolvendo o sistema pelo método da Gauss, vem:

$$\begin{cases} a_2 = 1{,}00 \\ a_1 = -2{,}00 \\ a_0 = 1{,}00 \end{cases}$$

Logo, $P_2(x) = x^2 - 2x + 1$
$P_2(0{,}2) = 0{,}64$

b) Cálculo do erro de truncamento:

$$f(x) = x^2 - 2x + 1$$
$$f'(x) = 2x - 2$$
$$f''(x) = 2$$
$$f'''(x) = 0 \ , \ \forall x$$

Como $f'''(x) = 0$, para todo x, o erro de truncamento cometido ao se aproximar a função $f(x) = x^2 - 2x + 1$ pelo polinômio interpolador de 2º grau é nulo.

Este resultado, entretanto, era esperado, uma vez que a função dada é polinomial de 2º grau e, a partir de três pontos da função, consegue-se determiná-la sem erro de truncamento. Contudo, poderá existir o erro de arredondamento.

4.4.3. Exercícios de Fixação

4.4.3.1. Usando três pontos da tabela 4.2 (exemplo 4.1), determinar o número aproximado de habitantes de Belo Horizonte em 1975.

4.4.3.2. Usando os três primeiros pontos da tabela 4.4 (exemplo 4.2), determinar $P_2(\pi/12)$.

4.4.3.3. Dada a função $f(x) = 10x^4 + 2x + 1$, determinar $P_2(0{,}15)$, usando os valores de $f(0{,}1)$, $f(0{,}2)$ e $f(0{,}3)$.

4.4.3.4. Calcular a cota máxima do erro de truncamento cometido no cálculo do exercício anterior.

4.5. INTERPOLAÇÃO DE LAGRANGE

As interpolações vistas anteriormente são casos particulares da interpolação de Lagrange. Será determinado, agora, o polinômio interpolador de grau menor ou igual a n, sendo dados $n + 1$ pontos distintos.

Teorema 4.2: Sejam (x_i, y_i), $i = 0, 1, 2, ..., n$, $n + 1$ pontos distintos, isto é, $x_i \neq x_j$ para $i \neq j$. Existe um único polinômio $P(x)$ de grau não maior que n, tal que $P(x_i) = y_i$, para todo i.

O polinômio $P(x)$ pode ser escrito na forma:

$$P_n(x) = a_0 + a_1x + a_2x^2 + \ldots + a_nx^n \quad \text{ou} \quad P_n(x) = \sum_{i=0}^{n} a_ix^i$$

$P(x)$ é, no máximo, de grau n, se $a_n \neq 0$ e, para determiná-lo, deve-se conhecer os valores de $a_0, a_1, \ldots, a_n$. Como $P_n(x)$ contém os pontos (x_i, y_i), $i = 0, 1, ..., n$, pode-se escrever que $P_n(x_i) = y_i$.

Logo,

$$S \left\{ \begin{array}{l} a_0 + a_1x_0 + a_2x_0^2 + \ldots + a_nx_0^n = y_0 \\ a_0 + a_1x_1 + a_2x_1^2 + \ldots + a_nx_1^n = y_1 \\ \ldots\ldots\ldots\ldots\ldots\ldots\ldots\ldots\ldots \\ a_0 + a_1x_n + a_2x_n^2 + \ldots + a_nx_n^n = y_n \end{array} \right.$$

Resolvendo o sistema S, determina-se o polinômio $P_n(x)$. Para provar que tal polinômio é único, basta que se mostre que o determinante da matriz A, dos coeficientes das incógnitas do sistema S, é diferente de zero. A matriz A é:

$$A = \begin{bmatrix} 1 & x_0 & x_0^2 & \dots & x_0^n \\ 1 & x_1 & x_1^2 & \dots & x_1^n \\ \dots & \dots & \dots & \dots & \dots \\ 1 & x_n & x_n^2 & \dots & x_n^n \end{bmatrix}$$

Mas, o determinante da matriz A é conhecido como determinante das potências ou de Vandermonde e, da Álgebra Linear, sabe-se que seu valor é dado por:

$$\det(A) = \prod_{i>j} (x_i - x_j)$$

Como $x_i \neq x_j$ para $i \neq j$, vem que $\det(A) \neq 0$.

Logo, $P(x)$ é único.

Exemplo 4.8

Sejam os valores: $x_0 = 1, x_1 = 0, x_2 = 3$ e $x_3 = 2$. Determinar

$$\prod_{i>j} (x_i - x_j).$$

$$\prod_{i>j} (x_i - x_j) = (x_1 - x_0)(x_2 - x_0)(x_2 - x_1)(x_3 - x_0)(x_3 - x_1)(x_3 - x_2) =$$
$$= (-1)(2)(3)(1)(2)(-1) = 12.$$

Este valor é igual ao determinante da matriz:

$$\begin{bmatrix} 1 & 1 & 1 & 1 \\ 1 & 0 & 0 & 0 \\ 1 & 3 & 9 & 27 \\ 1 & 2 & 4 & 8 \end{bmatrix}$$

4.5.1. Obtenção da Fórmula

Será vista, agora, a dedução da fórmula de interpolação de Lagrange.

Sejam os $n + 1$ polinômios $p_i(x)$ de grau n:

$$\begin{cases} p_0(x) = (x - x_1)(x - x_2) \ldots (x - x_n) \\ p_1(x) = (x - x_0)(x - x_2) \ldots (x - x_n) \\ \ldots\ldots\ldots\ldots\ldots\ldots\ldots\ldots \\ p_n(x) = (x - x_0)(x - x_1) \ldots (x - x_{n-1}) \end{cases}$$

ou, de forma sintética:

$$p_i(x) = \prod_{\substack{j=0 \\ j \neq i}}^{n} (x - x_j) \quad , \quad (i = 0, 1, \ldots, n) \tag{4.9}$$

Tais polinômios possuem as seguintes propriedades:

a) $p_i(x_i) \neq 0$, para todo i
b) $p_i(x_j) = 0$, para todo $j \neq i$

e são conhecidos como polinômios de Lagrange.

Como o polinômio $P(x)$ que se deseja encontrar é de grau n e contém os pontos (x_i, y_i), $i = 0, 1, 2, \ldots, n$, pode-se escrevê-lo como uma combinação linear dos polinômios $p_i(x)$, $i = 0, 1, 2, \ldots, n$.

Então, $P_n(x) = b_0 p_0(x) + b_1 p_1(x) + \ldots + b_n p_n(x)$

ou

$$P_n(x) = \sum_{i=0}^{n} b_i p_i(x) \tag{4.10}$$

E, assim, para se determinar $P_n(x)$, devem-se calcular os valores de b_i, $i = 0, 1, 2, \ldots, n$, já que os polinômios $p_i(x)$, para todo i, podem ser facilmente determinados.

Seja $P_n(x_k) = \sum_{i=0}^{n} b_i p_i(x_k) =$

$$= b_0 p_0(x_k) + b_1 p_1(x_k) + \ldots + b_k p_k(x_k) + \ldots + b_n p_n(x_k)$$

Mas, como $p_i(x_j) = 0$ para todo $i \neq j$ e $p_i(x_i) \neq 0$ para todo i, vem:

$P_n(x_k) = b_k p_k(x_k)$

Logo,

$$b_k = \frac{P_n(x_k)}{p_k(x_k)}$$

Como $P_n(x_i) = y_i$, vem:

$$b_i = \frac{y_i}{p_i(x_i)} \tag{4.11}$$

Substituindo o valor de b_i de (4.11) em (4.10), vem:

$$P_n(x) = \sum_{i=0}^{n} \frac{y_i}{p_i(x_i)} \cdot p_i(x)$$

ou

$$P_n(x) = \sum_{i=0}^{n} y_i \cdot \frac{p_i(x)}{p_i(x_i)} \tag{4.12}$$

Levando (4.9) em (4.12), vem:

$$P_n(x) = \sum_{i=0}^{n} y_i \cdot \prod_{\substack{j=0 \\ j \neq i}}^{n} \frac{(x - x_j)}{(x_i - x_j)} \tag{4.13}$$

A fórmula (4.13) é a da interpolação lagrangeana.

Exemplo 4.9

Determinar:

a) o polinômio de interpolação de Lagrange para a função conhecida pelos pontos tabelados abaixo

b) $P(0,3)$

Tabela 4.7

i	x_i	y_i
0	0,0	0,000
1	0,2	2,008
2	0,4	4,064
3	0,5	5,125

a) $P_3(x) = \sum_{i=0}^{3} y_i \prod_{\substack{j=0 \\ j \neq i}}^{3} \frac{(x - x_j)}{(x_i - x_j)}$

$$P_3(x) = y_0 \frac{(x - x_1)(x - x_2)(x - x_3)}{(x_0 - x_1)(x_0 - x_2)(x_0 - x_3)} +$$

$$+ y_1 \frac{(x - x_0)(x - x_2)(x - x_3)}{(x_1 - x_0)(x_1 - x_2)(x_1 - x_3)} +$$

$$+ y_2 \frac{(x - x_0)(x - x_1)(x - x_3)}{(x_2 - x_0)(x_2 - x_1)(x_2 - x_3)} +$$

$$+ y_3 \frac{(x - x_0)(x - x_1)(x - x_2)}{(x_3 - x_0)(x_3 - x_1)(x_3 - x_2)} +$$

$$P_3(x) = \frac{2,008}{0,012}(x^3 - 0,9x^2 + 0,2x) + \frac{4,064}{-0,008}(x^3 - 0,7x^2 + 0,1x) +$$

$$+ \frac{5,125}{0,015}(x^3 - 0,6x^2 + 0,08x) = x^3 + 10x$$

$$P_3(x) = x^3 + 10x$$

b) $P_3(0,3) = 3,027$

Exemplo 4.10

Seja a função $f(x)$, conhecida apenas nos pontos tabelados:

Tabela 4.8

i	x_i	y_i
0	0,00	1,000
1	0,10	2,001
2	0,30	4,081
3	0,60	8,296
4	1,00	21,000

Determinar:

a) o valor aproximado para $f(0,20)$, aplicando a fórmula de Lagrange

b) o número de operações (adições, nestas incluindo as subtrações, multiplicações e divisões) efetuadas no cálculo do item (a)

a) Constrói-se, em primeiro lugar, um quadro que contenha todas as diferenças e alguns dos produtos realizados na fórmula de Lagrange:

–	$x_0 = 0{,}00$	$x_1 = 0{,}10$	$x_2 = 0{,}30$	$x_3 = 0{,}60$	$x_4 = 1{,}00$	Π
$x = 0{,}20$	$\text{Dif}_0 = 0{,}20$	$\text{Dif}_1 = 0{,}10$	$\text{Dif}_2 = -0{,}10$	$\text{Dif}_3 = -0{,}40$	$\text{Dif}_4 = -0{,}80$	$\text{Prod}_x = -0{,}00064$
$x_0 = 0{,}00$		$-0{,}10$	$-0{,}30$	$-0{,}60$	$-1{,}00$	$\text{Prod}_0 = 0{,}01800$
$x_1 = 0{,}10$	0,10		$-0{,}20$	$-0{,}50$	$-0{,}90$	$\text{Prod}_1 = -0{,}00900$
$x_2 = 0{,}30$	0,30	0,20		$-0{,}30$	$-0{,}70$	$\text{Prod}_2 = 0{,}01260$
$x_3 = 0{,}60$	0,60	0,50	0,30		$-0{,}40$	$\text{Prod}_3 = -0{,}03600$
$x_4 = 1{,}00$	1,00	0,90	0,70	0,40		$\text{Prod}_4 = 0{,}25200$

O polinômio interpolador pode ser escrito da seguinte forma:

$$P(x) = y_0 \cdot \frac{\dfrac{\text{Prod}_x}{\text{Dif}_0}}{\text{Prod}_0} + y_1 \cdot \frac{\dfrac{\text{Prod}_x}{\text{Dif}_1}}{\text{Prod}_1} + y_2 \cdot \frac{\dfrac{\text{Prod}_x}{\text{Dif}_2}}{\text{Prod}_2} + y_3 \cdot \frac{\dfrac{\text{Prod}_x}{\text{Dif}_3}}{\text{Prod}_3} + y_4 \cdot \frac{\dfrac{\text{Prod}_x}{\text{Dif}_4}}{\text{Prod}_4}$$

$$P(0{,}2) = 1{,}000 \cdot \frac{\dfrac{-0{,}00064}{0{,}20}}{0{,}018} + 2{,}001 \cdot \frac{\dfrac{-0{,}00064}{0{,}10}}{-0{,}009} + 4{,}081 \cdot$$

$$\cdot \frac{\dfrac{-0{,}00064}{-0{,}10}}{0{,}0126} + 8{,}296 \cdot \frac{\dfrac{-0{,}00064}{-0{,}40}}{-0{,}036} + 21{,}0 \cdot \frac{\dfrac{-0{,}00064}{-0{,}80}}{0{,}252}$$

Logo,

$$P(0{,}2) = 3{,}016$$

b) Na construção da tabela foram executadas:

25 (+) e 19 (x)

Na aplicação da fórmula foram realizadas:

4 (+), 5 (x) e 10 (:)

O quadro abaixo fornece o número total de operações realizadas para o cálculo do item (a):

FÓRMULA DE INTERPOLAÇÃO	*nº de adições*	*nº de multiplicações*	*nº de divisões*	*total*
LAGRANGE	29	24	10	63

4.5.2. Erro de Truncamento

Para se deduzir a fórmula do erro de truncamento, será seguido o mesmo raciocínio usado nos casos anteriores.

Se são conhecidos $n + 1$ pontos da função dada, vem:

$$E_T(x) = (x - x_0)(x - x_1)\ldots(x - x_n) \cdot A \qquad (4.14)$$

e

$$E_T(\bar{x}) = f(\bar{x}) - P_n(\bar{x})$$

sendo,

$$P_n(\bar{x}) = a_0 + a_1\bar{x} + \ldots + a_n\bar{x}_n$$

Seja $G(t) = f(t) - P_n(t) - E_T(t)$ uma função auxliar que será usada para a determinação do valor de A.

Sabe-se que $G(t)$ se anula em $n + 2$ pontos: $x_0, x_1, \ldots, x_n$ e $\bar{x}$ e, portanto, $G^{(n+1)}(\&) = 0$ para $\& \in (x_0, x_n)$, de acordo com o teorema de Rolle.

Derivando $G(t)$, $n + 1$ vezes, vem:

$$G^{(n+1)}(t) = f^{(n+1)}(t) - (n + 1)!\ A$$

Fazendo $t = \&$:

$$G^{(n+1)}(\&) = f^{(n+1)}(\&) - (n + 1)!\ A = 0$$

Logo,

$$A = \frac{f^{(n+1)}(\&)}{(n + 1)!}$$

Substituindo o valor de A em (4.14) resulta:

$$E_T(x) = (x - x_0)(x - x_1)\ldots(x - x_n) \quad \frac{f^{(n+1)}(\&)}{(n+1)!} \qquad (4.15)$$

A fórmula (4.15) será usada para calcular o erro de truncamento de todos os tipos de interpolação deste capítulo, tendo em vista que esta é uma fórmula genérica para interpolação polinomial.

4.5.3. Implementação do Método de Lagrange

Seguem, abaixo, a implementação do método pela sub-rotina LAGRAN e um exemplo de programa para usá-la.

4.5.3.1. SUB-ROTINA LAGRAN

```
C.............................................................
C
C         SUBROTINA LAGRAN
C
C         OBJETIVO :
C              INTERPOLACAO DE UM OU MAIS VALORES NUMA FUNCAO
C              TABELADA
C
C         METODO UTILIZADO :
C              INTERPOLACAO DE LAGRANGE
C
C         USO :
C              CALL LAGRAN(TABELA,NMAX,N,NPI,X,Y)
C
C         PARAMETROS DE ENTRADA :
C              TABELA : MATRIZ QUE CONTEM OS PONTOS CONHECIDOS
C                       DE UMA FUNCAO
C              NMAX   : NUMERO MAXIMO DE PONTOS DECLARADO
C              N      : NUMERO DE PONTOS DA TABELA
C              NPI    : NUMERO DE PONTOS A SER INTERPOLADO
C              X      : VETOR QUE CONTEM AS ABSCISSAS DOS PONTOS
C                       INTERPOLADOS
C
C          PARAMETRO DE SAIDA :
C              Y      : VETOR QUE CONTEM AS ORDENADAS DOS PONTOS
C                       INTERPOLADOS
C
C.............................................................
C
C
      SUBROUTINE LAGRAN(TABELA,NMAX,N,NPI,X,Y)
C
      INTEGER I,J,K,N,NMAX,NPI
      REAL PARC,TABELA(NMAX,2),X(NMAX),Y(NMAX)
```

```
C
C        IMPRESSAO DA TABELA
C
       WRITE(2,1)
    1  FORMAT(1H1,5X,24HINTERPOLACAO DE LAGRANGE,//)
       WRITE(2,2)
    2  FORMAT(1H0,4X,1HI,8X,1HX,14X,1HY,/,15X,1HI,14X,1HI,/)
       DO 10 I=1,N
         J=I-1
         WRITE(2,3)J,TABELA(I,1),TABELA(I,2)
    3    FORMAT(1H0,3X,I2,2(3X,1PE12.5))
   10  CONTINUE
       WRITE(2,11)
   11  FORMAT(5(/).5X,20HTABELA DE RESULTADOS,/)
       WRITE(2,2)
C
C        FIM DA IMPRESSAO
C
C        METODO DE LAGRANGE
C
       DO 40 K=1.NPI
         Y(K)=0.
         DO 30 I=1,N
           PARC=1.
           DO 20 J=1,N
             IF(I.EQ.J)GO TO 20
               PARC=PARC*((X(K)-TABELA(J,1))/(TABELA(I,1)
     J                 -TABELA(J.1)))
   20      CONTINUE
           Y(K)=Y(K)+PARC*TABELA(I,2)
   30    CONTINUE
C
C        IMPRESSAO DOS RESULTADOS
C
         WRITE(2,3)K,X(K),Y(K)
   40  CONTINUE
       RETURN
      END
```

4.5.3.2. PROGRAMA PRINCIPAL

```
C
C
C        PROGRAMA PRINCIPAL PARA UTILIZACAO DA SUBROTINA LAGRAN
C
C
      INTEGER I,N,NMAX,NPI
      REAL TABELA(20,2),X(20),Y(20)
        NMAX=20
        READ(1,1)N,NPI
    1   FORMAT(2I2)
C        N      : NUMERO DE PONTOS DA TABELA
C        NPI    : NUMERO DE PONTOS A SER INTERPOLADO
        DO 10 I=1,N
          READ(1,2)(TABELA(I,J),J=1,2)
    2     FORMAT(2F10.0)
C        TABELA : MATRIZ QUE CONTEM OS PONTOS CONHECIDOS DA
C                 FUNCAO
```

```
   10    CONTINUE
         READ(1,11)(X(I),I=1,NPI)
   11    FORMAT(8F10.0)
C         X      : VETOR QUE CONTEM AS ABSCISSAS DOS PONTOS
C                  INTERPOLADOS
C
         CALL LAGRAN(TABELA,NMAX,N,NPI,X,Y)
C
         CALL EXIT
        END
```

Exemplo 4.11

Seja $f(x)$ conhecida apenas nos pontos tabelados abaixo:

Tabela 4.9

i	x_i	y_i
0	1	2,69315
1	3	8,30259
2	6	15,6109
3	7	17,9120
4	9	22,4067
5	11	26,8040
6	15	35,4205
7	18	41,7838

determinar $f(5)$, $f(10{,}2)$ e $f(17{,}3)$.

Para resolver este exemplo, usando o programa acima, devem ser fornecidos:

Dados de entrada

```
8,3
1., 2.69315,
3., 8.3Ø259,
6., 15.61Ø9,
7., 17.912Ø,
9., 22.4Ø67,
11., 26.8Ø4Ø,
15., 35.42Ø5,
18., 41.7838,
5., 1Ø.2, 17.3,
```

Os resultados obtidos foram:

```
INTERPOLACAO DE LAGRANGE

I        X                  Y
          I                  I

0     1.00000E+00      2.69315E+00
1     3.00000E+00      8.30259E+00
2     6.00000E+00      1.50000E+01
3     7.00000E+00      1.79120E+01
4     9.00000E+00      2.24067E+01
5     1.10000E+01      2.68040E+01
6     1.50000E+01      3.54205E+01
7     1.80000E+01      4.10000E+01


TABELA DE RESULTADOS

I        X                  Y
          I                  I

1     5.00000E+00      1.20036E+01
2     1.02000E+01      2.48622E+01
3     1.73000E+01      3.48166E+01
```

4.5.4. Exercícios de Fixação

4.5.4.1. A função $y = f(x)$ passa pelos pontos registrados na tabela 4.10. Pede-se:

a) determinar o valor aproximado de $f(0{,}32)$ usando um polinômio interpolador de 2º grau, ou seja, calcular $P_2(0{,}32)$

b) calcular $P_3(0{,}32)$

c) determinar o valor de $f(0{,}32)$, sabendo que a função $f(x)$ é $x^3 - 4x^2 - 2x + 1$

d) calcular $E_1 = f(0{,}32) - P_2(0{,}32)$ e $E_2 = f(0{,}32) - P_3(0{,}32)$

e) comparar os valores de E_1 e E_2 calculados no item anterior. Sua conclusão era esperada? Por quê?

Observação : Trabalhar com quatro decimais.

Tabela 4.10

x	0,000	0,100	0,300	0,400
y	1,000	0,761	0,067	−0,376

4.5.4.2. Sabe-se que a função $y = f(x)$ é um polinômio de 4º grau e que passa pelos pontos: (0,0; 1,011), (0,5; 1,636), (1,0; 11,011) e (1,5; 51,636).

a) determinar o polinômio interpolador de maior grau possível
b) no cálculo de $P(x)$ foi cometido erro de truncamento? Justificar sua resposta

4.5.4.3. Usar os valores de $e^{0,0}$, $e^{0,2}$, $e^{0,4}$ para determinar o valor aproximado de $e^{0,1}$ e a cota máxima do erro de truncamento cometido.

4.5.4.4. Mostrar que a interpolação linear é um caso particular da interpolação de Lagrange.

4.5.4.5. Mostrar que a interpolação quadrática é um caso particular da interpolação de Lagrange.

4.5.4.6. Calcular o número de operações necessárias para efetuar, uma interpolação quadrática com 4 pontos,

a) usando a fórmula da interpolação lagrangeana
b) usando o método de Gauss para resolver o sistema (secção 2.2.1)

4.5.4.7. Comparar os resultados dos itens (a) e (b) do exercício anterior.

4.5.4.8. Calcular o número de operações necessárias para efetuar uma interpolação, aplicando-se a fórmula de Lagrange tal qual a do exemplo 4.9, caso se disponha de uma tabela de cinco pontos. Comparar o resultado com o obtido no exemplo 4.10.

4.6. DIFERENÇAS DIVIDIDAS

4.6.1. Conceito

Seja $y = f(x)$ a função que contém os pontos distintos (x_i, y_i), $i = 0, 1, 2, \ldots, n$.

A derivada primeira da função $f(x)$ no ponto x_0 é definida por:

$$f'(x_0) = \lim_{x \to x_0} \frac{f(x) - f(x_0)}{x - x_0} \qquad (4.16)$$

A diferença dividida de 1ª ordem é definida como uma aproximação da derivada primeira, ou seja,

$$f[x, x_0] = \frac{f(x) - f(x_0)}{x - x_0} \tag{4.17}$$

São usadas as seguintes notações para diferença dividida:

$f[\quad], [\quad], \Delta y$

Fazendo $x = x_1$ em (4.17), tem-se a diferença dividida de 1ª ordem em relação aos argumentos x_0 e x_1:

$$\Delta y_0 = f[x_1, x_0] = \frac{f(x_1) - f(x_0)}{x_1 - x_0}$$

Pode-se verificar facilmente que:

$$f[x_0, x_1] = f[x_1, x_0] \tag{4.18}$$

Em geral, a diferença dividida de 1ª ordem pode ser definida por:

$$\Delta y_i = f[x_i, x_{i+1}] = \frac{f(x_{i+1}) - f(x_i)}{x_{i+1} - x_i} \tag{4.19}$$

Lembrando que $y_i = f(x_i)$, vem:

$$\Delta y_i = \frac{y_{i+1} - y_i}{x_{i+1} - x_i} \tag{4.20}$$

A diferença dividida de ordem zero é, assim, definida:

$$\Delta^0 y_i = f[x_i] = f(x_i) = y_i \tag{4.21}$$

Pode-se escrever a diferença dividida de 1ª ordem em função da diferença dividida de ordem zero:

$$\Delta y_i = f[x_i, x_{i+1}] = \frac{f(x_{i+1}) - f(x_i)}{x_{i+1} - x_i}$$

$$= \frac{f[x_{i+1}] - f[x_i]}{x_{i+1} - x_i}$$

$$= \frac{\Delta^0 y_{i+1} - \Delta^0 y_i}{x_{i+1} - x_i} \qquad (4.22)$$

Genericamente, a diferença dividida de ordem n é dada por:

$$\Delta^n y_i = f[x_i, x_{i+1}, \ldots, x_{i+n}] =$$

$$= \frac{f[x_{i+1}, x_{i+2}, \ldots, x_{i+n}] - f[x_i, x_{i+1}, \ldots, x_{i+n-1}]}{x_{i+n} - x_i}$$

$$= \frac{\Delta^{n-1} y_{i+1} - \Delta^{n-1} y_i}{x_{i+n} - x_i} \qquad (4.23)$$

Exemplo 4.12

Dada a função tabelada

Tabela 4.11

i	x_i	y_i
0	0,3	3,09
1	1,5	17,25
2	2,1	25,41

pode-se calcular:

$$\Delta y_0 = [x_0, x_1] = \frac{y_1 - y_0}{x_1 - x_0} = \frac{17{,}25 - 3{,}09}{1{,}5 - 0{,}3} = 11{,}80$$

$$\Delta y_1 = [x_1, x_2] = \frac{y_2 - y_1}{x_2 - x_1} = \frac{25{,}41 - 17{,}25}{2{,}1 - 1{,}5} = 13{,}60$$

$$\Delta^2 y_0 = [x_0, x_1, x_2] = \frac{[x_1, x_2] - [x_0, x_1]}{x_2 - x_0} = \frac{13{,}60 - 11{,}80}{2{,}1 - 0{,}3} = 1{,}00$$

E colocando-se tais valores numa tabela vem:

Tabela 4.12

i	x_i	y_i	Δy_i	$\Delta^2 y_i$
0	0,3	3,09	11,38	1,00
1	1,5	17,25	13,60	—
2	2,1	25,41	—	—

Observando a tabela do exemplo 4.12 nota-se que, com três pontos dados, podem ser calculadas duas diferenças divididas de 1ª ordem e uma de 2ª ordem. Genericamente, tendo $n + 1$ pontos disponíveis, pode-se calcular n diferenças divididas de 1ª ordem, $n - 1$ de 2ª ordem e assim sucessivamente, até uma diferença dividida de ordem n.

Teorema 4.3: Se $f(x)$ é uma função polinomial de grau n que passa pelos pontos $(x_0, y_0), (x_1, y_1), \ldots, (x_k, y_k), \ldots, (x_n, y_n)$, então a diferença dividida de ordem k, $f[x, x_i, x_{i+1}, \ldots, x_{i+k-1}]$, é um polinômio de grau $n - k$.

Demonstração por indução

O teorema é verdadeiro para $k = 1$, pois da definição da diferença dividida de 1ª ordem, tem-se:

$$f[x, x_i] = \frac{f(x) - f(x_i)}{x - x_i}$$

$$f(x) = f(x_i) + (x - x_i)\, f[x, x_i]$$

Logo, $f[x, x_i]$ é um polinômio de grau $n - 1$ $(n - k)$, já que $f(x)$ é de grau n, $(x - x_i)$ é de 1º grau e $f(x_i)$ é constante.

Supondo que o teorema seja válido para $k = p - 1$, ou seja, a diferença dividida de ordem $p - 1$, $f[x, x_i, x_{i+1}, \ldots, x_{i+p-2}]$ é um polinômio de grau $n - (p - 1)$, basta, agora, que se prove que ele é válido para $k = p$.

A diferença dividida de ordem p é, por definição, igual a

$$f[x, x_i, x_{i+1}, \ldots, x_{i+p-1}] =$$

$$= \frac{f[x, x_i, \ldots, x_{i+p-2}] - f[x_i, x_{i+1}, \ldots, x_{i+p-1}]}{x - x_{i+p-1}}$$

$f[x_i, x_{i+1}, \ldots, x_{i+p-1}]$ é uma constante, já que entre seus argumentos não há a variável independente x; $f[x, x_i, \ldots, x_{i+p-2}]$ é de grau $n - (p - 1) =$

$= n - p + 1$ por se tratar de uma diferença dividida de ordem $p - 1$, suposta verdadeira na etapa anterior, e $(x - x_{i+p-1})$ é de 1º grau. Logo, $f[x, x_i, x_{i+1}, \ldots, x_{i+p-1}]$ é de grau $n - p$ $(= n - k)$.

Corolário: Se $f(x)$ é uma função polinomial de grau n, então, todas as diferenças divididas de ordem n são iguais a uma constante e as de ordem $n + 1$ são nulas.

Deixamos para o leitor esta demonstração.

4.6.2. Fórmula de Newton para Interpolação com Diferenças Divididas

Sejam os $n + 1$ pontos distintos $(x_i, y_i), i = 0, 1, 2, \ldots, n$ e $P_n(x)$ o polinômio interpolador de grau n que conterá estes pontos.

Pela definição de diferença dividida tem-se:

$$P[x, x_0] = \frac{P_n(x) - P_n(x_0)}{x - x_0}$$

Logo,

$$P_n(x) = P_n(x_0) + (x - x_0)P[x, x_0] \qquad (4.24)$$

Mas, $P[x, x_0, x_1] = \dfrac{P[x, x_0] - P[x_0, x_1]}{x - x_1}$

ou

$$P[x, x_0] = P[x_0, x_1] + (x - x_1)\, P[x, x_0, x_1] \qquad (4.25)$$

Levando (4.25) em (4.24) vem:

$$\begin{aligned} P_n(x) = {} & P_n(x_0) + (x - x_0)\, P[x_0, x_1] + \\ & + (x - x_0)(x - x_1)\, P[x, x_0, x_1] \end{aligned} \qquad (4.26)$$

Mas $\quad P[x, x_0, x_1] = (x - x_2)\ P[x, x_0, x_1, x_2] + P[x_0, x_1, x_2] \quad (4.27)$

Levando (4.27) em (4.26) vem:

$$\begin{aligned} P_n(x) = {} & P_n(x_0) + (x - x_0)\, P[x_0, x_1] + \\ & + (x - x_0)(x - x_1)\, P[x_0, x_1, x_2] + \\ & + (x - x_0)(x - x_1)(x - x_2)\, P[x, x_0, x_1, x_2] \end{aligned} \qquad (4.28)$$

Continuando com o desenvolvimento de $P[x, x_0, x_1, x_2]$ em (4.28), encontra-se:

$$\begin{aligned} P_n(x) &= P_n(x_0) + (x - x_0)\, P[x_0, x_1] + (x - x_0)(x - x_1)P[x_0, x_1, x_2] + \\ &+ (x - x_0)(x - x_1)(x - x_2)P[x_0, x_1, x_2, x_3] + \ldots + \\ &+ (x - x_0)(x - x_1)(x - x_2)\, \ldots\, (x - x_{n-1})P[x_0, x_1, \ldots, x_n] + \\ &+ (x - x_0)(x - x_1)(x - x_2)\, \ldots\, (x - x_n)P[x, x_0, x_1, x_2, \ldots, x_n] \end{aligned}$$

Mas, como $P_n(x)$ é de grau n, resulta que $P[x, x_0, x_1, \ldots, x_n] = 0$ pelo corolário. Fazendo $P_n(x_0) = y_0$, vem:

$$\begin{aligned} P_n(x) &= y_0 + (x - x_0)P[x_0, x_1] + (x - x_0)(x - x_1)P[x_0, x_1, x_2] + \ldots + \\ &+ (x - x_0)(x - x_1)(x - x_2)\ldots(x - x_{n-1})P[x_0, x_1, \ldots, x_n] \qquad (4.29) \end{aligned}$$

Sabe-se que $\Delta^i y_0 = P[x_0, x_1, \ldots, x_i]$. Logo, (4.29) pode ser escrita da seguinte maneira:

$$\begin{aligned} P_n(x) &= y_0 + (x - x_0)\Delta y_0 + (x - x_0)(x - x_1)\Delta^2 y_0 + \ldots + \\ &+ (x - x_0)(x - x_1)\ldots(x - x_{n-1})\Delta^n y_0 \qquad (4.30) \end{aligned}$$

(4.30) é o polinômio interpolador de Newton, usando as diferenças divididas. A fórmula (4.31) se apresenta mais sintética:

$$P_n(x) = y_0 + \sum_{i=1}^{n} \Delta^i y_0 \prod_{j=0}^{i-1} (x - x_j) \qquad (4.31)$$

Exemplo 4.13

Determinar o valor aproximado de $f(0{,}4)$, usando todos os pontos tabelados da função $f(x)$.

Tabela 4.13

i	x_i	y_i
0	0,0	1,008
1	0,2	1,064
2	0,3	1,125
3	0,5	1,343
4	0,6	1,512

a) Construção da tabela das diferenças divididas:

Tabela 4.14

i	x_i	y_i	Δy_i	$\Delta^2 y_i$	$\Delta^3 y_i$	$\Delta^4 y_i$
0	0,0	1,008	0,280	1,100	1,000	0,000
1	0,2	1,064	0,610	1,600	1,000	——
2	0,3	1,125	1,090	2,000	——	——
3	0,5	1,343	1,690	——	——	——
4	0,6	1,512	——	——	——	——

b) Cálculo de $P(0{,}4)$:

$$P(0{,}4) = y_0 + (0{,}4 - x_0) \cdot \Delta y_0 + (0{,}4 - x_0)(0{,}4 - x_1) \cdot \Delta^2 y_0 +$$
$$+ (0{,}4 - x_0)(0{,}4 - x_1)(0{,}4 - x_2) \cdot \Delta^3 y_0 +$$
$$+ (0{,}4 - x_0)(0{,}4 - x_1)(0{,}4 - x_2)(0{,}4 - x_3) \cdot \Delta^4 y_0$$
$$P(0{,}4) = 1{,}216$$

Observação: A construção da tabela abaixo diminui o número de operações a serem feitas.

Tabela 4.15

i	0	1	2	3
$\text{Dif}_i = (x - x_i)$	0,4	0,2	0,1	− 0,1
$\text{Prod}_j = \prod_{j=0}^{i} (x - x_j)$	0,4	0,08	0,008	− 0,0008

$$P(0{,}4) = y_0 + \text{Prod}_0\, \Delta y_0 + \text{Prod}_1\, \Delta^2 y_0 + \text{Prod}_2\, \Delta^3 y_0 + \text{Prod}_3\, \Delta^4 y_0$$
$$P(0{,}4) = 1{,}216$$

4.6.3. Erro de Truncamento

A fórmula de erro de truncamento para a interpolação de Newton é a mesma da de Lagrange (4.15), tendo em vista que as duas utilizam polinômios de mesmo grau.

Exemplo 4.14

Resolver o exemplo 4.10 aplicando o polinômio interpolador de Newton.

a) Construção da tabela de diferenças divididas:

Tabela 4.16

i	x_i	y_i	Δy_i	$\Delta^2 y_i$	$\Delta^3 y_i$	$\Delta^4 y_i$
0	0,00	1,000	10,010	1,300	10,000	10,000
1	0,10	2,001	10,400	7,300	20,000	——
2	0,30	4,081	14,050	25,300	——	——
3	0,60	8,296	31,760	——	——	——
4	1,00	21,000	——	——	——	——

Construção da tabela das diferenças e produtos:

Tabela 4.17

i	0	1	2	3
$\text{Dif}_i = (x - x_i)$	0,2	0,1	− 0,1	− 0,4
$\text{Prod}_j = \prod_{j=0}^{i} (x - x_j)$	0,2	0,02	− 0,002	0,0008

Aplicação da fórmula:

$$P(x) = y_0 + \text{Prod}_0 \Delta y_0 + \text{Prod}_1 \Delta^2 y_0 + \text{Prod}_2 \Delta^3 y_0 + \text{Prod}_3 \Delta^4 y_0$$

$$P(0{,}2) = 3{,}016$$

b) Na construção da tabela foram calculadas 10 diferenças divididas, envolvendo cada uma delas 2 adições e 1 divisão; logo, foram efetuadas 20 (+) e 10 (:).

Na construção da tabela de diferenças e produtos foram realizadas 4 (+) e 3 (x).

Na aplicação da fórmula foram necessárias 4 (+) e 4 (x).

Logo, o total de operações realizadas é o seguinte:

FÓRMULA DE INTERPOLAÇÃO	*nº de adições*	*nº de multiplicações*	*nº de divisões*	*total*
NEWTON	28	7	10	45

4.6.4. Implementação do Método de Newton

Seguem, abaixo, a implementação do método pela sub-rotina DIFDIV e um exemplo de programa para usá-la.

4.6.4.1. SUB-ROTINA DIFDIV

```
C...................................................................
C
C        SUBROTINA DIFDIV
C
C        OBJETIVO :
C             INTERPOLACAO DE UM OU MAIS VALORES NUMA FUNCAO TABELADA
C
C        METODO UTILIZADO :
C             INTERPOLACAO DE NEWTON COM DIFERENCAS DIVIDIDAS
C
C        USO :
C             CALL DIFDIV(TAB,NMAX,MMAX,N,NPI,X,Y)
C
C        PARAMETROS DE ENTRADA :
C             TAB    : MATRIZ QUE CONTEM OS PONTOS CONHECIDOS DA
C                      FUNCAO
C             NMAX   : NUMERO MAXIMO DE LINHAS DECLARADO
C             MMAX   : NUMERO MAXIMO DE COLUNAS DECLARADO
C             N      : NUMERO DE PONTOS DA TABELA
C             NPI    : NUMERO DE PONTOS A SER INTERPOLADO
C             X      : VETOR QUE CONTEM AS ABSCISSAS DOS PONTOS
C                      INTERPOLADOS
C
C        PARAMETROS DE SAIDA :
C             Y      : VETOR QUE CONTEM AS ORDENADAS DOS PONTOS
C                      INTERPOLADOS
C
C...................................................................
C
      SUBROUTINE DIFDIV(TAB,NMAX,MMAX,N,NPI,X,Y)
C
      INTEGER I,IC,IK,IX,IY,J,K,KK,LF,LI,L1,L2,M,MMAX,N,NC,NL,
     F        NMAX,NPI,N1
      REAL P,Q,TAB(NMAX,MMAX),X(NMAX),Y(NMAX)
```

```
      NL=N
      N1=N+1
      M=N-1
      K=1
C
C      MONTAGEM DA TABELA DE DIFERENCAS DIVIDIDAS
C
      DO 20 J=3,N1
        DO 10 I=1,M
          P=TAB(I+1,J-1)-TAB(I,J-1)
          IK=I+K
          Q=TAB(IK,1)-TAB(I,1)
          TAB(I,J)=P/Q
 10     CONTINUE
        M=M-1
        K=K+1
 20   CONTINUE
C
C      FIM DA MONTAGEM
C
C
C      IMPRESSAO DA TABELA DE DIFERENCAS DIVIDIDAS
C
      WRITE(2,21)
 21   FORMAT(1H1,25X,31HTABELA DAS DIFERENCAS DIVIDIDAS,//)
      NC=N1/5
      LI=1
      LF=0
      IF(NC.NE.0)GO TO 40
        K=MOD(N1,5)
        KK=K-2
        WRITE(2,22)(I,I=1,KK)
 22     FORMAT(1H0,4X,1HI,8X,1HX,14X,2HY ,2(12X,3HDIV),/,
   G           1X,2(14X,1HI),1X,2(14X,I1),//)
        DO 30 I=1,N
          IY=N-I+2
          IX=MIN0(5,IY)
          J=I-1
          WRITE(2,23)J,(TAB(I,J),J=1,IX)
 23       FORMAT(4X,I2,4(3X,1PE12.5))
 30     CONTINUE
        GO TO 100
 40     CONTINUE
        DO 80 IC=1,NC
          LF=IC*5
          IF(IC.NE.1)GO TO 60
            WRITE(2,41)(I,I=1,3)
 41         FORMAT(1H0,4X,1HI,8X,1HX,14X,2HY ,3(12X,3HDIV),/,
   G               1X,2(14X,1HI),1X,3(14X,I1),//)
            DO 50 I=1,N
              IY=N-I+2
              IX=MIN0(5,IY)
              J=I-1
              WRITE(2,42)J,(TAB(1,J),J=1,IX)
 42           FORMAT(4X,I2,5(3X,1PE12.5))
 50         CONTINUE
            LI=LF+1
            NL=NL-4
            GO TO 80
 60         CONTINUE
```

```
                  L1=LI-2
                  L2=LF-2
                  WRITE(2,61)(I,I=L1,L2)
   61             FORMAT(1H0,4X,1HI,7X,3HDIV,4(12X,3HDIV),/,
     G                   3X,5(13X,I2),//)
                  DO 70 I=1,NL
                    IY=NL-I+1
                    IX=MIN0(5,IY)
                    L2=LI+IX-1
                    J=I-1
                    WRITE(2,23)J,(TAB(I,J),J=LI,L2)
   70             CONTINUE
                  LI=LF+1
                  NL=NL-5
   80         CONTINUE
              K=MOD(N1,5)
             LF=LF+K
             L1=LI-2
             L2=LF-2
             WRITE(2,61)(I,I=L1,L2
             DO 90 I=1,NL
               IY=NL-I+1
               IX=MIN0(5,IY)
               L2=LI+IX-1
               J=I-1
               WRITE(2,23)J,(TAB(I,J),J=LI,L2)
  90         CONTINUE
 100       CONTINUE
C
C            FIM DA IMPRESSAO
C
C
C            APLICACAO DA FORMULA DE NEWTON
C
        WRITE(2,101)
 101    FORMAT(5(/),5X,20HTABELA DE RESULTADOS,/)
        WRITE(2,102)
 102    FORMAT(1H0,4X,1HI,8X,1HX,14X,1HY,/,15X,1HI,14X,1HI,/)
        DO 120 K=1,NPI
          P=1.
          Y(K)=TAB(1,2)
          DO 110 I=3,N1
            P=P*(X(K)-TAB(I-2,1))
            Y(K)=Y(K)+TAB(1,I)*P
 110      CONTINUE
C
C          IMPRESSAO DOS RESULTADOS
C
          WRITE(2,111)K,X(K),Y(K)
 111      FORMAT(1H0,3X,I2,2(3X,1PE12.5))
 120    CONTINUE
        RETURN
      END
```

4.6.4.2. PROGRAMA PRINCIPAL

```
C
C
C        PROGRAMA PRINCIPAL PARA UTILIZACAO DA SUBROTINA DIFDIV
C
C
      INTEGER I,MMAX,N,NMAX,NPI
      REAL TABELA(20,21),X(20),Y(20)
        NMAX=20
        MMAX=NMAX+1
        READ(1,1)N,NPI
    1   FORMAT(2I2)
C         N       : NUMERO DE PONTOS DA TABELA
C         NPI     : NUMERO DE PONTOS A SER INTERPOLADO
       DO 10 I=1,N
          READ(1,2)TABELA(I,1),TABELA(I,2)
    2     FORMAT(2F10.0)
C         TABELA : MATRIZ QUE CONTEM OS PONTOS CONHECIDOS DA
C                  FUNCAO
   10   CONTINUE
        READ(1,11)(X(I),J=1,NPI)
   11   FORMAT(8F10.0)
C         X       : VETOR QUE CONTEM AS ABSCISSAS DOS PONTOS
C                   INTERPOLADOS
C
        CALL DIFDIV(TABELA,NMAX,MMAX,N,NPI,X,Y)
C
        CALL EXIT
      END
```

Exemplo 4.15

Seja $f(x)$ conhecida apenas nos pontos tabelados abaixo:

Tabela 4.18

i	x_i	y_i
0	1	2,69315
1	3	8,30259
2	6	15,6109
3	7	17,9120
4	9	22,4067
5	11	26,8040
6	15	35,4205
7	18	41,7838

determinar $f(5)$, $f(10,2)$ e $f(17,3)$.

Para resolver este exemplo, usando o programa acima, devem ser fornecidos:
Dados de entrada

8,3
1., 2.69315,
3., 8.3Ø259,
6., 15.61Ø9,
7., 17.912Ø,
9., 22.4Ø67,
11., 26.8Ø4Ø,
15., 35.42Ø5,
18., 41.7838,
5., 1Ø.2, 17.3,

Os resultados obtidos foram:

TABELA DAS DIFERENCAS DIVIDIDAS

I	X_I	Y_I	DIV_1	DIV_2
0	1.00000E+00	2.69315E+00	2.80472E+00	-7.37234E-02
1	3.00000E+00	8.30259E+00	2.43610E+00	-3.37506E-02
2	6.00000E+00	1.56109E+01	2.30110E+00	-1.79170E-02
3	7.00000E+00	1.79120E+01	2.24735E+00	-1.21748E-02
4	9.00000E+00	2.24067E+01	2.19865E+00	-7.42086E-03
5	1.10000E+01	2.68040E+01	2.15413E+00	-4.71807E-03
6	1.50000E+01	3.54205E+01	2.12110E+00	
7	1.80000E+01	4.17838E+01		

I	DIV_3	DIV_4	DIV_5	DIV_6
0	6.66214E-03	-5.02901E-04	3.16588E-05	-1.51886E-06
1	2.63893E-03	-1.86313E-04	1.03947E-05	-4.99349E-07
2	1.14843E-03	-6.15758E-05	2.90451E-06	
3	5.94248E-04	-2.67216E-05		
4	3.00310E-04			

I	DIV_7	DIV
0	5.99712E-08	

TABELA DE RESULTADOS

I	X_I	Y_I
1	5.00000E+00	1.32581E+01

```
2     1.02000E+01    2.50542E+01

3     1.73000E+01    4.02998E+01
```

4.6.5. Comparação entre as Interpolações de Newton e de Lagrange

No quadro abaixo é mostrado o número de operações efetuadas quando são empregadas as fórmulas de interpolação de Newton e de Lagrange para um conjunto de n pontos:

operações / *fórmula*	*nº de adições*	*nº de multiplicações*	*nº de divisões*	*total*
NEWTON	n^2+n-2	$2n-3$	$\frac{n^2-n}{2}$	$\frac{3n^2+5n-10}{2}$
LAGRANGE	n^2+n-1	n^2-1	$2n$	$2n^2+3n-2$

$$\frac{3n^2+5n-10}{2} < 2n^2+3n-2 \quad \text{para } n \geqslant 2$$

O número de operações efetuadas quando se utiliza a fórmula de Newton é inferior ao número de operações da fórmula de Lagrange. Entretanto, se no problema a ser resolvido existem, para um mesmo conjunto de x, várias funções y, nas quais devem ser feitas interpolações, é vantajoso o emprego da fórmula de Lagrange, pois a tabela de diferenças e produtos, uma vez construída, seria usada tantas vezes quantas fossem as interpolações, bastando para isso substituir-se os valores de y.

4.6.6. Exercícios de Fixação

4.6.6.1. A tabela 4.19 relaciona o calor específico da água em função da temperatura. Calcular o calor específico da água a uma temperatura de 25°C, usando um polinômio de 3º grau e:

a) a fórmula de Lagrange
b) a fórmula de Newton
c) comparar os resultados obtidos nos itens anteriores com o valor real 0,99852

Tabela 4.19

TEMPERATURA (°C)	*CALOR ESPECÍFICO*
20	0,99907
30	0,99826
45	0,99849
55	0,99919

4.6.6.2. A velocidade v (em m/s) de um foguete lançado do solo foi medida quatro vezes, t segundos após o lançamento, e os dados foram registrados na tabela 4.20. Calcular usando um polinômio de 4º grau, a velocidade aproximada do foguete após 25 segundos do lançamento.

Tabela 4.20

tempo (s)	0	8	20	30	45
velocidade (m/s)	0,000	52,032	160,450	275,961	370,276

4.6.6.3. A figura 4.3 mostra o esboço do leito de um rio. A partir de uma linha reta, próxima a uma das margens, foram medidas distâncias (em m) entre esta linha reta e as duas margens do rio, de 15 em 15 metros, a partir de um ponto tomado como origem. Tais dados foram registrados na tabela 4.21. Determinar o valor aproximado da largura do rio nos pontos que distam 10, 20, 40 e 50 metros da origem (tomados na linha reta).

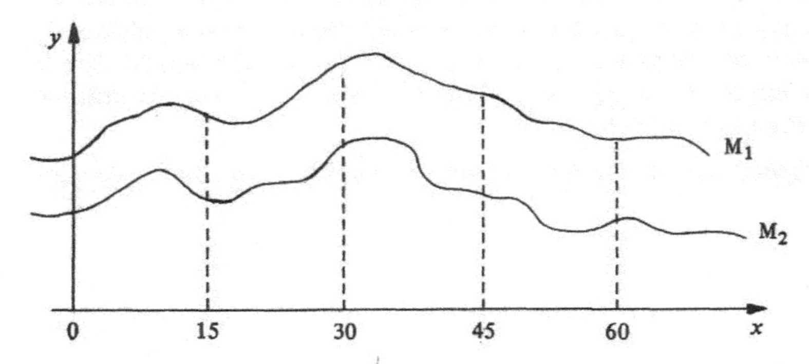

Figura 4.3

Tabela 4.21

x	0	15	30	45	60
$y\ (M_1)$	50,00	86,00	146,00	73,50	50,00
$y\ (M_2)$	112,50	154,50	195,00	171,00	95,50

4.7. INTERPOLAÇÃO COM DIFERENÇAS FINITAS

4.7.1. Conceito de Diferença Finita

Muitas vezes são encontrados problemas de interpolação cuja tabela de valores conhecidos tem, de certa forma, características especiais, ou seja, os valores de x_i $(i = 0, 1, 2, \ldots, n)$ são igualmente espaçados.

Assim, $x_{i+1} - x_i = h$, para todo i, sendo h uma constante.

Exemplo 4.16

Seja a função $f(x)$ definida pela tabela:

Tabela 4.22

i	x_i	y_i
0	0,01	1,01
1	0,03	1,09
2	0,05	1,25
3	0,07	1,49

Os valores de x são igualmente espaçados e $h = 0{,}02$

Caso fosse pedido para se determinar $f(0{,}02)$, $f(0{,}04)$ e $f(0{,}065)$, conhecendo-se os valores da função $f(x)$, que constam da tabela do exemplo 4.16, sem dúvida alguma seria possível encontrar uma aproximação para cada valor pedido usando-se a fórmula de interpolação de Lagrange ou a de Newton. Contudo, deve-se aproveitar o fato de que tais pontos possuem abscissas com espaçamento constante, o que simplifica a fórmula de Newton.

Em primeiro lugar, é necessário introduzir uma variável auxiliar z, cujo valor é dado por:

$$z = \frac{x - x_0}{h}$$

Logo,

$$(x - x_0) = zh$$

$$(x - x_1) = (x - (x_0 + h)) = x - x_0 - h = zh - h = h(z - 1)$$

$$\vdots$$

$$(x - x_{n-1}) = (x - (x_0 + (n-1)h)) = x - x_0 - (n-1)h =$$

$$= zh - (n-1)h = h(z - (n-1))$$

Assim, levando estes últimos valores na fórmula (4.30) vem:

$$P_n(x) = y_0 + hz \cdot \Delta y_0 + h^2 z(z-1) \cdot \Delta^2 y_0 + \ldots + \\ + h^n z(z-1)\ldots(z-(n-1)) \cdot \Delta^n y_0 \qquad (4.32)$$

Torna-se agora necessário introduzir o conceito de diferença finita (válido apenas quando $x_{i+1} - x_i = h$, para todo i):

a) de ordem zero: $\Delta^0 y_i = y_i$ (4.33)

b) de primeira ordem: $\Delta y_i = y_{i+1} - y_i = \Delta^0 y_{i+1} - \Delta^0 y_i$ (4.34)

c) de segunda ordem: $\Delta^2 y_i = \Delta y_{i+1} - \Delta y_i$ (4.35)

d) de orden n: $\Delta^n y_i = \Delta^{n-1} y_{i+1} - \Delta^{n-1} y_i$ (4.36)

Exemplo 4.17

Construir a tabela das diferenças finitas para a função dada pela tabela 4.23.

Tabela 4.23

x	y
3,5	9,82
4,0	10,91
4,5	12,05
5,0	13,14
5,5	16,19

Tabela 4.24

i	x_i	y_i	Δy_i	$\Delta^2 y_i$	$\Delta^3 y_i$	$\Delta^4 y_i$
0	3,5	9,82	1,09	0,05	− 0,10	2,11
1	4,0	10,91	1,14	− 0,05	2,01	—
2	4,5	12,05	1,09	1,96	—	—
3	5,0	13,14	3,05	—	—	—
4	5,5	16,19	—	—	—	—

O teorema a seguir relaciona as diferenças divididas e finitas.

4.7.2. Fórmula de Gregory-Newton

Teorema 4.4: Seja a função $y = f(x)$ definida pelos pontos (x_i, y_i), $i = 0, 1, 2, ..., n$, tais que $x_{i+1} - x_i = h$, para todo i.

$$\mathbf{\Delta}^n y_i = \frac{\Delta^n y_i}{n!\, h^n}$$

Por indução:

Para $n = 1$ o teorema é válido, pois:

$$\mathbf{\Delta} y_i = \frac{y_{i+1} - y_i}{x_{i+1} - x_i} = \frac{\Delta y_i}{h} = \frac{\Delta^1 y_i}{1!\, h^1}$$

Supondo-se que ele seja válido para $n = p - 1$

$$\mathbf{\Delta}^{p-1} y_i = \frac{\Delta^{p-1} y_i}{(p-1)!\, h^{(p-1)}}$$

pode-se provar que ele é válido para $n = p$:

$$\mathbf{\Delta}^p y_i = \frac{\mathbf{\Delta}^{p-1} y_{i+1} - \mathbf{\Delta}^{p-1} y_i}{x_{i+p} - x_i} \qquad \text{por definição.}$$

Mas

$$\mathbf{\Delta}^{p-1} y_{i+1} = \frac{\Delta^{p-1} y_{i+1}}{(p-1)!\, h^{(p-1)}} \qquad \text{e}$$

$$\mathbf{\Delta}^{p-1} y_i = \frac{\Delta^{p-1} y_i}{(p-1)!\, h^{(p-1)}} \qquad \text{e}$$

$$x_{i+p} - x_i = ph$$

Então,

$$\mathbf{\Delta}^p y_i = \frac{\left[\dfrac{\Delta^{p-1} y_{i+1}}{(p-1)!\, h^{(p-1)}}\right] - \left[\dfrac{\Delta^{p-1} y_i}{(p-1)!\, h^{(p-1)}}\right]}{ph}$$

$$\Delta^p y_i = \frac{\Delta^{p-1} y_{i+1} - \Delta^{p-1} y_i}{p(p-1)!\,h \cdot h^{p-1}} = \frac{\Delta^p y_i}{p!\,h^p}$$

Levando o resultado do teorema na fórmula (4.32) vem:

$$P_n(x) = y_0 + hz \cdot \frac{\Delta y_0}{1!\,h} + h^2 z(z-1) \cdot \frac{\Delta^2 y_0}{2!\,h^2} + \ldots +$$

$$+ h^n z(z-1)\ldots(z-(n-1)) \cdot \frac{\Delta^n y_0}{n!\,h^n}$$

ou

$$P_n(x) = y_0 + \frac{z}{1!} \cdot \Delta y_0 + \frac{z(z-1)}{2!} \cdot \Delta^2 y_0 + \ldots +$$

$$+ \frac{z(z-1)\ldots(z-(n-1))}{n!} \cdot \Delta^n y_0 \tag{4.37}$$

que é conhecida como a fórmula de interpolação para diferenças finitas de Gregory-Newton.

O leitor deve mostrar que o erro de truncamento pode ser escrito como:

$$E_T = h^{n+1} z(z-1)(z-2)\ldots(z-n) \cdot \frac{f^{(n+1)}(\xi)}{(n+1)!} \tag{4.38}$$

Exemplo 4.18

Resolver o exemplo 4.1 empregando a fórmula de interpolação de Gregory-Newton.

a) Construção da tabela das diferenças finitas:

Tabela 4.25

i	x_i	y_i	Δy_i	$\Delta^2 y_i$	$\Delta^3 y_i$
0	1950	352.724	331.184	219.938	–191.100
1	1960	683.908	551.122	28.838	——
2	1970	1.235.030	579.960	——	——
3	1980	1.814.990	——	——	——

b) Cálculo do valor de z:

$$z = \frac{x - x_0}{h} = \frac{1975 - 1950}{10} = 2{,}5$$

c) Cálculo de $P_3(1975)$:

$$P_3(1975) = 352.724 + 2{,}5 \cdot 331.184 + \frac{2{,}5\,(2{,}5 - 1)}{2\,!} \cdot 219.938 +$$

$$+ \frac{2{,}5\,(2{,}5 - 1)\,(2{,}5 - 2)}{3\,!} \cdot (-191.100)$$

$$P_3(1975) = 1.533.349$$

Em 1975, Belo Horizonte tinha, aproximadamente, 1.533.349 habitantes.

Exemplo 4.19

Dada a função $y = f(x)$, conhecida pelos pontos da tabela abaixo, calcular:

a) $P_4(0{,}25)$, empregando a fórmula de Gregory-Newton

b) o número de operações efetuadas no cálculo do item (a)

Tabela 4.26

i	x_i	y_i
0	0,10	0,125
1	0,20	0,064
2	0,30	0,027
3	0,40	0,008
4	0,50	0,001

a) Cálculo de $P_4(0{,}25)$:

a1) construção da tabela de diferenças finitas:

Tabela 4.27

i	x_i	y_i	Δy_i	$\Delta^2 y_i$	$\Delta^3 y_i$	$\Delta^4 y_i$
0	0,10	0,125	−0,061	0,024	−0,006	0,000
1	0,20	0,064	−0,037	0,018	−0,006	—
2	0,30	0,027	−0,019	0,012	—	—
3	0,40	0,008	−0,007	—	—	—
4	0,50	0,001	—	—	—	—

a2) Cálculo de z:

$$z = \frac{x - x_0}{h} = \frac{0{,}25 - 0{,}10}{0{,}10} = 1{,}5$$

a3) cálculo de $P_4(0{,}25)$.

$$P_4(0{,}25) = 0{,}125 + 1{,}5 \cdot (-0{,}061) + \frac{1{,}5 \cdot (0{,}5)}{2} \cdot 0{,}024 +$$

$$+ \frac{1{,}5 \cdot (0{,}5) \cdot (-0{,}5)}{6} \cdot (-0{,}0006) +$$

$$+ \frac{1{,}5 \cdot (0{,}5) \cdot (-0{,}5) \cdot (-1{,}5)}{24} \cdot 0{,}000$$

$$P_4(0{,}25) = 0{,}043$$

b) Cálculo do número de operações efetuadas em (a):

b1) tabela de diferenças finitas:

10 adições

b2) cálculo de z:

1 adição
1 divisão

b3) cálculo de $P_4(0{,}25)$:

10 adições
10 multiplicações
3 divisões

Total: 23 operações

4.7.3. Comparação entre as Interpolações de Newton e de Gregory-Newton

Para interpolar um valor usando a fórmula de Gregory-Newton numa tabela de n pontos são necessárias:

a) na construção da tabela de diferenças finitas:

$\frac{n^2 - n}{2}$ (+)

b) no cálculo de z:

1 (+)
1 (:)

c) na construção da tabela de diferenças e produtos de z:

i	0	1	...	$n - 2$
$\text{Dif}_i = z - i$	z	$z - 1$	...	$z - (n - 2)$
$\prod_{j=0}^{i} \text{Dif}_j$	z	$z(z - 1)$	...	$z(z - 1)\ldots(z - (n - 2))$

$n - 2$ (+)
$n - 2$ (x)

d) no cálculo de $P_{n-1}(x)$

$n - 1$ (+)
$n - 1$ (x)
$n - 2$ (:)

ou seja, $\frac{n^2 + 3n - 4}{2}$ (+), $2n - 3$ (x), $n - 1$ (:)

Resumindo:

operações / *fórmula*	*nº de adições*	*nº de multiplicações*	*nº de divisões*	*total*
NEWTON	$n^2 - n - 2$	$2n - 3$	$\frac{n^2 - n}{2}$	$\frac{3n^2 + 5n - 10}{2}$
GREGORY-NEWTON	$\frac{n^2 + 3n - 4}{2}$	$2n - 3$	$n - 1$	$\frac{n^2 + 9n - 12}{2}$

$$\frac{n^2 + 9n - 12}{2} < \frac{3n^2 + 5n - 10}{2} \quad \text{para } n \geqslant 2$$

Portanto, o método de Gregory-Newton deve ser usado sempre que a tabela for composta por pontos eqüidistantes.

4.7.4. Exercícios de Fixação

4.7.4.1. Resolver o exercício 4.6.6.3 empregando a fórmula de Gregory-Newton.

4.7.4.2. Na tabela 4.28, d é a distância, em metros, que uma bala percorre ao longo do cano de um canhão em t segundos. Encontrar a distância percorrida pela bala 5 segundos após ter sido disparada, usando todos os dados abaixo.

Tabela 4.28

t (s)	0	2	4	6	8
d (m)	0,000	0,049	0,070	0,087	0,103

4.7.4.3. Durante três dias consecutivos foi tomada a temperatura (em °C) numa região de uma cidade, por quatro vezes no período das 6 às 12 horas. Determinar, usando todos os dados da tabela 4.29, a média das temperaturas dos três dias às 9 horas.

Tabela 4.29

hora \ *dia*	*1*	*2*	*3*
6	18	17	18
8	20	20	21
10	24	25	22
12	28	27	23

4.7.4.4. Dada a função $f(x) = 10x^4 + 2x + 1$, usando os valores de $f(0{,}0)$, $f(0{,}1)$, $f(0{,}2)$ e $f(0{,}3)$, calcular $P_3(0{,}15)$.

4.7.4.5. Qual é a cota máxima do erro de truncamento cometido no cálculo do exercício anterior?

4.8. EXEMPLO DE APLICAÇÃO DE INTERPOLAÇÃO

4.8.1. Descrição do Problema

Um fazendeiro, verificando a necessidade de construir um novo estábulo, escolheu um local próximo a uma nascente, de forma que, perto do estábulo, pudesse ter também um reservatório de água. Junto à nascente ele construiu uma barragem e instalou um carneiro, para que a água pudesse chegar ao reservatório.

Verificou-se que:

a) A vazão da fonte de alimentação era aproximadamente de 30 litros por minuto. (Quantidade de água que aflui ao carneiro.)

b) A altura de queda era de 6 metros. (Altura entre o carneiro e o nível da água da fonte de alimentação.)

O reservatório se encontrava a uma altura de recalque de 46 metros. (Altura entre o carneiro e o nível da água no reservatório.)

Munido destes dados, o fazendeiro gostaria de saber quantas vacas leiteiras poderiam ocupar o estábulo, sabendo que o consumo diário de cada uma, incluindo asseio do estábulo, é de 120 litros.

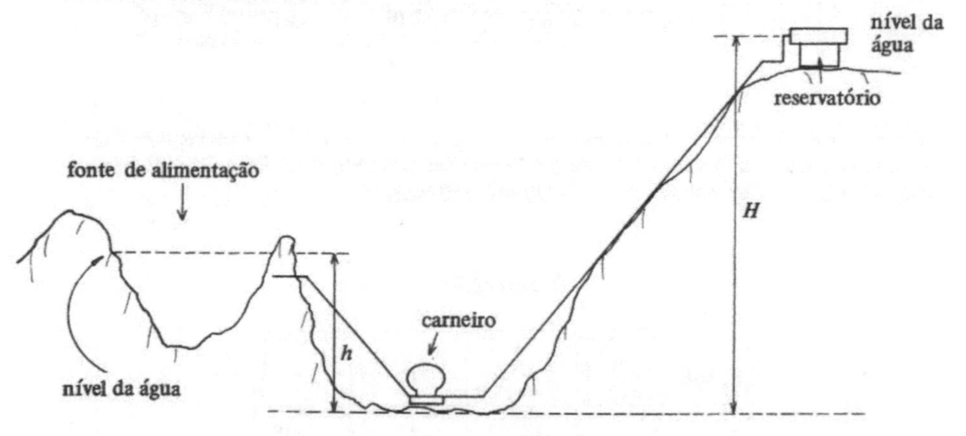

4.8.2. Modelo Matemático

Para resolver o problema deve-se calcular a vazão de recalque, que é a quantidade de água elevada. Para isso tem-se de aplicar a fórmula:

$$q = Q\frac{h}{H}R$$

onde: q — vazão de recalque
Q — vazão da fonte de alimentação
h — altura de queda
H — altura de recalque
R — rendimento do carneiro

Conclui-se, portanto, que para determinar o valor de q é necessário conhecer o rendimento do carneiro.

A tabela 4.30 relaciona a razão entre as alturas H/h e o rendimento do carneiro instalado.

Tabela 4.30

H/h	R
6,0	0,6728
6,5	0,6476
7,0	0,6214
7,5	0,5940
8,0	0,5653
8,5	0,5350
9,0	0,5029

Como $H = 46$ m e $h = 6$ m, tem-se $\frac{H}{h} = \frac{46}{6} = 7{,}67$.

Consultando-se a tabela verificou-se que para calcular o R associado ao valor de H/h encontrado deveria ser feita uma interpolação.

4.8.3. Solução Numérica

Como os pontos da tabela são igualmente espaçados é conveniente empregar a fórmula de interpolação de Gregory-Newton, por ser apropriada para conjuntos de pontos como este e exigir um menor esforço computacional.

a) Construção da tabela das diferenças finitas:

Tabela 4.31

i	x_i	y_i	Δy_i	$\Delta^2 y_i$	$\Delta^3 y_i$	$\Delta^4 y_i$	$\Delta^5 y_i$	$\Delta^6 y_i$
0	6,0	0,6728	−0,0252	−0,0010	−0,0002	0,0001	−0,0003	0,0006
1	6,5	0,6476	−0,0262	−0,0012	−0,0001	−0,0002	0,0003	—
2	7,0	0,6214	−0,0274	−0,0013	−0,0003	0,0001	—	—
3	7,5	0,5940	−0,0287	−0,0016	−0,0002	—	—	—
4	8,0	0,5653	−0,0303	−0,0018	—	—	—	—
5	8,5	0,5350	−0,0321	—	—	—	—	—
6	9,0	0,5029	—	—	—	—	—	—

b) Cálculo do valor de z:

$$z = \frac{x - x_0}{h} = \frac{7,67 - 6,0}{0,5} = 3,34$$

c) Cálculo de $P(7,67) \cong R$:

$$P(7,67) = 0,6728 + 3,34 \times (-0,0252) + \frac{3,34 \times 2,34}{2} (-0,0010) +$$

$$+ \frac{3,34 \times 2,34 \times 1,34}{6} \times (-0,0002) + \frac{3,34 \times 2,34 \times 1,34 \times 0,34}{24} \times 0,0001 +$$

$$+ \frac{3,34 \times 2,34 \times 1,34 \times 0,34 \times (-0,66)}{120} \times (-0,0003) +$$

$$+ \frac{3,34 \times 2,34 \times 1,34 \times 0,34 \times (-0,66) \times (-1,66)}{720} \times 0,0006$$

$P(7,67) = 0,5844$, logo $R \cong 0,5844$

Substituindo os valores conhecidos na fórmula $q = Q \frac{h}{H} R$, vem:

$$q = 30 \times \frac{6}{46} \times 0,5844 = 2,29 \text{ litros/minuto.}$$

Logo, em um dia entram no reservatório 2,29 x 60 x 24 = 3.297,60 litros de água.

Ora, como uma vaca leiteira consome 120 litros de água por dia, incluindo o asseio do estábulo, conclui-se daí que o estábulo comporta 27,48 vacas.

4.8.4. Análise do Resultado

O fazendeiro pode colocar até 27 vacas leiteiras no estábulo, pois a quantidade de água lançada pelo carneiro é suficiente para mantê-las.

4.9. EXERCÍCIOS PROPOSTOS

4.9.1. Determinar $P_3(\pi/4)$ sabendo que:

$P_3(0) = 1$ $\qquad$ $P_3(\pi/3) = 1/2$

$P_3(\pi/6) = \sqrt{3}/2$ $\qquad$ $P_3(\pi/2) = 0$

4.9.2. A função cos x passa pelos pontos da função $P_3(x)$ citados no exercício anterior. Calcular o erro de truncamento máximo cometido na aproximação da função trigonométrica pela polinomial. Comparar o resultado obtido no exercício 4.9.1 com o dado pela calculadora.

4.9.3. Determinar, usando todos os valores conhecidos das funções $F(x)$ e $G(x)$, o valor de $F(G(0{,}25))$.

Tabela 4.32

x	$F(x)$
1,000	0,000
1,100	0,210
1,300	0,690
1,600	1,560
2,000	3,000

Tabela 4.33

x	$G(x)$
0,000	1,001
0,200	1,083
0,400	1,645
0,600	3,167
0,800	6,129

4.9.4. Determinar o polinômio interpolador que aproxima a função $F(x)$ dada pela tabela 4.32.

4.9.5. Usar a fórmula de interpolação de Gregory-Newton para determinar a função polinomial que passa pelos pontos dados pela tabela 4.33.

4.9.6. Os problemas até agora vistos são da forma:

"Dada a tabela de uma função $y_i = f(x_i)$, $i = 0, 1, 2, \ldots, n$, pede-se para determinar o valor aproximado de $\bar{y}$ correspondente a um $\bar{x}$ não pertencente à tabela e compreendido entre os valores de x_0 e x_n".

Entretanto, o problema inverso pode ser encontrado.

"Dado um $\bar{y}$ não pertencente à tabela e compreendido entre y_0 e y_n, determinar o valor aproximado de $\bar{x}$ que lhe é associado".

Este é um problema de interpolação inversa e, para resolvê-lo, basta fazer uma troca de variáveis. O que era variável independente passará a ser dependente e vice-versa.

Resolver o problema abaixo considerando o que acabou de ser exposto:

Determinar o valor aproximado de x para $y = 0{,}9500$, usando todos os valores da função $y = \text{sen}\, x$, x em radianos, registrados na tabela 4.34.

Tabela 4.34

i	0	1	2	3
x_i	1,7500	1,8000	1,8500	1,9000
y_i	0,9840	0,9738	0,9613	0,9463

4.9.7. Com as tabelas 4.32 e 4.33 do exercício 4.9.3, calcular o valor aproximado de x para que se tenha $F(G(x)) = 0{,}500$.

4.9.8. Usando quatro pontos da tabela 4.20 do exercício 4.6.6.2, determinar aproximadamente o tempo gasto para o foguete atingir uma velocidade de 150 m/s.

4.9.9. Construir a tabela de log x, usando 6 pontos igualmente espaçados, de tal forma que $x_0 = 2{,}00$ e $x_5 = 3{,}00$. Determinar o valor aproximado de x tal que $\log x = 0{,}40$.

4.9.10. Usando quatro pontos da função $f(x) = x^2$, para x igual a 1, 2, 3 e 4, determinar o valor aproximado de $\sqrt{12}$.

4.9.11. Considerando a tabela 4.35, onde estão representados alguns pontos da função $f(x) = \sqrt[3]{x}$, determinar o valor aproximado de $0{,}5^3$.

Tabela 4.35

x	0,000	0,008	0,064	0,216	0,512
$f(x)$	0,000	0,200	0,400	0,600	0,800

4.9.12. Usando a tabela construída no exercício 4.9.9, determinar o valor aproximado de log 2,5.

4.9.13. Usando a tabela construída no exercício 4.9.10, determinar o valor aproximado de $f(3{,}5)$.

4.9.14. Considerando a tabela 4.35, calcular aproximadamente o valor de $\sqrt[3]{0{,}050}$.

4.9.15. A que temperatura a água entra em ebulição no Pico da Bandeira (altitude = 2.890 m), sabendo que o ponto de ebulição da água varia com a altitude, conforme mostra a tabela 4.36. (Usar os cinco pontos mais próximos de 2.890 m.)

Tabela 4.36

Altitude (m)	*Ponto de Ebulição da Água* (°C)
850	97,18
950	96,84
1.050	96,51
1.150	96,18
1.250	95,84
.	.
.	.
.	.
2.600	91,34
2.700	91,01
2.800	90,67
2.900	90,34
3.000	90,00

4.9.16. Usando os cinco primeiros pontos da tabela 4.36, determinar o ponto de ebulição da água em um local de Belo Horizonte que possui altitude igual a 1.000 m.

4.9.17. A velocidade do som na água varia com a temperatura. Usando os valores da tabela 4.37, determinar o valor aproximado da velocidade do som na água a 100°C.

Tabela 4.37

Temperatura (°C)	*Velocidade* (m/s)
86,0	1.552
93,3	1.548
98,9	1.544
104,4	1.538
110,0	1.532

4.9.18. A tabela 4.38 relaciona a quantidade ideal de calorias, em função da idade e do peso, para homens e mulheres que possuem atividade física moderada e vivem a uma temperatura ambiente média de 20°C.

Determinar a cota aproximada de calorias para um homem:

a) de 30 anos que pesa 70 quilos

b) de 45 anos que pesa 62 quilos

c) de 50 anos que pesa 78 quilos

Tabela 4.38

PESO	*COTA DE CALORIAS* (em kcal)					
	Idade (em anos) Homens			*Idade (em anos) Mulheres*		
(kg)	25	45	65	25	45	65
40	–	–	–	1.750	1.650	1.400
50	2.500	2.350	1.950	2.050	1.950	1.600
60	2.850	2.700	2.250	2.350	2.200	1.850
70	3.200	3.000	2.550	2.600	2.450	2.050
80	3.550	3.350	2.800	–	–	–

4.9.19. Usando 3 pontos da tabela 4.38, determinar aproximadamente a cota de calorias para uma mulher de:

a) 25 anos e 46 quilos

b) 30 anos e 50 quilos

e) 52 anos e 62 quilos

4.9.20. Um automóvel percorreu 160 km numa rodovia que liga duas cidades e gastou, neste trajeto, 2 horas e 20 minutos. A tabela 4.39 dá o tempo gasto e a distância percorrida em alguns pontos entre as duas cidades.

Tabela 4.39

TEMPO (min)	*DISTÂNCIA* (m)
0	0,00
10	8,00
30	27,00
60	58,00
90	100,00
120	145,00
140	160,00

Determinar:

a) Qual foi aproximadamente a distância percorrida pelo automóvel nos primeiros 45 minutos de viagem, considerando apenas os quatro primeiros pontos da tabela?

b) Quantos minutos o automóvel gastou para chegar à metade do caminho?

Capítulo 5

Integração

5.1. INTRODUÇÃO

Se uma função $f(x)$ é contínua em um intervalo $[a, b]$ e sua primitiva $F(x)$ é conhecida, então a integral definida desta função neste intervalo é dada por:

$$\int_a^b f(x)\, dx = F(b) - F(a) \qquad (5.1)$$

onde $F'(x) = f(x)$

Entretanto, em alguns casos, o valor desta primitiva $F(x)$ não é conhecido ou de fácil obtenção, o que dificulta ou mesmo impossibilita o cálculo desta integral.

Por outro lado, em situações práticas, nem sempre se tem a função a ser integrada definida por uma fórmula analítica, e sim por meio de tabela de pontos, o que torna inviável a utilização da equação (5.1.).

Para se calcular o valor da integral definida de $f(x)$, nas duas situações citadas acima ou em qualquer outra, torna-se necessária a utilização de métodos numéricos.

A solução numérica de uma integral simples é comumente chamada de quadratura.

Os métodos mais utilizados e que serão vistos neste capítulo podem ser classificados em dois grupos:

1) As fórmulas de Newton-Côtes que empregam valores de $f(x)$, onde os valores de x são igualmente espaçados.

2) A fórmula de quadratura gaussiana que utiliza pontos diferentemente espaçados, onde este espaçamento é determinado por certas propriedades de polinômios ortogonais.

Dentre as fórmulas de Newton-Côtes, serão vistas as seguintes: regra dos trapézios e 1ª e 2ª regras de Simpson.

Para a obtenção das fórmulas de Newton-Côtes, é utilizado o polinômio interpolador de Gregory-Newton:

$$P_n(x) = y_0 + z\,\Delta y_0 + \frac{z(z-1)}{2!}\cdot\Delta^2 y_0 + \frac{z(z-1)(z-2)}{3!}\cdot\Delta^3 y_0 +$$

$$+ \ldots + \frac{z(z-1)(z-2)\ldots(z-n+1)}{n!}\cdot\Delta^n y_0 + R_n \qquad (5.2)$$

onde $z = \dfrac{x - x_0}{h}$

R_n é o resíduo da interpolação:

$$R_n = \frac{z(z-1)(z-2)\ldots(z-n)}{(n+1)!}\cdot h^{n+1}\, f^{(n+1)}(\&) \qquad a \leqslant \& \leqslant b \qquad (5.3)$$

$P_n(x)$ é o polinômio de n-ésimo grau.

Aproximando a função $f(x)$ em (5.1), pelo polinômio de Gregory-Newton, e integrando-o, obter-se-ão as fórmulas de Newton-Côtes.

Esta aproximação se justifica, pois este polinômio é de fácil integração.

5.2. REGRA DOS TRAPÉZIOS

5.2.1. Obtenção da Fórmula

Para a determinação da regra dos trapézios, é utilizado o polinômio de Gregory-Newton do 1º grau, ou seja, uma reta.

Fazendo $n = 1$ em (5.2) e levando à equação (5.1) tem-se:

$$I = \int_a^b f(x)\,dx \doteq \int_a^b P_1(x)\,dx = \int_a^b \left[y_0 + z\,\Delta y_0\right] dx$$

Como $z = \dfrac{x - x_0}{h} \Rightarrow dx = h\,dz$

Considerando $a = x_0$ e $b = x_1$ os intervalos de integração, tem-se para:

$$x = a \Rightarrow z = \frac{x_0 - x_0}{h} = 0$$

$$x = b \Rightarrow z = \frac{x_1 - x_0}{h} = 1$$

Logo,

$$I = \int_a^b \left[y_0 + z\,\Delta y_0\right] h \cdot dz = h\left[z y_0 + \frac{z^2}{2}\,\Delta y_0\right]_0^1 =$$

$$= h\left[y_0 + 0{,}5\,\Delta y_0\right] = h\left[y_0 + 0{,}5\,(y_1 - y_0)\right]$$

$$I = \frac{h}{2}\,(y_0 + y_1) \qquad (5.4)$$

que é a fórmula dos trapézios ou regra dos trapézios.

5.2.2. Interpretação Geométrica

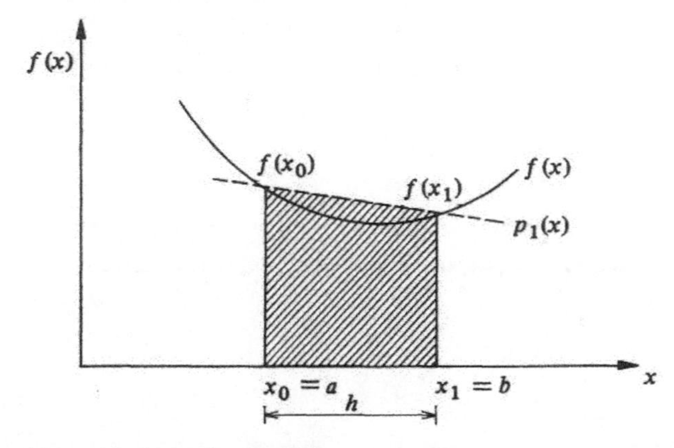

Figura 5.1. Regra dos trapézios.

Pelos dois pontos do extremo do intervalo, fez-se passar uma reta e a integral de $f(x)$ foi aproximada pela área sob esta reta. Da geometria, sabe-se que a área deste trapézio formado é:

$$A = \frac{h}{2}\Big[f(x_0) + f(x_1) \Big]$$

que é a própria fórmula dos trapézios.

5.2.3. Erro de Truncamento

A diferença entre a integral exata de $f(x)$ (área sob a curva $f(x)$) e a integral aproximada (trapézio) é o erro de integração. Tal erro é devido ao erro de truncamento cometido na aproximação da função integranda pelo polinômio de Gregory-Newton. Para a determinação desta área (do erro), basta que se integre o resíduo do polinômio interpolador (fórmula (5.3)).

$$E = \int_a^b R_1 \; dx \doteq \int_0^1 \frac{z(z-1)h^2}{2!} \; f''(\&) \; h \; dz$$

$$= h^3 \; f''(\&) \cdot \frac{1}{2!} \cdot \left[\frac{z^3}{3} - \frac{z^2}{2} \right]_0^1$$

$$E = \frac{-h^3}{12} \; f''(\&) \; , \quad a \leqslant \& \leqslant b \tag{5.5}$$

É interessante notar que nesta fórmula de erro, se $f'' > 0$, então a fórmula dos trapézios dá um valor de integral por excesso; mas, se $f'' < 0$, resulta um valor de integral por falta.

Exemplo 5.1

Calcular, pela regra dos trapézios e, depois, analiticamente, o valor de:

$$I = \int_{3,0}^{3,6} \frac{dx}{x}$$

Comparar os resultados.

a) Pela regra dos trapézios:

$$I = \frac{h}{2}(y_0 + y_1)$$

Como $y = 1/x$, então:

$$y_0 = 1/x_0 = 1/3$$

$$y_1 = 1/x_1 = 1/3{,}6$$

$$h = x_1 - x_0 = 3{,}6 - 3{,}0 = 0{,}6$$

Logo,

$$I = \frac{0{,}6}{2}(1/3 + 1/3{,}6) = 0{,}18333$$

Cálculo do erro:

$$E = \frac{-h^3}{12} f''(\&) = \frac{-h^3}{12} \cdot \frac{2}{\&^3}$$

Como

$$3 < \& < 3{,}6$$

então

$$|\, f''(\&) \,|_{\text{máx}} = \frac{2}{\&^3} = \frac{2}{3^3} = \frac{2}{27}$$

$$E = -\frac{(0{,}6)^3}{12} \cdot \frac{2}{27} = -1{,}333 \cdot 10^{-3}$$

Então:

$$I = 0{,}18333 - 1{,}333 \cdot 10^{-3} = 0{,}18200$$

b) Pelo cálculo integral:

$$\int_{3,0}^{3,6} 1/x \; dx = \ln(3{,}6) - \ln(3{,}00) = 0{,}18232$$

5.2.4. Fórmula Composta

Uma forma que se tem de melhorar o resultado obtido utilizando-se a regra dos trapézios é subdividindo o intervalo $[a, b]$ em n subintervalos de amplitude h e a cada subintervalo aplicar-se a regra dos trapézios (fórmula (5.4)).

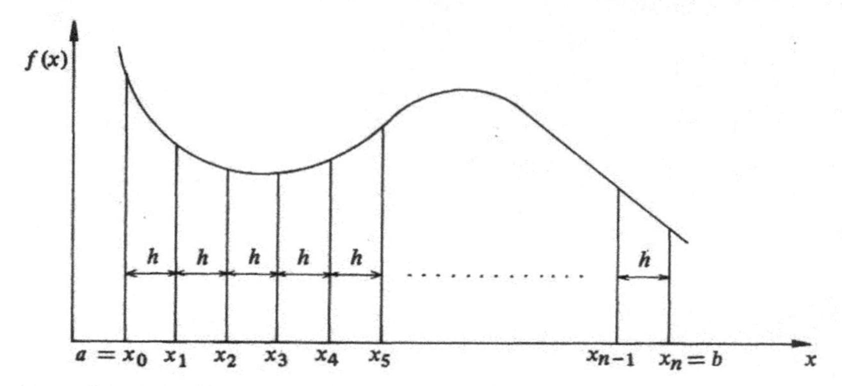

Figura 5.2. Aplicações sucessivas da regra dos trapézios.

$$I = \frac{h}{2}(y_0 + y_1) + \frac{h}{2}(y_1 + y_2) + \ldots + \frac{h}{2}(y_{n-1} + y_n)$$

$$I = \frac{h}{2}(y_0 + 2y_1 + 2y_2 + \ldots + 2y_{n-1} + y_n) \qquad (5.6)$$

5.2.5. Erro de Truncamento

O erro total cometido é a soma dos erros cometidos na aplicação da fórmula dos trapézios a cada subintervalo.

$$E = E_0 + E_1 + E_2 + \ldots + E_{n-1} \qquad (5.7)$$

onde E_i é o erro cometido na aplicação da regra dos trapézios no intervalo cujos extremos são x_i e x_{i+1}, ou seja,

$$E_i = \frac{-h^3}{12} f''(\mathcal{E}) \qquad (5.8)$$

$$x_i \leqslant \mathcal{E}_i \leqslant x_{i+1}$$

Levando (5.8) em (5.7), tem-se:

$$E = -\frac{h^3}{12} \sum_{i=0}^{n-1} f''(\xi_i) \tag{5.9}$$

Pela continuidade de $f''(x)$, existe $a \leqslant \xi \leqslant b$, tal que:

$$nf''(\xi) = \sum_{i=0}^{n-1} f''(\xi_i) \tag{5.10}$$

Levando (5.10) em (5.9), tem-se:

$$E = \frac{-h^3}{12} nf''(\xi)$$

Como

$$h = \frac{b-a}{n}$$

então:

$$E = -\frac{(b-a)^3}{12n^2} f''(\xi)\,, \quad a \leqslant \xi \leqslant b \tag{5.11}$$

Pode-se notar em (5.11) que, ao se subdividir o intervalo $[a, b]$ em um grande número de subintervalos, o erro cometido tende a se tornar pequeno, pois o erro é inversamente proporcional ao quadrado de n.

Exemplo 5.2

Calcular a integral do exemplo 5.1 utilizando a regra dos trapézios composta e subdividindo o intervalo de integração em 6 subintervalos.

$$I = \int_{3,0}^{3,6} \frac{1}{x}\, dx$$

$$h = \frac{b - a}{n} = \frac{3,6 - 3,0}{6} = 0,1$$

Tabela 5.1

i	x_i	$y_i = f(x_i)$
0	3,0	0,333333
1	3,1	0,322581
2	3,2	0,312500
3	3,3	0,303030
4	3,4	0,294118
5	3,5	0,285714
6	3,6	0,277778

$$I = \frac{h}{2}\left[y_0 + 2y_1 + 2y_2 + 2y_3 + 2y_4 + 2y_5 + y_6 \right]$$

$$I = 0,182350$$

Cálculo do erro:

$$E = -\frac{(b - a)^3}{12\,n^2} f''(\&)$$

Como $3,0 \leqslant \& \leqslant 3,6$

$$| f''(\&) |_{\text{máx}} = \frac{2}{27}$$

Logo,

$$E = -\frac{(3,6 - 3,0)^3}{12 \cdot 6^2} \cdot \frac{2}{27} = -3,704 \cdot 10^{-5}$$

Então:

$$I = 0,182350 - 3,704 \cdot 10^{-5} = 0,182313$$

Pode-se observar que a precisão deste resultado é superior ao obtido utilizando-se a regra dos trapézios simples, como no exemplo 5.1.

Exemplo 5.3

Calcular o valor da integral

$$I = \int_0^1 (2x + 3)\, dx$$

aplicando a regra dos trapézios composta e subdividindo o intervalo [0, 1] em n subintervalos de tal modo que o erro seja mínimo.

$$E = -\frac{(b-a)^3}{12\,n^2} f''(\xi)$$

$$f(x) = 2x + 3$$

$$f'(x) = 2$$

$$f''(x) = 0$$

$$E = -\frac{(b-a)^3}{12\,n^2} \cdot 0 = 0$$

O erro será nulo para qualquer valor de n. Fazendo. então, $n = 1$, tem-se·

$$I = \frac{h}{2}(y_0 + y_1)$$

$$= \frac{1}{2}(3 + 5) = 4$$

Como a regra dos trapézios aproxima por uma reta a função integranda e sendo $f(x) = 2x + 3$ uma reta, o valor da integral obtido é exato

5.2.6. Exercícios de Fixação

Resolver os exercícios abaixo utilizando a regra dos trapézio

5.2.6.1. **Calcular o valor da integral:**

$$I = \int_0^1 \frac{\cos x}{1 + x}\, dx$$

5.2.6.2. Calcular o valor da integral e o erro cometido:

$$I = \int_{4}^{4,5} \frac{1}{x^2}\, dx$$

5.2.6.3. Calcular o valor da integral e o erro cometido:

$$I = \int_{3}^{6} 3x + 2\, dx$$

5.2.6.4. Calcular o valor da integral para $n = 4$:

$$I = \int_{0}^{1} \frac{\cos x}{1 + x}\, dx$$

Considerando que o valor exato desta integral é $I = 0{,}6010$, calcular a diferença entre este valor e o valor obtido neste exercício e, ainda, entre o valor exato e o valor obtido no exercício 5.2.6.1.

5.2.6.5. Dada a função $y = f(x)$ através da tabela abaixo, calcular o valor de

$$I = \int_{0}^{3} f(x)\, dx$$

Tabela 5.2

i	x_i	y_i
0	0,0	5,021
1	0,5	6,146
2	1,0	6,630
3	1,5	6,945
4	2,0	7,178
5	2,5	7,364
6	3,0	7,519

5.3. PRIMEIRA REGRA DE SIMPSON

5.3.1. Obtenção da Fórmula

A 1ª regra de Simpson é obtida aproximando-se a função $f(x)$ em (5.1) por um polinômio interpolador de 2º grau, $P_2(x)$.

$$f(x) \doteq P_2(x) = y_0 + z\, \Delta y_0 + \frac{z(z-1)}{2!}\, \Delta^2 y_0$$

$$I = \int_a^b f(x)\,dx \doteq \int_a^b P_2(x)\,dx = \int_a^b \left[y_0 + z\,\Delta y_0 + \frac{z(z-1)}{2!}\Delta^2 y_0 \right] dx$$

Como $z = \dfrac{x - x_0}{h} \Rightarrow dx = h\,dz$

Para se aproximar a função $f(x)$ por um polinômio de 2º grau, serão necessários 3 pontos: x_0, x_1 e x_2, que deverão estar igualmente espaçados.

Sejam $x_0 = a$ e $x_2 = b$

Fazendo-se uma mudança de variáveis, tem-se

para: $x = a \Rightarrow z = \dfrac{a - a}{h} = 0$

$x = b \Rightarrow z = \dfrac{b - a}{h} = 2$

Logo,

$$I = \int_0^2 \left[y_0 + z\,\Delta y_0 + \frac{z(z-1)}{2!}\,\Delta^2 y_0 \right] h$$

Integrando, obtém-se:

$$I = h\left[z y_0 + \frac{z^2}{2}\,\Delta y_0 + \left(\frac{z^3}{6} - \frac{z^2}{4}\right)\,\Delta^2 y_0 \right]_0^2$$

$$I = h\left[2y_0 + 2\Delta y_0 + \frac{1}{3}\,\Delta^2 y_0 \right]$$

Sabe-se que:

$$\Delta y_0 = y_1 - y_0$$

$$\Delta^2 y_0 = y_2 - 2y_1 + y_0$$

Logo,

$$I = h\left[2y_0 + 2(y_1 - y_0) + \frac{1}{3}(y_2 - 2y_1 + y_0)\right]$$

$$I = \frac{h}{3}\left[y_0 + 4y_1 + y_2\right] \qquad (5.12)$$

que é a chamada 1ª regra de Simpson ou regra do 1/3.

5.3.2. Interpretação Geométrica

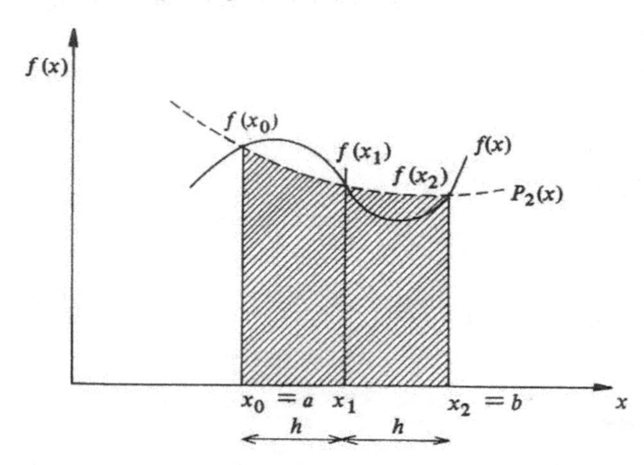

Figura 5.3. Primeira regra de Simpson.

5.3.3. Erro de Truncamento

Para a determinação do erro cometido na integração, basta que se integre o erro de truncamento da aproximação polinomial. Este erro (de truncamento) é cotado pelo resíduo (fórmula 5.3)).

$$E = \int_a^b R_2(x)\,dx$$

$$E = \int_0^2 \frac{z(z-1)(z-2)}{3!} f'''(\&)\ h^4\ dz$$

$$E = \frac{h^4}{3!} f'''(\&) \int_0^2 (z^3 - 3z^2 + 2z)\, dz$$

$$E = \frac{h^4}{3!} f'''(\&) \left[\frac{z^4}{4} - z^3 - z^2 \right]_0^2$$

$$E = \frac{h^4}{3!} f'''(\&) \cdot 0 = 0$$

Este valor nulo para o erro de integração quer dizer que o erro não depende de R_2 (resíduo do 2º grau). Então, tem-se que integrar o resíduo menor que ele, o R_3.

$$E = \int_0^2 R_3(x)\, dx$$

$$E = \int_0^2 \frac{z(z-1)(z-2)(z-3)}{4!} f''''(\&)\, h^5\, dz$$

$$E = \frac{-h^5}{90} f''''(\&) \qquad a \leqslant \& \leqslant b \tag{5.13}$$

que é a fórmula de erro da 1ª regra de Simpson.

Por esta fórmula pode-se notar que a 1ª regra de Simpson fornece valores exatos não só para a integração de polinômios do 2º grau, mas, também, para polinômios de 3º grau (derivada de 4ª ordem nula).

5.3.4. Fórmula Composta

Como foi feito com a regra dos trapézios, deve-se subdividir o intervalo de integração $[a, b]$ em n subintervalos iguais de amplitude h e a cada par de subintervalos aplicar a 1ª regra de Simpson.

Observação importante: como a regra de Simpson é aplicada em pares de subintervalos, o número n de subintervalos deverá ser sempre par.

$n = \dfrac{b - a}{h}$ e os pontos serão: x_i ; $i = 0, 1, 2, \ldots, n$

$$I = \int_a^b f(x)\, dx$$

$$I = \underbrace{\frac{h}{3}[y_0 + 4y_1 + y_2]}_{\text{aplicação no 1º par de subintervalos}} + \underbrace{\frac{h}{3}[y_2 + 4y_3 + y_4]}_{\text{aplicação no 2º par de subintervalos}} + \ldots +$$

$$+ \underbrace{\frac{h}{3}[y_{n-2} + 4y_{n-1} + y_n]}_{\text{aplicação no último par de subintervalos}}$$

$$I = \frac{h}{3}\left[y_0 + 4y_1 + 2y_2 + 4y_3 + 2y_4 + \ldots + 2y_{n-2} + 4y_{n-1} + y_n\right] \quad (5.14)$$

5.3.5. Erro de Truncamento

O erro total cometido será a soma dos erros cometidos a cada aplicação da 1ª regra de Simpson.

$$E = E_1 + E_2 + E_3 + \ldots + E_{n/2} = \sum_{i=1}^{n/2} E_i \quad (5.15)$$

onde:

E_i é o erro na integração numérica no par de subintervalos cujos extremos são:

$[x_{2i-2}, x_{2i-1}]$ e $[x_{2i-1}, x_{2i}]$

Levando (5.13) em (5.15) vem:

$$E = \sum_{i=1}^{n/2} \frac{-h^5}{90} f^{(IV)}(\&_i) \quad (5.16)$$

$$x_{2i-2} \leqslant \&_i \leqslant x_{2i}$$

Pela continuidade de $f^{(IV)}(x)$, existe $\xi \in [a, b]$, tal que:

$$\frac{n}{2} f^{(IV)}(\xi) = \sum_{i=1}^{n/2} f^{(IV)}(\xi_i) \tag{5.17}$$

Levando-se (5.17) em (5.16), tem-se:

$$E = \frac{-h^5}{180} \, n f^{(IV)}(\xi)$$

Como

$$h = \frac{b-a}{n}$$

então

$$E = \frac{-(b-a)^5}{180n^4} f^{(IV)}(\xi) \qquad a \leqslant \xi \leqslant b \tag{5.18}$$

Pode-se observar que, nesta fórmula, o erro cai com a quarta potência do número de subintervalos.

Exemplo 5.4

Calcular o valor de π, dado pela expressão:

$$\pi = 4 \int_0^1 \frac{dx}{1+x^2}$$

aplicando a 1ª regra de Simpson, com $\epsilon \leqslant 10^{-4}$.

Cálculo do número de subintervalos:

$$\epsilon \leqslant 10^{-5} \Rightarrow \frac{(b-a)^5}{180n^4} f^{(IV)}(\xi) \leqslant 10^{-4}$$

Como

$$f(x) = \frac{1}{1+x^2}$$

então

$$f^{(IV)}(x) = \frac{24}{(1+x^2)^3} - \frac{288x^2}{(1+x^2)^4} + \frac{384x^4}{(1+x^2)^5}$$

Já que

$$0 \leqslant \& \leqslant 1$$

então

$$|f^{(IV)}(\&)|_{\text{máx}} = 24$$

Logo,

$$\frac{(1-0)^5}{180n^4} \cdot 24 \leqslant 10^{-4}$$

$$n^4 \geqslant \frac{24}{180} \cdot 10^4 = 1333{,}33$$

$$n \geqslant 6{,}042$$

Como se trata da 1ª regra de Simpson, o valor de n deverá ser um número inteiro par. Calculando o erro para os dois valores pares próximos, tem-se:

$$\text{para } n = 6 \Rightarrow E = \frac{-(0-1)^4}{180 \cdot 6^4} \cdot 24 = 1{,}03 \cdot 10^{-4}$$

$$\text{para } n = 8 \Rightarrow E = \frac{-(0-1)^5}{180 \cdot 8^4} \cdot 24 = 3{,}26 \cdot 10^{-5}$$

Logo, $n = 8$, pois o erro é da ordem de 10^{-5}:

$$h = \frac{b-a}{n} = \frac{1}{10} = 0{,}125$$

Tabela 5.3

i	x_i	y_i	c_i
0	0,000	1,000000	1
1	0,125	0,984615	4
2	0,250	0,941176	2
3	0,375	0,876712	4
4	0,500	0,800000	2
5	0,625	0,719101	4
6	0,750	0,640000	2
7	0,875	0,566372	4
8	1,000	0,500000	1

coluna dos coeficientes

$$\pi = 4 \cdot 0{,}785398$$

$$\pi = 3{,}141592$$

5.3.6. Implementação da 1ª Regra de Simpson

Seguem, abaixo, a implementação do método pela sub-rotina SIMPS 1, a função requerida por ela e um exemplo de programa para usá-la.

5.3.6.1. SUB-ROTINA SIMPS 1

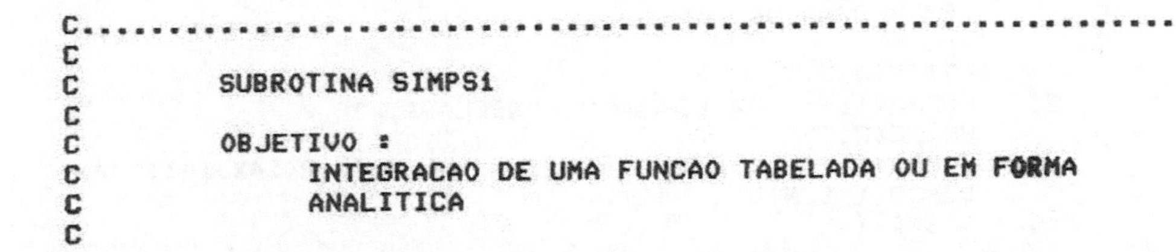

```
C..............................................................
C
C        SUBROTINA SIMPS1
C
C        OBJETIVO :
C             INTEGRACAO DE UMA FUNCAO TABELADA OU EM FORMA
C             ANALITICA
C
```

```
C         METODO UTILIZADO :
C              PRIMEIRA REGRA DE SIMPSON
C
C         USO :
C              CALL SIMPS1(NMAX,TIPO,FUNCAO,TABELA,XO,XN,N,INTEG)
C
C         PARAMETROS DE ENTRADA :
C              NMAX   : NUMERO MAXIMO DE PONTOS DECALRADO
C              TIPO   : FORMA DA FUNCAO : 1 - ANALITICA
C                                         2 - TABELADA
C              FUNCAO : FUNCAO A SER INTEGRADA
C              TABELA : MATRIZ QUE CONTEM A FUNCAO TABELADA
C              XO     : LIMITE INFERIOR DA INTEGRAL
C              XN     : LIMITE SUPERIOR DA INTEGRAL
C              N      : NUMERO DE PONTOS DA TABELA
C
C         PARAMETRO DE SAIDA :
C              INTEG  : VALOR DA INTEGRAL
C
C         FUNCAO REQUERIDA :
C              FUNCAO : FUNCAO A SER INTEGRADA
C
C.....................................................................
C
C
      SUBROUTINE SIMPS1(NMAX,TIPO,FUNCAO,TABELA,XO,XN,N,INTEG)
C
C
      INTEGER AUX,COEF,I,J,N,NMAX,N1,TIPO
      REAL H,INTEG,TABELA(NMAX,2),X,XN,XO
        N1=N-1
        H=(XN-XO)/N1
        IF(TIPO.EQ.2)GO TO 20
C
C         MONTAGEM DA TABELA
C
          X=XO
          TABELA(1,1)=X
          TABELA(1,2)=FUNCAO(X)
          DO 10 I=2,N
            X=X+H
            TABELA(I,1)=X
            TABELA(I,2)=FUNCAO(X)
   10     CONTINUE
   20   CONTINUE
C
C         FIM DA MONTAGEM
C
C         IMPRESSAO DA TABELA
C
        WRITE(2,21)
   21   FORMAT(1H1,10X,15HFUNCAO TABELADA,/)
        WRITE(2,22)
   22   FORMAT(1H0,4X,1HI,8X,1HX,14X,1HY,/,1X,2(14X,1HI),//)
        DO 30 I=1,N
          J=I-1
```

```
         WRITE(2,23)J,TABELA(I,1),TABELA(I,2)
   23    FORMAT(4X,I2,2(3X,1PE12.5),/)
   30   CONTINUE
C
C        FIM DA IMPRESSAO
C
C        CALCULO DA INTEGRAL
C
        COEF=2
        AUX=-2
        INTEG=TABELA(1,2)+TABELA(N,2)
        DO 40 I=2,N1
          AUX=-AUX
          COEF=COEF+AUX
          INTEG=INTEG+COEF*TABELA(I,2)
   40   CONTINUE
        INTEG=INTEG*H/3.
C
C        IMPRESSAO DO RESULTADO
C
        WRITE(2,41)INTEG
   41   FORMAT(5(/),3X,23HO VALOR DA INTEGRAL E' ,1PE12.5)
        RETURN
      END
```

5.3.6.2. *FUNÇÃO FUNCAO*

```
C
C          F(X)
C
      REAL FUNCTION FUNCAO(X)
      REAL X
      FUNCAO= " escreva a forma analitica de f(x) "
      RETURN
      END
```

5.3.6.3. *PROGRAMA PRINCIPAL*

```
C
C
C          PROGRAMA PRINCIPAL PARA UTILIZACAO DA SUBROTINA SIMPS1
C
C
      EXTERNAL FUNCAO
      INTEGER I,N,NMAX,TIPO
      REAL INTEG,TABELA(20,2),XN,XO
        NMAX=20
        READ(1,1)TIPO,N,XO,XN
    1   FORMAT(2I2,2F10.0)
C        TIPO   : FORMA DA FUNCAO ( 1=ANALITICA, 2=TABELADA )
```

```
C         N       : NUMERO DE PONTOS DA TABELA
C         XO      : LIMITE INFERIOR DA INTEGRAL
C         XN      : LIMITE SUPERIOR DA INTEGRAL
        IF(TIPO.EQ.1)GO TO 20
           DO 10 I=1,N
              READ(1,2)TABELA(I,1),TABELA(I,2)
    2         FORMAT(2F10.0)
C         TABELA : MATRIZ QUE CONTEM A FUNCAO TABELADA
   10      CONTINUE
   20   CONTINUE
C
        CALL SIMPS1(NMAX,TIPO,FUNCAO,TABELA,XO,XN,N,INTEG)
C
        CALL EXIT
      END
```

Exemplo 5.5

Determinar o valor da integral abaixo, usando a 1ª regra de Simpson, com $n = 10$:

$$I = \int_2^4 \frac{\log(x) + x^2}{(x+3)^2} \quad dx$$

Para resolver este exemplo, usando o programa acima, devem ser fornecidos:
Dados de entrada

Ø1, 11, 2., 4.,

Função FUNCAO

```
C
C
C         ESPECIFICACAO DA FUNCAO
C
C
      REAL FUNCTION FUNCAO(X)
        FUNCAO=(ALOG10(X)+X*X)/(X+3)**2
        RETURN
      END
```

Os resultados obtidos foram:

```
        FUNCAO TABELADA

   I          X                     Y
               I                     I

   0     2.00000E+00        1.72041E-01

   1     2.20000E+00        1.91658E-01

   2     2.40000E+00        2.10570E-01

   3     2.60000E+00        2.28794E-01

   4     2.80000E+00        2.46348E-01

   5     3.00000E+00        2.63253E-01

   6     3.20000E+00        2.79530E-01

   7     3.40000E+00        2.95202E-01

   8     3.60000E+00        3.10292E-01

   9     3.80000E+00        3.24822E-01

  10     4.00000E+00        3.38818E-01


O VALOR DA INTEGRAL E'   5.21284E-01
```

Exemplo 5.6

Seja a função $f(x)$ conhecida apenas nos pontos tabelados abaixo:

Tabela 5.4

i	x_i	y_i
0	2,0	41
1	2,5	77,25
2	3,0	130
3	3,5	202,25
4	4,0	297

Utilizando a 1ª Regra de Simpson, com $n = 4$, calcular o valor da integral

$$I = \int_2^4 f(x)\,dx$$

Para resolver este exemplo, usando o programa acima, devem ser fornecidos:
Dados de entrada

```
Ø2, Ø5, 2., 4.,
2., 41.,
2.5, 77.25,
3., 13Ø.,
3.5, 2Ø2.25,
4., 297.,
```

Os resultados obtidos foram:

```
        FUNCAO TABELADA

I          X                    Y
            I                    I

0     2.00000E+00        4.10000E+01
1     2.50000E+00        7.72500E+01
2     3.00000E+00        1.30000E+02
3     3.50000E+00        2.02250E+02
4     4.00000E+00        2.97000E+02


O VALOR DA INTEGRAL E'  2.86000E+02
```

5.3.7. Exercícios de Fixação

Resolver os exercícios abaixo, utilizando a 1ª Regra de Simpson.

5.3.7.1. Calcular o valor da integral para $n = 4$:

$$I = \int_{0}^{\pi/2} \operatorname{sen}^2(x+1)\cos(x^2)\,dx$$

5.3.7.2. Calcular o valor da integral para $n = 6$:

$$I = \int_{-2}^{-1} \frac{x^2}{(x-1)^2}\,dx$$

5.3.7.3. Calcular o valor da integral e o erro cometido para $n = 6$:

$$I = \int_{3}^{3,3} (x^3 + x^2 + x + 1)\,dx$$

5.3.7.4. Calcular o valor da integral e o erro cometido para $n = 4$:

$$I = \int_{1}^{2} e^{2x}\,dx$$

5.3.7.5. Determinar o valor da integral de tal modo que se tenha o erro $\leqslant 10^{-3}$:

$$I = \int_{1}^{3} \ln(x+1)\,dx$$

5.4. SEGUNDA REGRA DE SIMPSON

5.4.1. Obtenção da Fórmula

De maneira análoga às anteriores, a 2ª regra de Simpson é obtida aproximando-se a função $f(x)$ em (5.1) pelo polinômio interpolador de Gregory-Newton do 3º grau, $P_3(x)$:

$$I = \int_{a}^{b} f(x)\,dx = \int_{a}^{b} P_3(x)\,dx$$

$$I = \int_{a}^{b} \left[y_0 + z\,\Delta y_0 + \frac{z(z-1)}{2!} \cdot \Delta^2 y_0 + \frac{z(z-1)(z-2)}{3!}\,\Delta^3 y_0 \right] dx$$

$$I = h\left[zy_0 + \frac{z^2}{2}\Delta y_0 + \left(\frac{z^3}{6} - \frac{z^2}{4}\right)\cdot \Delta^2 y_0 + \left(\frac{z^4}{24} - \frac{z^3}{6} + \frac{z^2}{4}\right)\cdot \Delta^3 y_0\right]_0^3$$

$$I = \frac{3h}{8}\left[y_0 + 3y_1 + 3y_2 + y_3\right] \qquad (5.19)$$

que é a 2ª regra de Simpson ou regra dos 3/8.

5.4.2. Erro de Truncamento da Fórmula Simples

Para determinação do erro, basta que se integre o erro de truncamento da aproximação polinomial, cotado pelo resíduo (fórmula (5.3)).

$$E = \int_0^3 R_3(x)\,dx = \int_0^3 \frac{z(z-1)(z-2)(z-3)}{4!} f^{IV}(\&)h^5\,dz$$

$$E = \frac{-3x^5}{80} f^{IV}(\&) \qquad a \leqslant \& \leqslant b \qquad (5.20)$$

5.4.3. Fórmula Composta

Subdividindo o intervalo $[a, b]$ em n subintervalos (agora o número n deverá ser múltiplo de 3, pois a regra dos 3/8 utiliza 4 pontos para determinar o polinômio do 3º grau), tem-se a regra composta:

$$I = \frac{3h}{8}(y_0 + 3y_1 + 3y_2 + 2y_3 + 3y_4 + 3y_5 + 2y_6 + \ldots + 3y_{n-2} + 3y_{n-1} + y_n) \qquad (5.21)$$

5.4.4. Erro de Truncamento da Fórmula Composta

O erro será:

$$E = -\frac{(b-a)^5}{80n^4} f^{IV}(\&) \qquad a \leqslant \& \leqslant b \qquad (5.22)$$

Exemplo 5.7

Calcular o valor da integral:

$$I = \int_1^4 \ln\left(x^3 + \sqrt{e^x + 1}\right)\, dx$$

aplicando a regra dos 3/8 com 3 e 9 subintervalos.

a) Com 3 subintervalos:

$n = 3 \Rightarrow h = 1$

Tabela 5.5

i	x_i	y_i	c_i
0	1	1,0744	1
1	2	2,3884	3
2	3	3,4529	3
3	4	4,2691	1

$$I = \frac{3 \cdot 1}{8}\,(22{,}8675) = 8{,}5753$$

b) Com 9 subintervalos:

$n = 9 \Rightarrow h = 1$

Tabela 5.6

i	x_i	y_i	c_i
0	1	1,0744	1
1	4/3	1,5173	3
2	5/3	1,9655	3
3	2	2,3884	2
4	7/3	2,7768	3
5	8/3	3,1305	3
6	3	3,4529	2
7	10/3	3,7477	3
8	11/3	4,0187	3
9	4	4,2691	1

$$I = \frac{3 \cdot 1/3}{8}\,(68{,}4956) = 8{,}5619$$

Exemplo 5.8

Calcular o valor da integral:

$$I = \int_0^{\pi} \operatorname{sen} x \, dx$$

com $\epsilon < 10^{-4}$.

Interessante notar que a função $f(x) = \operatorname{sen} x$ no intervalo a ser integrado tem a seguinte forma:

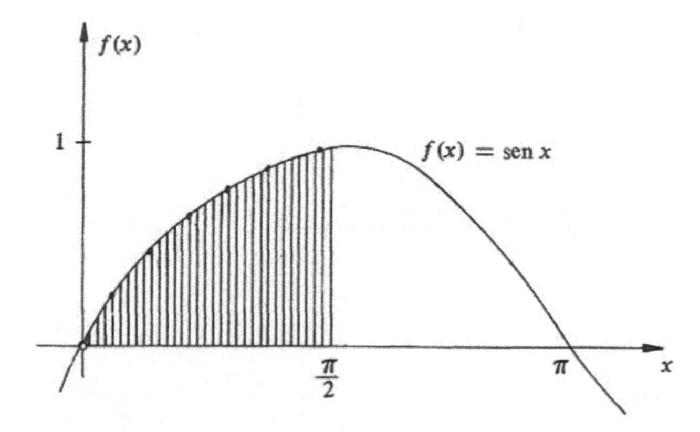

Figura 5.4

Basta, então, calcular a área da 1.ª metade e duplicá-la que o valor procurado será obtido.

$$E = \frac{(b-a)^5}{80n^4} f^{(IV)}(\&) < 10^{-4}$$

Como $0 \leqslant \& \leqslant \pi/2$,

$$|f^{(IV)}(\&)|_{máx} = 1 \quad \therefore \quad n^4 > \frac{(\pi/2)^5}{80 \cdot 10^{-4}}$$

$$n > 5 \cdot 88$$

Logo,

$n = 6 \;\Rightarrow\; h = \pi/12$

Tabela 5.7

i	x_i	y_i	c_i
0	0	0,00000	1
1	$\pi/12$	0,25882	3
2	$\pi/6$	0,50000	3
3	$\pi/4$	0,70711	2
4	$\pi/3$	0,86603	3
5	$5\pi/12$	0,96593	3
6	$\pi/2$	1,00000	1

$$I = 2 \cdot [\frac{3\,(\pi/12)}{8} \cdot 10{,}18656]$$

$$I = 2{,}00013$$

5.4.5. Exercícios de Fixação

5.4.5.1. Dada a função $y = f(x)$, definida através da tabela 5.8:

Tabela 5.8

i	x_i	y_i
0	1,0	0,099
1	1,1	0,131
2	1,2	0,163
3	1,3	0,194
4	1,4	0,224
5	1,5	0,253
6	1,6	0,281

calcular $I = \int_1^{1,6} f(x)\,dx$, aplicando

a) a 1ª regra de Simpson
b) a 2ª regra de Simpson

5.4.5.2. Através da 2ª regra de Simpson, com $n = 6$, calcular

$$I = \int_{2}^{3,2} \ln(x+2) - 1\, dx$$

5.4.5.3. Determinar o valor da integral dada no exercício 5.3.7.2 utilizando a 2ª regra de Simpson, com $n = 6$.

5.4.5.4. Determinar o valor de I para $n = 3$, aplicando a regra dos trapézios e a 2ª regra de Simpson, e comparar os resultados obtidos lembrando que o 2º resultado é exato.

$$I = \int_{1}^{1,3} (2x^3 + x^2 + x - 2)\, dx$$

5.5. EXTRAPOLAÇÃO DE RICHARDSON

A extrapolação de Richardson é um método utilizado para a melhoria do resultado obtido na aplicação das fórmulas de integração de Newton-Côtes e baseia-se na aplicação repetida de tais fórmulas.

5.5.1. Para a Regra dos Trapézios

O resultado obtido na aplicação da regra dos trapézios pode ser escrito da seguinte forma:

$$I = I_1 + E_1 \tag{5.23}$$

onde:

I_1 — é o resultado obtido na 1ª aplicação da regra

I — é o valor exato da integral

$E_1 = -\dfrac{1}{n_1^2}\dfrac{(b-a)^3}{12} f''(\&)$ é o erro cometido

n_1 — é o número de subintervalos utilizados

Aplicando-se novamente a regra com um novo número de subintervalos n_2 $(n_2 > n_1)$, tem-se:

$$I = I_2 + E_2 \tag{5.24}$$

onde $E_2 = -\dfrac{1}{n_2^2}\dfrac{(b-a)^3}{12} f''(\&)$

Considerando que o valor de I é o mesmo nas equações (5.23) e (5.24) pode-se escrever:

$$I = I_1 + E_1 = I_2 + E_2 \tag{5.25}$$

Então

$$I_2 - I_1 = E_1 - E_2$$

$$I_2 - I_1 = -\frac{1}{n_1^2}\frac{(b-a)^3}{12}f''(\&) + \frac{1}{n_2^2}\frac{(b-a)^3}{12}f''(\&)$$

$$I_2 - I_1 = \frac{(b-a)^3}{12}f''(\&)\left(\frac{1}{n_2^2} - \frac{1}{n_1^2}\right)$$

$$f''(\&)\,\frac{(b-a)^3}{12} = \frac{(I_2 - I_1)n_1^2 n_2^2}{n_1^2 - n_2^2} \tag{5.26}$$

Levando (5.26) em (5.24), tem-se:

$$I = I_2 - \frac{1}{n_2^2} \bullet \frac{(I_2 - I_1)\,n_1^2 n_2^2}{n_1^2 - n_2^2}$$

$$I = I_2 + \frac{n_1^2}{n_2^2 - n_1^2}(I_2 - I_1) \tag{5.27}$$

que é a fórmula da extrapolação de Richardson para a regra dos trapézios.

Exemplo 5.9

Calcular o valor da integral

$$I = \int_0^{\pi} \operatorname{sen} x \; dx$$

aplicando a regra dos trapézios, para $n = 2$ e $n = 4$, respectivamente.

Aplicar a extrapolação de Richardson para melhorar o resultado.

a) Com 2 subintervalos:

Tabela 5.9

i	x_i	y_i	c_i
0	0	0,000	1
1	$\pi/2$	1,000	2
2	π	0,000	1

$$I_1 = \frac{\pi/2}{2} \cdot 2 = 1{,}571$$

b) Com 4 subintervalos:

Tabela 5.10

i	x_i	y_i	c_i
0	0	0,000	1
1	$\pi/4$	0,707	2
2	$\pi/2$	1,000	2
3	$3\pi/4$	0,707	2
4	π	0,000	1

$$I_2 = \frac{\pi/4}{2} \cdot (4{,}828) = 1{,}896$$

c) Aplicando Richardson:

$$I = I_2 + \frac{n_1^2(I_2 - I_1)}{(n_2^2 - n_1^2)}$$

$n_1 = 2$
$n_2 = 4$
$I = 2{,}004$

Analiticamente, o valor exato desta integral é $I^* = 2{,}000$. Então,

$E_1 = I^* - I_1 = 0{,}429$
$E_2 = I^* - I_2 = 0{,}104$
$E = I^* - I = -0{,}004$

Pode-se notar que a extrapolação de Richardson realmente melhora o resultado.

5.5.2. Para as Regras de Simpson

O cálculo para determinação da fórmula de extrapolação de Richardson para as regras de Simpson é feito de modo semelhante àquele para a regra dos trapézios. Daí:

$$I = I_2 + \frac{n_1^4}{n_2^4 - n_1^4}(I_2 - I_1) \tag{5.28}$$

Esta fórmula é válida para qualquer uma das fórmulas de Simpson, pois o erro nelas é inversamente proporcional a n^4. É bom observar que para o cálculo de I_1 e I_2 deve-se sempre usar a mesma fórmula.

Observando as fórmulas (5.27) e (5.28), pode-se fazer a seguinte generalização para a extrapolação de Richardson:

$$I = I_2 + \frac{n_1^p}{n_2^p - n_1^p}(I_2 - I_1) \tag{5.29}$$

onde:

$p = 2$ para a regra dos trapézios
$p = 4$ para as regras de Simpson

Exemplo 5.10

Calcular o valor da integral:

$$I = \int_1^2 (x^2 + 2x + 1)dx$$

a) aplicando a regra dos trapézios com 4 subintervalos
b) aplicando a regra dos trapézios com 8 subintervalos
c) aplicando a extrapolação de Richardson e melhorando o resultado
d) aplicando a 1ª regra de Simpson, que vai fornecer o resultado exato

Comparar os resultados.

a) Com 4 subintervalos:

Tabela 5.11

i	x_i	y_i	c_i
0	1,000	4,000000	1
1	1,250	5,062500	2
2	1,500	6,250000	2
3	1,750	7,562500	2
4	2,000	9,000000	1

$I_1 = 6{,}343750$

b) Com 8 subintervalos:

Tabela 5.12

i	x_i	y_i	c_i
0	1,000	4,000000	1
1	1,125	4,515625	2
2	1,250	5,062500	2
3	1,375	5,640624	2
4	1,500	6,250000	2
5	1,625	6,890625	2
6	1,750	7,562500	2
7	1,875	8,265625	2
8	2,000	9,000000	1

$I_2 = 6{,}335938$

c) Aplicando Richardson:

$$I = I_2 + \frac{n_1^p (I_2 - I_1)}{(n_2^p - n_1^p)}$$

$n_1 = 4$
$n_2 = 8$
$p = 2$ (trapézios)
$I = 6{,}333334$

d) Aplicando Simpson ($n = 2$):

Tabela 5.13

i	x_i	y_i	c_i
0	1,000	4,000000	1
1	1,500	6,250000	4
2	2,000	9,000000	1

$$I_s = \frac{0,5}{3} \times 38 = 6,333333$$

$$E_1 = I_s - I_1 = 1,04 \times 10^{-2}$$
$$E_2 = I_s - I_2 = 2,61 \times 10^{-3}$$
$$E = I_s - I = -1,0 \times 10^{-6}$$

Observação: ao se calcular numericamente o valor da integral de uma função definida através de sua forma analítica, uma maneira para se melhorar o resultado é recalcular a integral para um número maior de subintervalos e, uma outra, é a aplicação da extrapolação de Richardson. Por outro lado, no cálculo do valor da integral de uma função definida por meio de uma tabela de pontos, o único modo de se melhorar o resultado é através da extrapolação de Richardson, já que o número de pontos da tabela é fixo. Isto pode ser melhor observado ao se resolver o exercício 5.5.4.1.

5.5.3. Implementação da Extrapolação de Richardson

Seguem, abaixo, a implementação do método pela sub-rotina RICHAR, a função requerida por ela e um exemplo de programa para usá-la.

5.5.3.1. SUB-ROTINA RICHAR

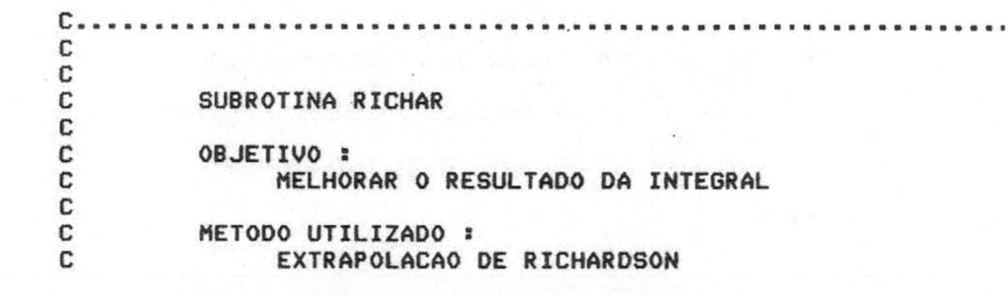

```
C.......................................................................
C
C
C        SUBROTINA RICHAR
C
C        OBJETIVO :
C             MELHORAR O RESULTADO DA INTEGRAL
C
C        METODO UTILIZADO :
C             EXTRAPOLACAO DE RICHARDSON
```

```
C
C       USO :
C            CALL RICHAR(INTEG1,INTEG2,M1,M2,REGRA,INTEG)
C
C       PARAMETROS DE ENTRADA :
C            INTEG1 : VALOR DA INTEGRAL OBTIDA POR UM METODO X
C                     PARA UM CERTO M1
C            INTEG2 : VALOR DA INTEGRAL OBTIDA POR UM METODO X
C                     PARA UM CERTO M2, SENDO M2 MAIOR QUE M1
C            M1     : NUMERO DE PONTOS UTILIZADO PARA OBTENCAO
C                     DE INTEG1
C            M2     : NUMERO DE PONTOS UTILIZADO PARA OBTENCAO
C                     DE INTEG2
C            REGRA  : FORMULA USADA NA OBTENCAO DE INTEG1 E
C                     INTEG2
C                     1 - TRAPEZIO
C                     2 - PRIMEIRA DE SIMPSON
C                     3 - SEGUNDA DE SIMPSON
C
C       PARAMETRO DE SAIDA :
C            INTEG  : VALOR MELHORADO DA INTEGRAL
C
C       FUNCAO REQUERIDA :
C            FUNCAO : FUNCAO A SER INTEGRADA
C
C.................................................................
C
C
      SUBROUTINE RICHAR(INTEG1,INTEG2,M1,M2,REGRA,INTEG)
C
C
      INTEGER M1,M2,N1,N2,REGRA,P
      REAL INTEG,INTEG1,INTEG2
        N1=M1-1
        N2=M2-1
        IF(REGRA.EQ.1) GO TO 10
          P=4
          GO TO 20
   10     CONTINUE
          P=2
   20   CONTINUE
        INTEG=INTEG2+(N1**P*(INTEG2-INTEG1))/(N2**P-N1**P)
C
C        IMPRESSAO DO RESULTADO
C
        WRITE(2,21)INTEG1,INTEG2,INTEG
   21   FORMAT(1H1,3X,32HO VALOR DA PRIMEIRA INTEGRAL E' ,
     G          1PE12.5,///,3X,
     H          31HO VALOR DA SEGUNDA INTEGRAL E' ,1PE12.5,
     I          ///,3X,
     J          33HO VALOR MELHORADO DA INTEGRAL E' ,
     K          1PE12.5,/)
        RETURN
      END
```

5.5.3.2. *FUNÇÃO FUNCAO*

```
C
C        F(X)
C
      REAL FUNCTION FUNCAO(X)
      REAL X
      FUNCAO= " escreva a forma analitica de f(x) "
      RETURN
      END
```

5.5.3.3. *PROGRAMA PRINCIPAL*

```
C
C
C        PROGRAMA PRINCIPAL PARA UTILIZACAO DA SUBROTINA RICHAR
C
C
      EXTERNAL FUNCAO
      INTEGER NMAX,N,N1,N2,REGRA,TIPO
      REAL INTEG,INTEG1,INTEG2,TABELA(20,2),XN,XO
        NMAX=20
        READ(1,1)TIPO,N,XO,XN
    1   FORMAT(I1,I2,2F10.0)
C        TIPO    : FORMA DA FUNCAO ( 1=ANALITICA, 2=TABELADA )
C        N       : NUMERO DE PONTOS DA TABELA
C        XN      : LIMITE SUPERIOR DA INTEGRAL
C        XO      : LIMITE INFERIOR DA INTEGRAL
        READ(1,2)REGRA,N1
    2   FORMAT(I1,I2)
C        REGRA   : FORMULA USADA NA OBTENCAO DE INTEG1 E INTEG2:
C                   1 = TRAPEZIO
C                   2 = 1a.DE SIMPSON
C                   3 = 2a.DE SIMPSON
C        N1      : NUMERO DE PONTOS UTILIZADOS NA OBTENCAO
C                  DO VALOR DE INTEG1
        N2=(N1-1)*2+1
        IF(TIPO.EQ.1)GO TO 20
          DO 10 I=1,N
            READ(1,3)TABELA(I,1),TABELA(I,2)
    3       FORMAT(2F10.0)
C        TABELA : MATRIZ QUE CONTEM A FUNCAO TABELADA
   10     CONTINUE
   20   CONTINUE
        IF(REGRA.NE.1)GO TO 30
          CALL TRAPEZ(NMAX,TIPO,FUNCAO,TABELA,XO,XN,N1,INTEG1)
          CALL TRAPEZ(NMAX,TIPO,FUNCAO,TABELA,XO,XN,N2,INTEG2)
          GOTO 50
   30     CONTINUE
          IF(REGRA.NE.2)GO TO 40
            CALL SIMPS1(NMAX,TIPO,FUNCAO,TABELA,XO,XN,N1,INTEG1)
            CALL SIMPS1(NMAX,TIPO,FUNCAO,TABELA,XO,XN,N2,INTEG2)
            GO TO 50
   40       CONTINUE
```

```
              CALL SIMPS2(NMAX,TIPO,FUNCAO,TABELA,XO,XN,N1,INTEG1)
              CALL SIMPS2(NMAX,TIPO,FUNCAO,TABELA,XO,XN,N2,INTEG2)
   50     CONTINUE
C
          CALL RICHAR(INTEG1,INTEG2,N1,N2,REGRA,INTEG)
C
          CALL EXIT
      END
```

Exemplo 5.11

Calcular o valor da integral

$$I = \int_{-4}^{-2} \frac{1}{\sqrt[3]{(7-5x)^2}} \, dx$$

aplicando:

a) a 1ª regra de Simpson com $n = 2$
b) a 1ª regra de Simpson com $n = 4$
c) a extrapolação de Richardson para melhorar o resultado

Para resolver este exemplo, usando o programa acima, devem ser fornecidos:
Dados de entrada

1, ∅5, – 4., – 2.,
2, ∅3

Função FUNCAO

```
C
C
C        ESPECIFICACAO DA FUNCAO
C
C
      REAL FUNCTION FUNCAO(X)
        FUNCAO=1./(7-5*X)**(2./3.)
        RETURN
      END
```

Os resultados obtidos foram:

```
O VALOR DA PRIMEIRA INTEGRAL E'  2.57275E-01

O VALOR DA SEGUNDA INTEGRAL E'  2.57234E-01

O VALOR MELHORADO DA INTEGRAL E'  2.57231E-01
```

Exemplo 5.12

Seja a função $f(x)$ conhecida apenas nos pontos tabelados abaixo:

Tabela 5.14

i	x_i	y_i
0	0,000	1,0000
1	0,785	0,6694
2	1,570	0,6366
3	2,355	0,6060
4	3,140	0,4673

determinar o valor da integral

$$I = \int f(x)\,dx$$

aplicando:

a) a 1ª regra de Simpson com $n = 2$
b) a 2ª regra de Simpson com $n = 4$
c) a extrapolação de Richardson para melhorar o resultado

Para resolver este exemplo, usando o programa acima, devem ser fornecidos:
Dados de entrada

```
2,Ø5
2,Ø3
Ø.,1.,
Ø.785,Ø.6694,
1.57,Ø.6366
2.355,Ø.6Ø6Ø
3.14,Ø.4673
```

Os resultados obtidos foram:

```
O VALOR DA PRIMEIRA INTEGRAL E'  2.25776E+00
O VALOR DA SEGUNDA INTEGRAL E'  2.05202E+00
O VALOR MELHORADO DA INTEGRAL E'  2.03830E+00
```

5.5.4. Exercícios de Fixação

5.5.4.1. Dada a função $y = f(x)$, definida a partir da tabela 5.15

Tabela 5.15

i	x_i	y_i
0	0,00	0,600
1	0,25	0,751
2	0,50	0,938
3	0,75	1,335
4	1,00	2,400

calcular o valor de

$$I = \int_0^1 f(x)\,dx$$

a) aplicando a 1ª regra de Simpson com $n = 2$
b) aplicando a 1ª regra de Simpson com $n = 4$
c) aplicando Richardson para melhorar o resultado
d) considerando que o valor exato é $I^* = 1,1$, qual o erro cometido nos itens a, b e c?

5.5.4.2. Calcular a integral

$$I = \int_0^1 \frac{x \cos x}{1+x^2}\,dx$$

a) aplicando a 1ª regra de Simpson com $n = 2$
b) aplicando a 1ª regra de Simpson com $n = 4$
c) aplicando Richardson

5.5.4.3. Calcular a integral abaixo, aplicando a regra dos trapézios, com $n = 2$ e $n = 4$, respectivamente. A seguir, melhorar o resultado através da extrapolação de Richardson.

$$I = \int_0^1 \frac{dx}{x^2+x+1}$$

Serão vistas, a seguir, duas maneiras de se calcular a integral dupla numericamente (ou cubatura), utilizando as fórmulas de Newton-Côtes.

5.6. INTEGRAÇÃO DUPLA

5.6.1. Noções de Integração Dupla por Aplicações Sucessivas

Será vista, agora, uma forma de se obter o valor de uma integral dupla aplicando, sucessivamente, as fórmulas de quadratura que foram apresentadas.

Seja:

$$I = \iint_D f(x, y)\, dx\, dy$$

A integral que se deseja calcular, onde D é o retângulo delimitado por:

$$a \leqslant x \leqslant b$$
$$c \leqslant y \leqslant d$$

pode ser escrita na forma:

$$I = \int_a^b dx \int_c^d f(x, y)\, dy$$

Chamando

$$\int_c^d f(x, y)\, dy \quad \text{de} \quad G(x)$$

pode-se escrever:

$$I = \int_a^b G(x)\, dx$$

Para se resolver esta integral simples, pode-se utilizar quaisquer das fórmulas anteriormente vistas.

Apenas para ilustração do desenvolvimento, será utilizada a 1ª regra de Simpson ou regra do 1/3.

$$I = \int_a^b G(x)\, dx = \frac{h}{3}(G(x_0) + 4G(x_1) + 2G(x_2) + 4G(x_3) + \ldots + 4G(x_{n-1}) + G(x_n))$$

(5.30

onde:

$$h = \frac{b-a}{n}$$

Lembrando que:

$$G(x_i) = \int_c^d f(x_i, y)\, dy \quad (i = 0, 1, 2, \ldots, n) \tag{5.31}$$

Para o cálculo dos $n+1$ valores de $G(x_i)$ pode ser utilizado qualquer método visto anteriormente e os valores obtidos são levados à equação (5.30).

Exemplo 5.13

Calcule o valor da integral dupla abaixo:

$$I = \int_0^{\pi/2} dx \int_0^{\pi/4} \text{sen}\ (x+y)\ dy$$

Chamando $G(x) = \int_0^{\pi/4} \text{sen}\ (x+y)\ dy$, tem-se:

$$I = \int_0^{\pi/2} G(x)\ dx$$

Aplicando a regra do 1/3 e subdividindo em 4 subintervalos, tem-se:

$$I = \int_0^{\pi/2} G(x)\ dx$$

$$I = \frac{\pi}{24}\left(G(x_0) + 4G(x_1) + 2G(x_2) + 4G(x_3) + G(x_4)\right) \tag{5.32}$$

Para o cálculo de $G(x_i) = \int_0^{\pi/4} \text{sen}\ (x_i + y)\ dy$ para $x_i = 0 + ih$, onde $i = 0, 1, 2, 3, 4$, será utilizada a 1ª regra de Simpson com $n = 2$:

$$G(x_0) = G(0) = \int_0^{\pi/4} \operatorname{sen} y \, dy = \frac{\pi}{24} (\operatorname{sen} y_0 + 4\operatorname{sen} y_1 + \operatorname{sen} y_2) =$$

$$= \frac{\pi}{24} (\operatorname{sen} 0 + 4\operatorname{sen}\frac{\pi}{8} + \operatorname{sen}\frac{\pi}{4}) = \frac{\pi}{24} \cdot 2{,}2379$$

$$G(x_1) = G(\pi/8) = \int_0^{\pi/4} \operatorname{sen} (\pi/8 + y) \; dy =$$

$$= \frac{\pi}{24} (\operatorname{sen} (\frac{\pi}{8} + y_0) + 4\operatorname{sen} (\frac{\pi}{8} + y_1) + \operatorname{sen} (\frac{\pi}{8} + y_2)) =$$

$$= \frac{\pi}{24} (\operatorname{sen} (\pi/8) + 4\operatorname{sen} (\pi/4) + \operatorname{sen} (3\pi/8)) = \frac{\pi}{24} \cdot 4{,}1350$$

$$G(x_2) = G(\pi/4) = \int_0^{\pi/4} \operatorname{sen} (\pi/4 + y) \; dy =$$

$$= \frac{\pi}{24} (\operatorname{sen} (\pi/4) + \operatorname{sen} (3\pi/8) + \operatorname{sen} (\pi/2)) = \frac{\pi}{24} \cdot 5{,}4027$$

$$G(x_3) = G(3\pi/8) = \int_0^{\pi/4} \operatorname{sen} (3\pi/8 + y) \; dy = \ldots =$$

$$= \frac{\pi}{24} \cdot 5{,}8478$$

$$G(x_4) = G(\pi/2) = \int_0^{\pi/4} \operatorname{sen} (\pi/2 + y) \; dy = \frac{\pi}{24} \cdot 5{,}4027$$

Levando estes valores de $G(x_i)$ em (5.32), tem-se:

$I = (\pi/24)^2 \, (58{,}3772) = 1{,}00028$
$I = 1{,}00028$

Apenas para efeito de comparação, o valor exato desta integral é $I = 1$.

5.6.2. Quadro de Integração

Este quadro consiste em um dispositivo prático para se calcular a integral dupla, baseado no método de aplicações sucessivas que acabou de ser dado.

A descrição deste método será feita através de um exemplo.

Exemplo 5.14

Calcular o valor da integral:

$$I = \int_0^{\pi/2} \int_0^{0,4} (y^2 + y) \cos x \, dy dx, \quad \begin{cases} 0 \leqslant y \leqslant 0,4 \\ 0 \leqslant x \leqslant \pi/2 \end{cases}$$

Serão aplicados dois métodos de quadratura, um em x e outro em y.

Na variável x, por exemplo, o intervalo será dividido em 3 subintervalos a fim de se utilizar a regra dos 3/8:

$$n_x = 3 \Rightarrow h_x = \frac{\pi/2 - 0}{3} = \frac{\pi}{6}$$

Em y, o intervalo será dividido em 4 subintervalos a fim de se utilizar a regra do 1/3:

$$n_y = 4 \Rightarrow h_y = \frac{0,4 - 0}{4} = 0,1$$

O quadro a seguir é preenchido da seguinte forma:

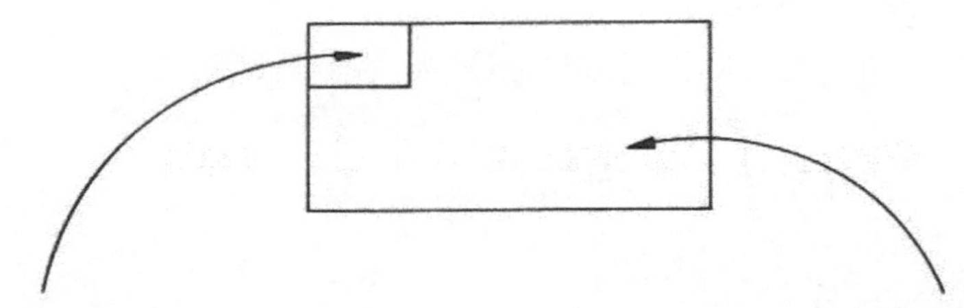

Neste espaço é colocado o produto $c_i \cdot c_j$

No interior do retângulo maior é colocado o valor da função no ponto (x_i, y_j) correspondente à linha (i) e coluna (j)

		i	0	1	2	3
		x_i	0	$\pi/6$	$\pi/3$	$\pi/2$
j	y_j	c_j \ c_i	1	3	3	1
0	0	1	[1] 0,0000	[3] 0,0000	[3] 0,0000	[1] 0,0000
1	0,1	4	[4] 0,1100	[12] 0,0953	[12] 0,0550	[4] 0,0000
2	0,2	2	[2] 0,2400	[6] 0,2078	[6] 0,1200	[2] 0,0000
3	0,3	4	[4] 0,3900	[12] 0,3377	[12] 0,1950	[4] 0,0000
4	0,4	1	[1] 0,5600	[3] 0,4850	[3] 0,2800	[1] 0,0000

Figura 5.5

O valor da integral será

$$I = k_x \cdot k_y \cdot \Sigma$$

onde Σ é o somatório do produto entre os dois valores de cada quadro.

$$\begin{aligned}\Sigma = {} & 1 \cdot 0 + 4 \cdot 0{,}1100 + 2 \cdot 0{,}2400 + 4 \cdot 0{,}3900 + 1 \cdot 0{,}5600 + \\ & + 3 \cdot 0 + 12 \cdot 0{,}0953 + 6 \cdot 0{,}2078 + 12 \cdot 0{,}3377 + 3 \cdot 0{,}4850 + \\ & + 3 \cdot 0 + 12 \cdot 0{,}0550 + 6 \cdot 0{,}1200 + 12 \cdot 0{,}1950 + 3 \cdot 0{,}2800 + \\ & + 1 \cdot 0 + 4 \cdot 0 + 2 \cdot 0 + 4 \cdot 0 + 1 \cdot 0 = 15{,}4978\end{aligned}$$

k_x é a constante de integração correspondente à regra de integração utilizada no eixo x.

$$k_x = \frac{3h_x}{8} = \frac{3(\pi/6)}{8}$$

k_y é a constante de integração correspondente à regra de integração utilizada no eixo y.

$$k_y = \frac{h_y}{3} = \frac{0{,}1}{3}$$

$$I = \frac{3(\pi/6)}{8} \cdot \frac{0,1}{3} \cdot 15,4978 = 0,1014$$

Exemplo 5.15

Calcular o valor da integral:

$$I = \int_0^2 dy \int_0^1 (x^2 + 2y) \; dx$$

Como $f^{(IV)}(x, y) = 0$, isto quer dizer que será obtido um valor exato se a regra do 1/3 ou dos 3/8 for aplicada, independentemente do número de subintervalos utilizados.

Aplicando 1/3:

		i	0	1	2
		x_i	0	0,5	1
j	y_i	c_j \ c_i	1	4	1
0	0	1	[1] 0	[4] 0,25	[1] 1
1	1	4	[4] 2	[16] 2,25	[4] 3
2	2	1	[1] 4	[4] 4,25	[1] 5

Figura 5.6

$$I = k_x \cdot k_y \cdot \Sigma$$

$$I = \frac{0,5}{3} \cdot \frac{1}{3} \cdot 84$$

$$I = 42/9 = 14/3$$

Valor exato: $I = 14/3$

5.6.3. Exercícios de Fixação

Calcule as integrais abaixo utilizando a 1ª regra de Simpson com $n_x = n_y = 4$.

5.6.3.1. $$\int_2^5 \int_1^3 e^{\left(\frac{\sqrt{x+y}}{x/y} - \cos xy\right)} dx\,dy$$

5.6.3.2. $$\int_0^{\pi/2} \int_0^{\pi} e^{x^2+y^2} dx\,dy$$

5.6.3.3. $$\int_0^{\pi/2} \int_0^{0,4} y \operatorname{sen} x\, dy\,dx$$

5.7. QUADRATURA GAUSSIANA

5.7.1. Obtenção da Fórmula

A fórmula de Gauss para o cálculo da integral numérica ou quadratura gaussiana, como é mais conhecida, é uma fórmula que fornece um resultado bem mais preciso que as fórmulas anteriormente vistas para um número de pontos semelhante.

Na aplicação da quadratura gaussiana, os pontos não são mais escolhidos pela pessoa que utiliza o método, mas seguem um critério bem definido e que será visto a seguir.

O problema continua sendo determinar:

$$I = \int_a^b f(x)\, dx$$

Será feita, a seguir, a dedução do método de Gauss para dois pontos pois para mais pontos o procedimento é análogo.

Inicialmente, o intervalo de integração deve ser mudado de $[a, b]$ para $[-1, 1]$. Isto pode ser conseguido mediante uma troca de variável:

$$x = \frac{1}{2}(b-a)t + \frac{1}{2}(b+a)$$

$$f(x) = f\left[\frac{1}{2}(b-a)t + \frac{1}{2}(b+a)\right]$$

$$I = \int_a^b f(x)\,dx = \int_{-1}^{1} F(t)\,dt$$

$$F(t) = \frac{1}{2}(b-a)\cdot f\left[\frac{1}{2}(b-a)t + \frac{1}{2}(b+a)\right] \qquad (5.33)$$

A fórmula de Gauss fornece valores exatos para a integração de polinômios de grau $(2n-1)$, onde n é o número de pontos.

Isto está representado graficamente na figura 5.7:

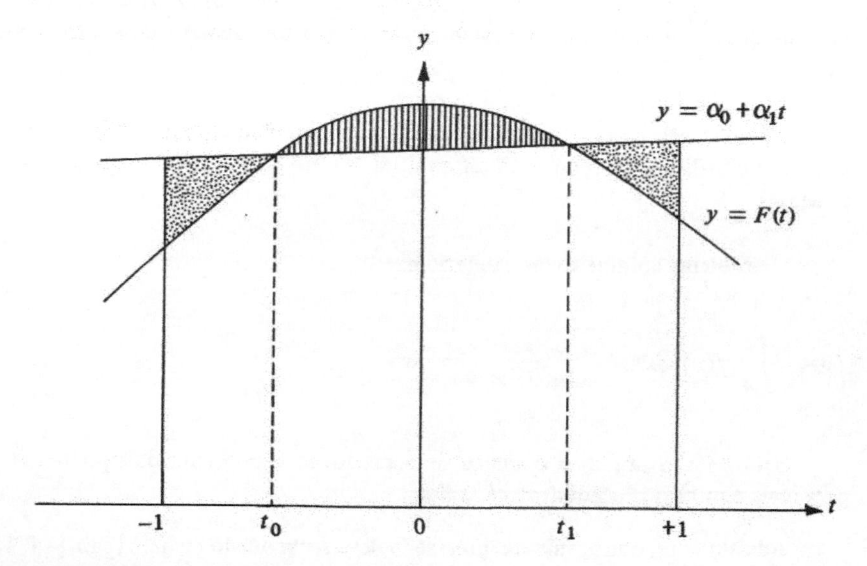

Figura 5.7. Fórmula de Gauss para dois pontos.

Para dois pontos, a fórmula de Gauss é:

$$I = \int_{-1}^{1} F(t)\ dt = A_0\, F(t_0) + A_1\, F(t_1) \tag{5.34}$$

onde A_0, A_1, t_0 e t_1 são incógnitas a se determinar e independentes da função F escolhida.

Para determinar estas quatro incógnitas são necessárias quatro equações que podem ser facilmente obtidas ao se considerar $F(t) = t^k$, $k = 0, 1, 2, 3$, já que, como foi dito, A_0, A_1, t_0 e t_1 independem da função F.

Então:

$$\int_{-1}^{1} t^k\, dt = A_0\, F(t_0^k) + A_1\, F(t_1^k)$$

Para:

$$k = 0 \Rightarrow \int_{-1}^{1} t^0\, dt = A_0 t_0^0 + A_1 t_1^0$$

$$k = 1 \Rightarrow \int_{-1}^{1} t^1\, dt = A_0 t_0 + A_1 t_1$$

$$k = 2 \Rightarrow \int_{-1}^{1} t^2\, dt = A_0 t_0^2 + A_1 t_1^2$$

$$k = 3 \Rightarrow \int_{-1}^{1} t^3\, dt = A_0 t_0^3 + A_1 t_1^3$$

ou ainda:

$$\begin{cases} 2 = A_0 + A_1 \\ 0 = A_0 t_0 + A_1 t_1 \\ 2/3 = A_0 t_0^2 + A_1 t_1^2 \\ 0 = A_0 t_0^3 + A_1 t_1^3 \end{cases} \tag{5.35}$$

Resolvendo o sistema (5.35), obtém-se:

$$A_0 = A_1 = 1$$
$$t_0 = -t_1 = 1/\sqrt{3}$$

Substituindo os valores encontrados na equação (5.34), tem-se a fórmula de Gauss para dois pontos:

$$I_G = F(-1/\sqrt{3}) + F(1/\sqrt{3}) \tag{5.36}$$

É bom lembrar que esta fórmula é exata para polinômios de até o terceiro grau.

Para polinômios de graus superiores e para outras funções o erro de integração é da ordem de:

$$E = \frac{1}{135} F^{(IV)}(\&) \qquad -1 \leqslant \& \leqslant 1 \tag{5.37}$$

A fórmula geral para a quadratura gaussiana, que é determinada por um processo semelhante ao adotado para o cálculo da fórmula para 2 pontos, é baseada em propriedades dos polinômios de Legendre e é:

$$I = \int_{-1}^{1} F(t)\,dt = \sum_{i=0}^{n-1} A_i F(t_i) \tag{5.38}$$

onde:

n – é o número de pontos
A_i – são os coeficientes
t_i – são as raízes

O erro pode ser avaliado pela seguinte fórmula:

$$E = \frac{+\,2^{(2n+1)} \cdot (n!)^4}{(2n+1) \cdot ((2n)!)^3} \cdot F^{(2n)}(\&) \qquad -1 \leqslant \& \leqslant 1 \tag{5.39}$$

Esta fórmula de erro é, também, conseqüência da utilização dos polinômios de Legendre. O leitor interessado na dedução destas fórmulas pode consultar [8].

Os valores de A_i e t_i até $n = 8$ são dados na tabela abaixo.

Tabela 5.16

n	i	t_i	A_i
1	0	0	2
2	1 ; 0	± 0,57735027	1
3	0 ; 1 2	± 0,77459667 0	5/9 = 0,55555556 8/9 = 0,88888889
4	0 ; 1 2 ; 3	± 0,86113631 ± 0,33998104	0,34785484 0,65214516
5	0 ; 1 2 ; 3 4	± 0,90617985 ± 0,53846931 0	0,23692688 0,47862868 0,56888889
6	0 ; 1 2 ; 3 4 ; 5	± 0,93246951 ± 0,66120939 ± 0,23861919	0,17132450 0,36076158 0,46791394
7	0 ; 1 2 ; 3 4 ; 5 6	± 0,94910791 ± 0,74153119 ± 0,40584515 0	0,12948496 0,27970540 0,38183006 0,41795918
8	0 ; 1 2 ; 3 4 ; 5 6 ; 7	± 0,96028986 ± 0,79666648 ± 0,52553242 ± 0,18343464	0,10122854 0,22238104 0,31370664 0,36268378

Exemplo 5.16

Calcular, utilizando a quadratura gaussiana com dois pontos, o valor da integral.

$$I = \int_{-2}^{2} e^{-x^2/2}\, dx$$

$$I_G = A_0 F(t_0) + A_1 F(t_1)$$

$$F(t) = \frac{b-a}{2} f\left(\frac{b-a}{2}\, t + \frac{b+a}{2}\right)$$

$$F(t) = \frac{2-(-2)}{2} f \left(\frac{(2-(-2)}{2} t + \frac{2+(-2)}{2} \right)$$

$$F(t) = 2e^{-2t^2}$$

Como:

$$A_0 = A_1 = 1$$
$$-t_0 = t_1 = 1/\sqrt{3}$$

então:

$$I_G = 2(e^{-2(-1/\sqrt{3})^2} + e^{-2(1/\sqrt{3})^2})$$

$$I_G = 2{,}05367$$

$$E_{\text{máx}} = \frac{1}{135} F^{(IV)}(\&) = 0{,}3389$$

Exemplo 5.17

Considerando o mesmo exemplo anterior, calcular a integral utilizando a fórmula de quadratura gaussiana para 3, 4, 5 e 6 pontos.

$$I = \int_{-2}^{2} e^{-x^2/2}\, dx$$

De (5.33)

$$F(t) = \frac{b-a}{2} f \left[\frac{b-a}{2} \cdot t + \frac{1}{2}(b+a) \right] = 2e^{-(2t^2)}$$

Para três pontos:

$$t_0 = 0{,}77459667$$
$$A_0 = 5/9$$
$$t_1 = -0{,}77459667$$
$$A_1 = 5/9$$
$$t_2 = 0$$

$$A_2 = 8/9$$

$$I = A_0 F(t_0) + A_1 F(t_1) + A_2 F(t_2)$$

$$= \frac{5}{9} \cdot 2e^{-2\, t_0^2} + \frac{5}{9} \cdot 2e^{-2\, t_1^2} + \frac{8}{9} \cdot 2e^{0} = 2{,}4471$$

Para 4 pontos:

$$t_0 = t_1 = 0{,}86113631$$

$$A_0 = A_1 = 0{,}34785484$$

$$t_3 = t_2 = 0{,}33998104$$

$$A_3 = A_2 = 0{,}65214516$$

$$I = \sum_{i=0}^{3} A_i F(t_i) = 2{,}3859$$

Repetindo o mesmo processo para $n = 5$ e $n = 6$, pode-se construir a seguinte tabela:

Tabela 5.17

Nº DE PONTOS	*INTEGRAL*	*E (ERRO)*
2	2,0536	0,3389
3	2,4471	0,0546
4	2,3859	0,0066
5	2,3931	0,0006
6	2,3925	0,0000

Pode-se notar que, com pouco esforço, consegue-se uma boa precisão com a utilização da quadratura gaussiana, mas, por outro lado, é obrigatória a utilização de coordenadas prefixadas.

Sempre que possível, é aconselhável a utilização da quadratura gaussiana. Mas, em situações práticas, em que a forma analítica da função não é conhecida, deve-se utilizar as fórmulas de Newton-Côtes.

5.7.2. Implementação da Quadratura Gaussiana

Seguem, abaixo, a implementação do método pela sub-rotina QGAUSS, a função requerida por ela e um exemplo de programa para usá-las.

5.7.2.1. SUB-ROTINA QGAUSS

```
C.............................................................................
C
C
C       SUBROTINA QGAUSS
C
C       OBJETIVO:
C            INTEGRACAO DE UMA FUNCAO
C
C       METODO UTILIZADO :
C            QUADRATURA GAUSSIANA
C
C       USO :
C            CALL QGAUSS(FUNCAO,LI,LS,N,INTEG)
C
C       PARAMETROS DE ENTRADA :
C            FUNCAO : FUNCAO A SER INTEGRADA
C            LI     : LIMITE INFERIOR DE INTEGRACAO
C            LS     : LIMITE SUPERIOR DE INTEGRACAO
C            N      : NUMERO DE PONTOS A SER UTILIZADO
C
C       PARAMETRO DE SAIDA :
C            INTEG  : VALOR DA INTEGRAL
C
C       FUNCAO REQUERIDA :
C            FUNCAO : FUNCAO A SER INTEGRADA
C
C.............................................................................
C
C
      SUBROUTINE QGAUSS(FUNCAO,LI,LS,N,INTEG)
C
      INTEGER I,K,LINHA(8),M,N
      REAL A(36),F,INTEG,LI,LS,T(36),X
      DATA   T(1)      ,  T(2)      ,  T(3)      ,  T(4)
     E   / 0.         ,-0.57735027, 0.57735027,-0.77459667/,
     F      T(5)      ,  T(6)      ,  T(7)      ,  T(8)
     G   / 0.77459667, 0.         ,-0.86113631, 0.86113631/,
     H      T(9)      ,  T(10)     ,  T(11)     ,  T(12)
     I   /-0.33998104, 0.33998104,-0.90617985, 0.90616985/,
     J      T(13)     ,  T(14)     ,  T(15)     ,  T(16)
     K   /-0.53846931, 0.53846931, 0.         ,-0.93246951/,
     L      T(17)     ,  T(18)     ,  T(19)     ,  T(20)
     M   / 0.93246951,-0.66120939, 0.66120939,-0.23861919/,
     N      T(21)     ,  T(22)     ,  T(23)     ,  T(24)
     O   / 0.23861919,-0.94910791, 0.94910791,-0.74153119/,
     P      T(25)     ,  T(26)     ,  T(27)     ,  T(28)
     Q   / 0.74153119,-0.40584515, 0.40584515, 0.         /,
     R      T(29)     ,  T(30)     ,  T(31)     ,  T(32)
     S   /-0.96028986, 0.96028986,-0.79666648, 0.79666648/,
     T      T(33)     ,  T(34)     ,  T(35)     ,  T(36)
     U   /-0.52553242, 0.52553242,-0.18343464, 0.18343464/
      DATA   A(1)      ,  A(2)      ,  A(3)      ,  A(4)
     E   / 2.         , 1.         , 1.         , 0.55555556/,
     F      A(5)      ,  A(6)      ,  A(7)      ,  A(8)
```

```
     G    / 0.55555556, 0.88888889, 0.34785484, 0.34785484/,
     H       A(9)     ,  A(10)    ,  A(11)    ,  A(12)
     I    / 0.65214516, 0.65214516, 0.23692688, 0.23692688/,
     J       A(13)    ,  A(14)    ,  A(15)    ,  A(16)
     K    / 0.23692688, 0.47862868, 0.56888889, 0.17132450/,
     L       A(17)    ,  A(18)    ,  A(19)    ,  A(20)
     M    / 0.17132450, 0.36076158, 0.36076158, 0.46791394/,
     N       A(21)    ,  A(22)    ,  A(23)    ,  A(24)
     O    / 0.46791394, 0.12948496, 0.12948496, 0.27970540/,
     P       A(25)    ,  A(26)    ,  A(27)    ,  A(28)
     Q    / 0.27970540, 0.38183006, 0.38183006, 0.41795918/,
     R       A(29)    ,  A(30)    ,  A(31)    ,  A(32)
     S    / 0.10122854, 0.22238104, 0.22238104, 0.22238104/,
     T       A(33)    ,  A(34)    ,  A(35)    ,  A(36)
     U    / 0.31370664, 0.31370664, 0.36268378, 0.36268378/
C
        K=1
        LINHA(1)=1
        DO 10 I=2,8
          LINHA(I)=LINHA(I-1)+K
          K=K+1
   10   CONTINUE
        INTEG=0.
        M=LINHA(N)-1
        DO 20 I=1,N
          M=M+1
          X=(LS-LI)*T(M)/2.+(LS+LI)/2.
          F=FUNCAO(X)*(LS-LI)/2.
          INTEG=INTEG+A(M)*F
   20   CONTINUE
C
C        IMPRESSAO DO RESULTADO
C
        WRITE(2,21)INTEG
   21   FORMAT(1H1,31HO VALOR DA INTEGRAL E' IGUAL A ,1PE14.7)
        RETURN
      END
```

5.7.2.2. FUNÇÃO FUNCAO

```
C
C        F(X)
C
      REAL FUNCTION FUNCAO(X)
      REAL X
      FUNCAO= " escreva a forma analitica de f(x) "
      RETURN
      END
```

5.7.2.3. PROGRAMA PRINCIPAL

```
C
C
C         PROGRAMA PRINCIPAL PARA UTILIZACAO DA SUBROTINA QGAUSS
C
C
      EXTERNAL FUNCAO
      INTEGER N
      REAL A,B,INTEG
        READ(1,1)N,A,B
    1   FORMAT(I2,2F10.0)
C
        CALL QGAUSS(FUNCAO,A,B,N,INTEG)
C
        CALL EXIT
      END
```

Exemplo 5.18

Determinar o valor da integral abaixo, utilizando a quadratura gaussiana, com 8 pontos.

$$I = \int_{2}^{4} \frac{\log x + x^2}{(x + 3)^2} \, dx$$

Para resolver este exemplo, usando o programa acima, devem ser fornecidos:
Dados de entrada

ø8, 2., 4.,

```
C
C
C         ESPECIFICACAO DA FUNCAO
C
C
      REAL FUNCTION FUNCAO(X)
        FUNCAO=(ALOG10(X)+X*X)/(X+3)**2
        RETURN
      END
```

O resultado obtido foi:

```
O VALOR DA INTEGRAL E' IGUAL A  5.2128375E-01
```

5.7.3. Exercícios de Fixação

5.7.3.1. Calcular o valor da integral

$$I = \int_{-1}^{1} (x^7 + x^6 + 4x^5 + 6x^4 + 8x^3 + 2x + 9)dx$$

utilizando a quadratura gaussiana

a) com 2 pontos
b) com 3 pontos
c) com 4 pontos
d) Calcular, ainda, o erro cometido nos itens (a) e (b), já que o valor obtido no item (c) é exato.

Calcular o valor das integrais abaixo, aplicando a fórmula da quadratura gaussiana, com o número de pontos indicado.

5.7.3.2. Com $n = 4$:

$$I = \int_{-1}^{1} \text{arc}\cos^2 x + x^2 \; dx$$

5.7.3.3. Com $n = 5$:

$$I = \int_{0}^{\pi/2} 2 \,\text{sen}\,(\pi/2) + \text{sen}\,x \; dx$$

5.7.3.4. Com $n = 4$:

$$I = \int_{2}^{4} \frac{\ln x}{x^2} \; dx$$

5.8. CONCLUSÕES

Para melhor ilustrar a diferença de precisão dos métodos de integração apresentados, será considerada a integral:

$$I = \int_1^5 \ln x \, dx$$

O seu valor exato, com seis decimais, é:

$$I = \int_1^5 \ln x \, dx = x \ln x - \int_1^5 dx = 4{,}047190$$

Aplicação dos métodos estudados:

Trapézios

Tabela 5.18

INTERVALOS	*I*	*E*
2	3,806662	$-2{,}41 \cdot 10^{-1}$
4	3,989277	$-5{,}79 \cdot 10^{-2}$
8	4,030684	$-1{,}65 \cdot 10^{-2}$
10	4,036591	$-1{,}06 \cdot 10^{-2}$
20	4,044527	$-2{,}66 \cdot 10^{-3}$
50	4,046763	$-4{,}27 \cdot 10^{-4}$
100	4,047083	$-1{,}07 \cdot 10^{-4}$
200	4,047163	$-2{,}70 \cdot 10^{-5}$

1ª Simpson

Tabela 5.19

n	*I*	*E*
2	4,002591	$-4{,}46 \cdot 10^{-2}$
4	4,041476	$-5{,}71 \cdot 10^{-3}$
8	4,046655	$-5{,}35 \cdot 10^{-4}$
10	4,046953	$-2{,}37 \cdot 10^{-4}$
20	4,047173	$-1{,}70 \cdot 10^{-5}$
50	4,047189	$-1{,}00 \cdot 10^{-6}$
100	4,047190	0

Gaussiana

Tabela 5.20

n	I	E
2	4,073764	$2,66 \cdot 10^{-2}$
3	4,049833	$2,64 \cdot 10^{-3}$
4	4,047482	$2,92 \cdot 10^{-4}$
5	4,047224	$3,40 \cdot 10^{-5}$
6	4,047194	$4,00 \cdot 10^{-6}$
10	4,047190	0

Apesar de se tratar de um pequeno exemplo, pode-se tirar algumas conclusões:

1) A regra dos trapézios para n pontos fornece uma precisão semelhante à aplicação de Simpson com $2n$ pontos e gaussiana com $4n$ pontos.

2) Com relação ao esforço necessário para o cálculo, para uma mesma precisão, a regra dos trapézios requer o dobro de esforços que a regra de Simpson que, por sua vez, requer o dobro que a aplicação da fórmula de quadratura gaussiana.

Estas conclusões não são regra geral, mas, na grande maioria dos casos, elas são verdadeiras.

Um outro aspecto que se deve considerar é o fato de que, para a aplicação da fórmula de quadratura gaussiana, deve-se ter a forma explícita da função a ser integrada, quando, nas fórmulas de Newton-Côtes, necessita-se apenas dos pontos tabelados, o que é bastante útil em casos práticos.

5.9. EXEMPLO DE APLICAÇÃO

5.9.1. Descrição do Problema

O Serviço de Proteção ao Consumidor (SPC) tem recebido, ultimamente, muitas reclamações, por parte de seus protegidos, quanto ao peso real do pacote de 5 kg de açúcar vendido nos supermercados.

Para verificar a validade das reclamações, o SPC contratou uma firma especializada em estatítica, que se dispôs a fazer uma estimativa da quantidade de pacotes que, realmente, continham menos de 5 kg.

Como é inviável a repesagem de todos os pacotes postos à venda, a firma responsável pesou, apenas, uma amostra de 100 pacotes e, a partir destes dados, ela pôde, utilizando métodos estatísticos que serão descritos a seguir, ter uma boa idéia dos pesos de todos os pacotes existentes no mercado.

5.9.2. Modelo Matemático

Chamando de x_i o peso do pacote i, tem-se:

$$\text{média da amostra} = \bar{x} = \frac{1}{n} \sum_{i=1}^{n} x_i$$

onde n é o número de pacotes da amostra.

Será omitida, aqui, a apresentação dos pesos obtidos, face ao elevado número de pacotes examinados.

Calculando a média, tem-se:

$$\bar{x} = \frac{1}{100} \times 499{,}1 = 4{,}991 \text{ kg}$$

O desvio padrão, que é uma medida estatística que dá uma noção da dispersão dos pesos em relação à média, é dado por

$$S = + \sqrt{\frac{1}{n-1} \sum_{i=1}^{n} (\bar{x} - x_i)^2}$$

Para os dados deste problema, tem-se:

$S = 0{,}005$ kg

Supondo-se verdadeira a hipótese de que a variação do peso dos pacotes não é tendenciosa, isto é, que o peso de um pacote é função de uma composição de efeitos de outras variáveis independentes, entre as quais podem ser relacionadas a regulagem da máquina de ensacar, o operador da máquina, a variação da densidade do açúcar, a exatidão da balança a leitura do peso etc., pode-se afirmar que a variável peso tem distribuição normal.

O gráfico da distribuição normal é apresentado abaixo:

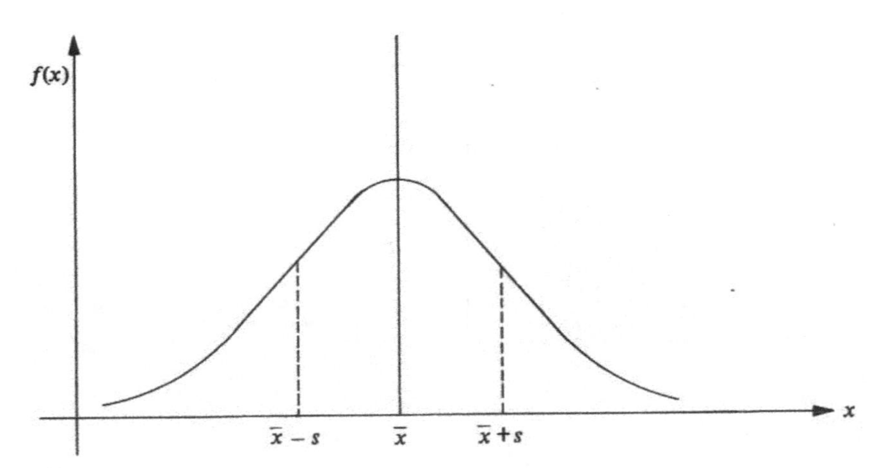

Figura 5.8

Esta distribuição é de grande aplicação na estatística, pois pode-se utilizá-la sempre que a variável em estudo é uma composição de efeitos de outras variáveis independentes e tem uma concentração maior em torno da média.

A forma analítica desta função é:

$$f(x) = \frac{1}{s\sqrt{2\pi}} \quad e^{-\frac{1}{2}\left(\frac{x-\bar{x}}{s}\right)^2}$$

O valor $f(x)$ é a freqüência de ocorrência do valor x.

A integral de $f(x)$ dá a freqüência acumulada, isto é,

$$F(x_0) = \int_{-\infty}^{x_0} f(x)\, dx$$

é a probabilidade de que x assuma um valor menor ou igual a x_0.

Graficamente, $F(x_0)$ é a área hachurada abaixo:

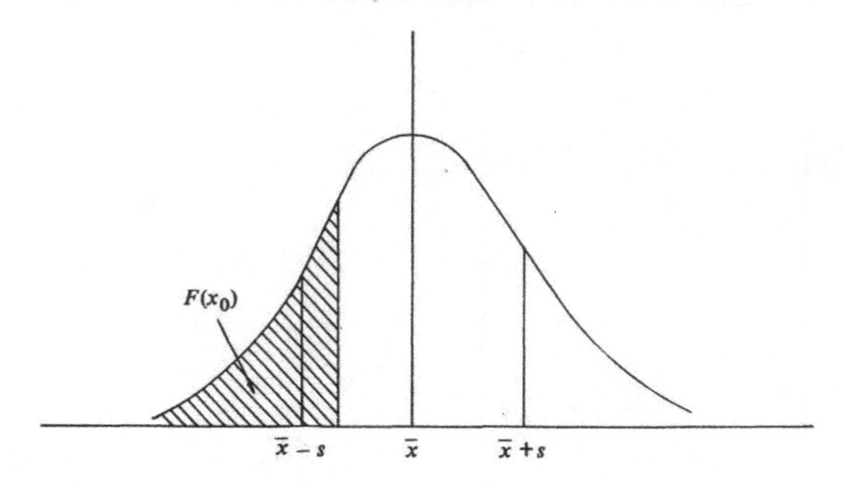

Figura 5.9

No problema em questão, o que se deseja é determinar

$$F(5{,}000) = \int_{-\infty}^{5{,}000} \frac{1}{0{,}005\sqrt{2\pi}} e^{-\frac{1}{2}\left(\frac{x - 4{,}991}{0{,}005}\right)^2} dx$$

Antes de dar prosseguimento a este cálculo é bom que sejam feitas as seguintes observações:

1) Tem-se que

$$\int_{-\infty}^{\infty} f(x)\, dx = 1$$

2) A curva é simétrica em relação à média ($\bar{x}$), logo:

$$\int_{-\infty}^{\bar{x}} f(x)\, dx = \int_{\bar{x}}^{\infty} f(x)\, dx = 0{,}5$$

Tendo em vista o exposto acima, F pode ser reescrita da seguinte maneira:

$$F(5{,}000) = 0{,}5 + \int_{\bar{x}=4{,}991}^{5{,}000} \frac{1}{0{,}005\sqrt{2\pi}} e^{-\frac{1}{2}\left(\frac{x-4{,}991}{0{,}005}\right)^2} dx$$

Fazendo uma mudança de variável

$$z = \frac{x - \bar{x}}{s} = \frac{x - 4{,}991}{0{,}005}$$

tem-se:

$$F(1{,}8) = 0{,}5 + \int_{0}^{1{,}8} \frac{1}{0{,}005\sqrt{2\pi}} e^{-\frac{1}{2}z^2}\, 0{,}005\, dz$$

$$F(1{,}8) = 0{,}5 + \frac{1}{\sqrt{2\pi}} \int_{0}^{1{,}8} e^{-\frac{1}{2}z^2} dz$$

que está numa forma bem mais simples de ser calculada.

Graficamente ela pode ser assim representada:

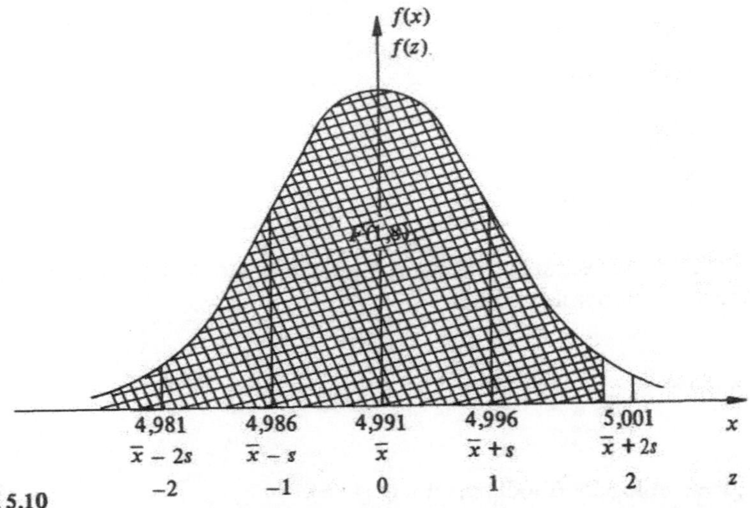

Figura 5.10

5.9.3. Solução Numérica

Como a integral acima não tem solução analítica, devem-se usar métodos numéricos para determiná-la.

Será utilizada, então, a 1ª regra de Simpson, já que ela fornece valores bem precisos com reduzido esforço computacional.

ESTUDO DO ERRO

O erro na integração para a 1ª regra de Simpson é dado por

$$E = -\frac{(b-a)^5}{180n^4} f^{(IV)}(\&), \quad a \leqslant \& \leqslant b$$

$$f^{(IV)}(\&) = \frac{e^{-\frac{1}{2}\&}(\&^4 - 6\&^2 + 3)}{\sqrt{2\pi}}, \quad 0 \leqslant \& \leqslant 1{,}8$$

cujo máximo é $\frac{3}{\sqrt{2\pi}}$, para $\& = 0$

Então, o erro máximo será dado por

$$E = -\frac{1{,}8^5}{180n^4} \times \frac{3}{\sqrt{2\pi}}$$

$$= -\frac{0{,}1256}{n^4}$$

Como os dados são fornecidos com uma precisão de 10^{-3}, o erro de integração deverá ser inferior a este valor.

$$|E| < 10^{-4} \rightarrow n > \sqrt[4]{1{,}256 \times 10^3} = 5{,}95$$

Logo, serão utilizados 6 subintervalos ($n = 6$).

USO DA SUB-ROTINA DE SIMPS 1

Pode-se utilizar a sub-rotina SIMPS1, descrita no item 5.3.6, e o programa principal descrito abaixo.

```
C
C
C        PROGRAMA PRINCIPAL PARA UTILIZACAO DA SUBROTINA SIMPS
C
C
      EXTERNAL FUNCAO
      INTEGER N,NMAX,TIPO
      REAL INTEG,XN,XO,TABELA(20,2)
        NMAX=20
        TIPO=1
        N=7
        XO=0.
        XN=1.8
C
        CALL SIMPS1(NMAX,TIPO,FUNCAO,TABELA,XO,XN,N,INTEG)
C
        CALL EXIT
      END
```

Para calcular a integral basta que se forneça a função FUNCAO:

```
C
C
C        ESPECIFICACAO DA FUNCAO
C
C
      REAL FUNCTION FUNCAO(X)
        FUNCAO=EXP(-0.5*X**2)
        RETURN
      END
```

Foi impresso o seguinte resultado:

```
      FUNCAO TABELADA


I        X                    Y
          I                    I


1    0.00000E+00    1.00000E+00
```

```
2    3.00000E-01    9.55998E-01
3    6.00000E-01    8.35270E-01
4    9.00000E-01    6.66977E-01
5    1.20000E+00    4.86752E-01
6    1.50000E+00    3.24653E-01
7    1.80000E+00    1.97899E-01


O VALOR DA INTEGRAL E'  1.16325E+00
```

Obtido o valor da integral, pode-se completar o cálculo de $F(1{,}8)$:

$$F(1{,}8) = 0{,}5 + \frac{1}{\sqrt{2\pi}} \cdot 1{,}16325$$

$$F(1{,}8) = 0{,}964$$

5.9.4. Análise do Resultado

Através do resultado obtido pode-se concluir que existe uma probabilidade de 0,964 ou 96,4% de se achar um pacote de açúcar com menos de 5 kg, ou seja, 96,4% dos pacotes no mercado estão com peso abaixo do peso nominal.

5.10. EXERCÍCIOS PROPOSTOS

Nos problemas seguintes, dar o valor da integral, aplicando o método indicado.

5.10.1.

Tabela 5.21

i	x_i	y_i
0	1	1,0000
1	2	0,5000
2	3	0,3333
3	4	0,2500
4	5	0,2000

$$I = \int_1^5 f(x)\, dx$$

trapézios

5.10.2.

Tabela 5.22

i	x_i	y_i
0	1	1,0000
1	2	7,0000
2	3	13,0000
3	4	19,0000
4	5	25,0000
5	6	31,0000
6	7	37,0000
7	8	43,0000
8	9	49,0000

$$I = \int_1^9 f(x)\,dx$$

trapézios

5.10.3. $I = \int_0^1 \operatorname{sen} x^2\,dx$ — trapézios e 1ª de Simpson } com $n = 10$

5.10.4. $I = \int_4^{5,2} \ln x\,dx$

(a) trapézios, com $n = 6$
(b) 1ª de Simpson, com $n = 6$
(c) 2ª de Simpson, com $n = 6$

5.10.5. $I = \int_{0,1}^{1,6} \frac{dx}{x}$ — 2ª de Simpson, com $n = 15$

5.10.6. $I = \int_0^1 \frac{dx}{1+x^2}$

(a) trapézios com $\mathcal{E} < 10^{-2}$
(b) trapézios com $\mathcal{E} < 10^{-3}$

5.10.7.

Tabela 5.23

i	x_i	y_i
0	1	0,540
1	1,2	0,302
2	1,4	0,121
3	1,6	0,416
4	1,8	0,126
5	2,0	0,208

$$I = \int_1^2 f(x)\,dx$$

trapézios, com $n = 5$

5.10.8. $I = \int_0^{0,2} \cos\left(\frac{\pi x^2}{2}\right) dx$ — trapézios, com $\mathcal{E} < 10^{-4}$

5.10.9. $I = \int_0^1 x \operatorname{sen} x \, dx$ — 1ª de Simpson, com $\mathcal{E} < 10^{-3}$

5.10.10. $I = \int_2^3 \frac{1}{x \log x} dx$ — 1ª de Simpson, com $\mathcal{E} < 10^{-3}$

5.10.11. $I = \int_2^3 \frac{dx}{1 + \sqrt{\ln x}}$ — 1ª de Simpson, com $\mathcal{E} < 10^{-3}$

5.10.12. $I = \int_{0,1}^{1,1} \frac{\ln(1+x)}{\sqrt[3]{x}} dx$ — 1ª de Simpson, com $\mathcal{E} < 10^{-3}$

5.10.13.

Tabela 5.24

i	x_i	y_i
0	0,00	1,6487
1	0,10	1,8130
2	0,20	1,9348
3	0,30	1,9445
4	0,40	1,7860
5	0,50	1,4550
6	0,60	1,0202
7	0,70	0,5975
8	0,80	0,2837
9	0,90	0,1059
10	1,00	0,0302

$I = \int_0^1 f(x) \, dx$

1ª de Simpson, com $n = 10$

5.10.14. $I = \int_1^3 \frac{dx}{1 + x}$ — gaussiana, com $n = 4$

5.10.15. $I = \int_{-1}^1 \frac{dx}{x + 3}$ — gaussiana, com $n = 5$

5.10.16. $I = \int_0^1 \sqrt{1+x}\, dx$ gaussiana, com $n = 4$

5.10.17 $I = \int_0^1 \frac{\ln(1+x)}{1+x^2}\, dx$ gaussiana, com $n = 4$

5.10.18. $I = \int_0^1 \frac{dt}{\sqrt{(t^2+1)(2t^2+4)}}$ gaussiana, com $n = 4$

5.10.19. $I = \int_3^4 dx \int_1^2 \frac{1}{(x+y)^2}\, dy$ 1ª de Simpson, $n_x = n_y = 4$

5.10.20. $I = \int_1^{10} dx \int_0^1 \frac{x^2\, dy}{1+y^2}$ 1ª de Simpson, $n_x = n_y = 4$

5.10.21. $I = \int_0^{0,3} dx \int_0^{1,2} l^{-(x^2+y^2)}\, dy$ método de sua preferência,
$h_x = 0{,}1$
$h_y = 0{,}3$

5.10.22. $I = \int_0^1 dy \int_0^3 x^2 (x+y)(y^2+x)\, dx$ método de sua preferência,
$h_x = 0{,}25$
$h_y = 1{,}0$

5.10.23. Calcular a integral

$$I = \int_0^1 (3x^2 - 4x)\, dx$$

pela aplicação da regra dos trapézios com 4 e 8 intervalos.

Após este cálculo, aplicar a extrapolação de Richardson e comparar com o resultado exato (obtido por Simpson).

5.10.24. Mostrar que a fórmula do erro para a 2ª regra de Simpson composta é dada por

$$E = -\frac{(b-a)^5}{80n^4} f^{(IV)}(\xi), \quad a \leqslant \xi \leqslant b$$

5.10.25. As fórmulas de Newton-Côtes são todas obtidas a partir da aproximação da função integranda por um polinômio interpolador de Gregory-Newton. Aplicando a mesma sistemática adotada para a obtenção das regras dos trapézios e de Simpson, determinar uma fórmula de integração utilizando o polinômio interpolador de Gregory-Newton de 4º grau.

5.10.26. Aplicar a fórmula obtida no exercício anterior para calcular

$$I = \int_1^2 \ln (x + \sqrt{x+1}) \; dx$$

5.10.27. Mostrar que a fórmula da extrapolação de Richardson para as regras de Simpson é dada por

$$I = I_2 + \frac{n_1^4}{n_2^4 - n_1^4} (I_2 - I_1)$$

5.10.28. Sabendo-se que a quantidade de calor necessária para elevar a temperatura de um certo corpo de massa m de t_0 a t_1 é

$$Q = m \int_{t_0}^{t_1} C(\theta) \, d\theta$$

onde $C(\theta)$ é o calor específico do corpo à temperatura θ, calcular a quantidade de calor necessária para se elevar 20 kg de água de 0°C a 100°C.

Para a água, temos:

Tabela 5.25

θ (°C)	$C(\theta)$ (kcal/kg °C)
0	999,9
10	999,7
20	998,2
30	995,3
40	992,3
50	988,1
60	983,2
70	977,8
80	971,8
90	965,3
100	958,4

5.10.29. De um velocímetro de um automóvel foram obtidas as seguintes leituras de velocidade instantânea:

Tabela 5.26

t (min)	V (km/h)
0	23
5	25
10	28
15	35
20	40
25	45
30	47
35	52
40	60
45	61
50	60
55	54
60	50

Calcular a distância, em quilômetros, percorrida pelo automóvel.
(Sugestão: usar 3/8.)

5.10.30. Uma linha reta foi traçada de modo a tangenciar as margens de um rio nos pontos A e B. Para medir a área do trecho entre o rio e a reta AB foram traçadas perpendiculares em relação a AB com um intervalo de 0,05 m. Qual é esta área?

Tabela 5.27

PERPENDICULARES	*COMPRIMENTO* (m)
1	3,28
2	4,02
3	4,64
4	5,26
5	4,98
6	3,62
7	3,82
8	4,68
9	5,26
10	3,82
11	3,24

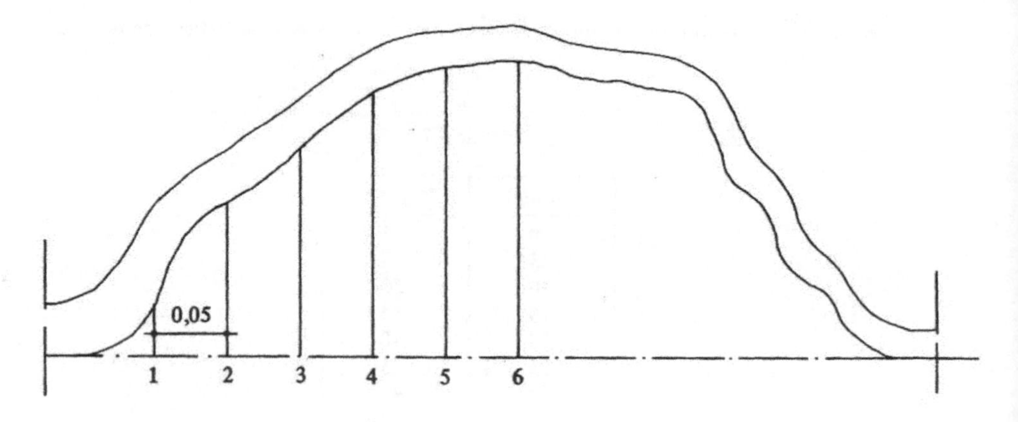

Figura 5.11

5.10.31. **Calcular o trabalho realizado por um gás sendo aquecido segundo a tabela:**

Tabela 5.28

V (m^3)	1,5	2,0	2,5	3,0	3,5	4,0	4,5
P (kg/m^2)	80	72	64	53	44	31	22

Observação. $W = \int_{V_i}^{V_f} P \; dV$

Capítulo 6

Equações Diferenciais Ordinárias

6.1. INTRODUÇÃO

Equações diferenciais ordinárias – EDO – ocorrem com muita freqüência na descrição de fenômenos da natureza. Um exemplo bem simples é o crescimento da população de bactérias numa colônia. Pode-se supor que sob condições ambientais favoráveis, a taxa de crescimento da colônia seja proporcional ao número de indivíduos num dado tempo; se $y(t)$ for o número de indivíduos no tempo t, tem-se a equação $y(t) = ky(t)$.

Há vários métodos que resolvem analiticamente uma EDO; o leitor, entretanto, não deve ser levado a crer que seja sempre possível obter a solução analítica de uma EDO. Neste caso, os métodos numéricos são a saída para se encontrar uma solução aproximada. Por exemplo, mesmo equações diferenciais com aspecto simples como

$$y' = x^2 + y^2 \quad \text{ou} \quad y'' = 6y^2 + x,$$

não podem ser resolvidas em termos de funções elementares.

6.1.1. Problema de Valor Inicial

Do Cálculo se conhece a forma com que se apresenta uma equação diferencial ordinária de ordem n:

$$y^{(n)} = f\,(x, y, y', y^{(2)}, \ldots, y^{(n-1)}) \qquad (6.1)$$

onde

$$y^{\ell} = \frac{d^{\ell} y}{dx^{\ell}}\ , \quad \ell = 1, 2, \ldots, n\ , \quad x \in [a, b] \quad \text{e} \quad y : [a, b] \rightarrow \mathbf{R}$$

Exemplo 6.1

$y^{(2)} = 3y^{(1)} - 2y$ é uma EDO de ordem 2 com $f(x, y, y') = 3y^{(1)} - 2y$.

Associadas a (6.1), podem existir condições cujo número coincide com a ordem da EDO. Se tais condições se referem a um único valor de x, tem-se um *problema de valor inicial* – PVI. Caso contrário, tem-se um problema de valores de contorno.

Exemplo 6.2

$$\begin{cases} y^{(2)} = 3y^{(1)} - 2y \\ y(0) = -1 \\ y'(0) = 0 \end{cases}$$ é um PVI de 2ª ordem.

Serão tratados aqui métodos numéricos para se conseguir os valores de $y\,(x)$ em pontos distintos daqueles das condições iniciais associadas aos PVIs. O tipo de PVI que será objeto deste capítulo é o mais simples, isto é, o de primeira ordem:

$$\begin{cases} y' = f\,(x, y) \\ y\,(x_0) = y_0 = \eta,\ \eta \text{ um número dado} \end{cases} \qquad (6.2)$$

Os PVIs de ordem superior à unidade podem ser reduzidos a sistemas de PVIs de primeira ordem à custa de variáveis auxiliares. Os métodos numéricos que serão vistos aqui também se aplicam a esses sistemas.

Exemplo 6.3

Reduzir a sistema de PVIs de primeira ordem o PVI

$$\begin{cases} y^{(2)} = 3y^{(1)} - 2y \\ y(0) = -1 \\ y^{(1)}(0) = 0 \end{cases}$$

Basta fazer $y^{(1)} = z$; têm-se $y^{(2)} = z^{(1)}$ e $z(0) = 0$. O sistema será, então:

$$\begin{cases} y^{(1)} &= z \\ y^{(0)} &= -1 \\ z^{(1)} &= 3z - 2y \\ z^{(0)} &= 0 \end{cases}$$

Antes de se estabelecerem métodos para solução aproximada do PVI (6.2) é preciso recordar em que condições este problema tem uma única solução [1].

Se a função real $f(x, y)$ satisfaz

(1) É definida e contínua na faixa $a \leqslant x \leqslant b$, $-\infty < y < \infty$, onde a e b são finitos.

(2) Existe uma constante L tal que para todo $x \in [a, b]$ e todo par de números y e y^*,

$|f(x, y) - f(x, y^*)| \leqslant L\ |y - y^*|$ (Condição de Lipschitz)

Então existe exatamente uma função $y(x)$ satisfazendo:

(i) $y(x)$ é contínua e diferenciável para $x \in [a, b]$;
(ii) $y'(x) = f(x, y(x))$, $x \in [a, b]$;
(iii) $y(a) = \eta$, η um número dado.

Observe-se que a condição (2) está certamente satisfeita se $f(x, y)$ tem derivada contínua em relação a y e limitada na faixa em questão, pois então, do teorema do valor médio:

$$f(x, y) - f(x, y^*) = \frac{\partial f}{\partial y}(x, \bar{y})(y - y^*),$$

onde $\bar{y}$ é um valor entre y e y^*. A existência de $\dfrac{\partial f}{\partial y}$ não é entretanto necessária para que (2) esteja satisfeita. É bom notar que L não é, em geral, possível de ser computado.

6.1.2. Solução Numérica de um PVI de Primeira Ordem

Supondo-se que o PVI (6.2) satisfaça as condições de existência e unicidade, vai-se agora buscar sua solução numérica. Para isso, tomam-se m subintervalos de $[a, b]$, $(m \geqslant 1)$, e faz-se $x_j = x_0 + jh$ onde $h = \dfrac{b-a}{m}$, $j = 0, 1, 2, \ldots m$, $x_j \in [a, b]$.

O conjunto $I_h = \{x_0, x_1, \ldots, x_m\}$ obtido desta forma denomina-se rede ou malha de $[a, b]$. A solução numérica $y_m(x)$ é a função linear por partes, cujo gráfico é uma poligonal com vértices nos pontos (x_j, y_j), onde y_j foi calculado usando-se algum dos métodos numéricos que serão dados a seguir. Fazendo-se, por exemplo, $m = 2^n$, então

$$h_n = \frac{b-a}{2^n}, \quad n = 0, 1, 2, \ldots,$$

e teremos então uma seqüência de funções poligonais $\{y_n(x)\}$ que, pode-se provar, convergem uniformemente para a solução $y(x)$ do PVI.

Convém observar que os métodos numéricos dados a seguir têm por objetivo calcular os vértices $\{y_0, y_1 \ldots, y_m\}$.

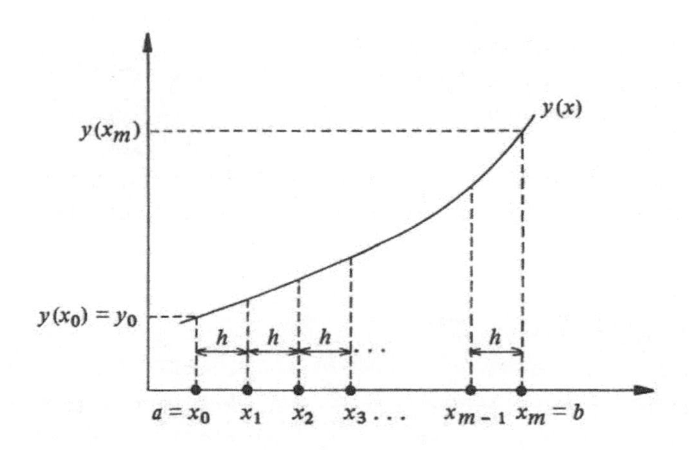

Figura 6.1. Malha de $[a, b]$.

Convenciona-se usar a notação $y(x_j)$, $j = 0, 1, \ldots, m$ para indicar a solução exata do PVI nos pontos $x_j \in I_h$. A notação $y(x_j) \doteq y_j$ significa que y_j é aproximação para $y(x_j)$, $x_j \in I_h$.

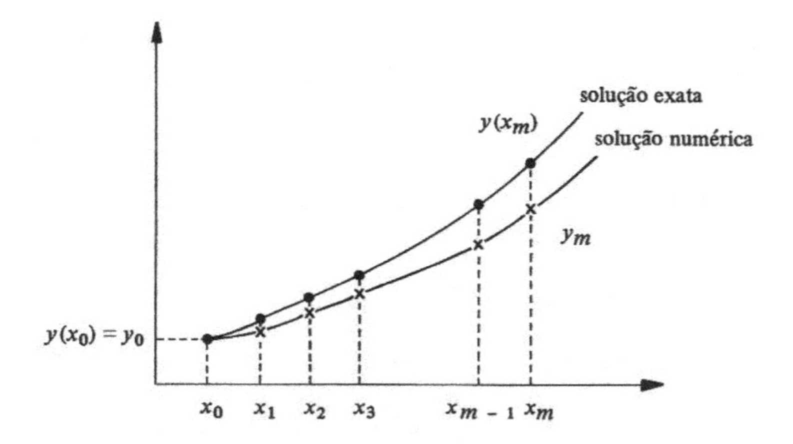

Figura 6.2. • $y(x_j)$, $j = 0, 1, \ldots, m$
× y_j , $j = 0, 1, \ldots, m$

6.1.3. Método de Euler

Seja o PVI (6.2): $\begin{cases} y' = f(x, y) \\ y(x_0) = y_0 = \eta, \ \eta \text{ dado} \end{cases}$

Desejam-se aproximações $y_1, y_2 \ldots, y_m$ para as soluções exatas $y(x_1), y(x_2), \ldots,$ $y(x_m)$. Vai-se, primeiramente, com auxílio da figura 6.3, procurar y_1.

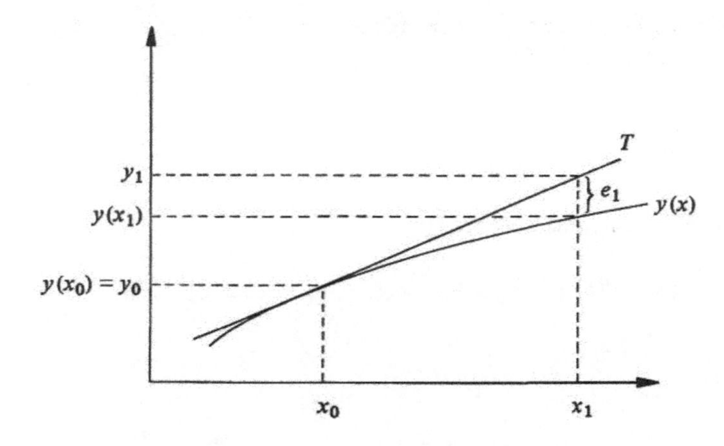

Figura 6.3. Método de Euler.

Como se desconhece o valor $y(x_1)$, toma-se y_1 como aproximação para $y(x_1)$. Para isso, traça-se a tangente T à curva $y(x)$ no ponto $(x_0, y(x_0))$, cuja equação é

$$y(x) - y(x_0) = (x - x_0)\,y'(x_0) \tag{6.3}$$

Fazendo em (6.3) $x = x_1$ e lembrando que $y(x_0) = y_0$, $x_1 - x_0 = h$, $y'(x_0) = f(x_0,\ y(x_0))$ e $y_1 \doteq y(x_1)$ tem-se:

$$y_1 = y_0 + hf(x_0,\ y(x_0)) \tag{6.4}$$

O erro cometido na aproximação de $y(x_1)$ por y_1 é $e_1 = y_1 - y(x_1)$, ou seja, a diferença entre a solução numérica e a solução exata. Para o cálculo de y_2, avançam-se os índices em (6.4) uma unidade; o erro cometido é, agora, $e_2 = y_2 - - y(x_2)$. Continuando o processo até y_m, tem-se o algoritmo:

$$y_{j+1} = y_j + hf(x_j, y_j)\,,\ j = 0, 1, \ldots, m - 1 \tag{6.5}$$

cujo erro é $e_{j+1} = y_{j+1} - y(x_{j+1})$, $j = 0, 1, \ldots, m - 1$.

Assim sendo, o método de Euler consiste em calcular recursivamente a seqüência $\{y_j\}$ através das fórmulas:

(A) $y_0 = y(a) = \eta$

e

(B) $y_{j+1} = y_j + hf(x_j, y_j) \qquad j = 0, 1, \ldots, m - 1.$

As fórmulas acima admitem várias interpretações analíticas.

I – Aproximando-se a derivada que aparece no PVI no ponto (x_j, y_j) por uma diferença dividida, obtém-se

$$\frac{y_{j+1} - y_j}{h} = f(x_j, y_j)$$

Resolvendo-se para y_{j+1} obtemos a fórmula (B).

II – Integrando-se $y'(t) = f(t, y(t))$ entre x e $x + k$ obtém-se

$$y(x + k) - y(x) - \int_x^{x+k} f(t, y(t))\,dt$$

Fazendo-se $x = x_j$ e $k = h$,

$$y(x_{j+1}) - y(x_j) = \int_{x_j}^{x_{j+1}} f(t, y(t))\, dt$$

Aproximando-se a integral de forma bem grosseira: tamanho do intervalo vezes o valor do integrando à esquerda e identificando-se $y(x_j)$ com y_j obtém-se a fórmula (B).

III – Vamos supor uma expansão da solução $y(x)$ em série de Taylor em torno do ponto x_j,

$$y(x_j + h) = y(x_j) + hf(x_j, y(x_j)) + \frac{1}{2} h^2 y''(x_j) + \ldots$$

Truncando-se a série após o termo em h e identificando-se $y(x_j)$ com x_j teremos novamente a fórmula (B).

Exemplo 6.4

Achar aproximações para a solução do PVI $\begin{cases} y' = x - y + 2 \\ y(0) = 2 \end{cases}$ na malha de $[0, 1]$ com $h = 0{,}1$.

$x_0 = 0$, $y_0 = 2$

$$a = 0,\ b = 1,\ m = \frac{1 - 0}{0{,}1} \rightarrow m = 10$$

Usa-se o algoritmo (6.5) para $j = 0, 1, 2, \ldots, 9$.

Para $j = 0$: $y_1 = y_0 + hf(x_0, y_0) = y_0 + h(x_0 - y_0 + 2)$.

$y_1 = 2 + 0{,}1\, f(0, 2)$
$y_1 = 2 + 0{,}1\, (0 - 2 + 2)$
$y_1 = 2$
$x_1 = x_0 + h \rightarrow x_1 = 0 + 0{,}1 \rightarrow x_1 = 0{,}1$

Para $j = 1$: $y_2 = y_1 + hf(x_1, y_1) = y_1 + h(x_1 - y_1 + 2)$.

$y_2 = 2 + 0{,}1 f\,(0{,}1; 2)$
$y_2 = 2 + 0{,}1\,(0{,}1 - 2 + 2)$
$y_2 = 2{,}01$
$x_2 = x_0 + 2h \rightarrow x_2 = 0 + 2 \cdot 0{,}1 \rightarrow x_2 = 0{,}2$

Os cálculos prosseguem deste modo até $j = 9$. Usualmente, dispõem-se os resultados obtidos em tabelas como a tabela 6.1 abaixo, onde ajuntaram-se mais duas colunas com as soluções exatas e os erros, em cada etapa.

Tabela 6.1

j	x_j	y_j	$y(x_j)$	$y_j - y(x_j)$
0	0	2	2	–
1	0,1	2	2,004837	– 0,004837
2	0,2	2,01	2,018731	– 0,008731
3	0,3	2,029	2,040818	– 0,011818
4	0,4	2,0561	2,070320	– 0,014220
5	0,5	2,09049	2,106531	– 0,016041
6	0,6	2,131441	2,148812	– 0,017371
7	0,7	2,1782969	2,196585	– 0,018288
8	0,8	2,2304672	2,249329	– 0,018862
9	0,9	2,2874205	2,306570	– 0,019149
10	1,0	2,3486784	2,367879	– 0,019201

Ao examinar a tabela 6.1 o leitor deve ter notado que o erro cresce em valor absoluto à medida que se obtém um novo valor. Isso se deve à propagação de erro. Na prática, porém, não se dispõe da solução exata do PVI (caso contrário, o método numérico seria até desnecessário!). Daí a necessidade de se determinar uma expressão matemática para o erro cometido em cada etapa, a fim de se ter controle sobre os cálculos. A fórmula de Taylor será útil nesse sentido, como será visto a seguir.

Desenvolvendo-se $y(x)$, solução teórica do PVI, em torno de x_0:

$$y(x) = y(x_0) + \frac{x - x_0}{1!} y'(x_0) + \frac{(x - x_0)^2}{2!} y''(x_0) + \\ + \frac{(x - x_0)^3}{3!} y'''(x_0) + \ldots \qquad (6.6)$$

e tomando-se apenas os dois primeiros termos do lado direito da expressão (6.6), tem-se:

$$y(x) = y(x_0) + \frac{x - x_0}{1!} y'(x_0) \qquad (6.7)$$

Novamente lembrando que $x_1 - x_0 = h$, $y'(x_0) = f(x_0, y(x_0))$ e $y(x_1) \doteq y_1$, pode-se escrever $y_1 = y_0 + hf(x_0, y_0)$. Generalizando, tem-se o algoritmo (6.5).

O erro cometido ao se usar o método de Euler no cálculo de y_1 é obtido a partir do resto da fórmula de Taylor, ou seja,

$\dfrac{(x_1 - x_0)^2}{2!} y''(\xi), x_0 < \xi < x_1$. Como $x_1 - x_0 = h$, usa-se a seguinte notação para o erro: $\epsilon_1 = \dfrac{h^2}{2!} y''(\xi)$. Numa etapa j de cálculos tem-se:

$$\epsilon_j = \frac{h^2}{2!} y''(\xi), x_{j-1} < \xi < x_j \tag{6.8}$$

A expressão (6.8) é denominada *erro local de truncamento* – ELT.

Observação: o ELT é local no seguinte sentido: assume-se que y_j e $f(x_j, y_j)$ sejam valores exatos para se obter y_{j+1}, $j = 0, 1, 2, \ldots, (m - 1)$.

A expressão (6.8) representa um avanço no estudo do erro, mas ainda deixa a desejar: apesar da informação da existência de $y''(\xi)$, não é possível o seu cálculo (exceto em casos muito especiais). Na prática, procura-se estabelecer *cotas* ou *estimativas* para que se possa conduzir os cálculos com segurança. Comumente a derivada é considerada constante e h é considerado suficientemente pequeno para ser tomado como parâmetro do ELT; diz-se que o ELT é da ordem de h^2 e se escreve o (h^2). É de se esperar, portanto, que quanto menor o valor de h, menor o ELT.

6.1.4. Propagação de Erro no Método de Euler

Seja o PVI
$$\begin{cases} y' = f(x, y) \\ y(x_0) = y_0 \end{cases} \tag{6.2}$$

onde se assume que f seja contínua e suas derivadas parciais de primeira ordem contínuas e limitadas na região $a \leqslant x \leqslant b$, $-\infty < y < +\infty$ e $x_0 < x_m$. Com isso é garantida a existência de constantes $M > 0$ e $K > 0$ tais que

$$|y''(x)| = \left| \frac{\partial f}{\partial x}(x, y) + f(x, y)\frac{\partial f}{\partial y}(x, y) \right| \leqslant M \tag{6.9}$$

$$|f(x, y) - f(x, y^*)| = \left| \frac{\partial f}{\partial y}(x, \xi) \right| |y - y^*| \leqslant K\ |y - y^*| \tag{6.10}$$

com ξ entre y e y^* e (x, y), (x, y^*) pertencentes à região acima enunciada. Os resultados (6.9) e (6.10) seguem da chamada Regra da Cadeia e do Teorema do Valor Médio.

Nas condições da página 283 será estudado o erro ao se passar da etapa j à etapa $j + 1$. Seja $e_j = y_j - y(x_j)$ o erro *total* cometido na etapa j.

O acréscimo no erro total ao se passar da etapa j à etapa $j + 1$ é

$\Delta e_j = \Delta y_j - \Delta y(x_j)$, ou seja,

$$e_{j+1} - e_j = y_{j+1} - y_j - (y(x_{j+1}) - y(x_j)) \qquad (6.11)$$

Como $y_{j+1} - y_j = hf_j$, $f_j = f(x_j, y_j)$ (método de Euler) e

$y(x_{j+1}) - y(x_j) = hf(x_j, y(x_j)) + \frac{h^2}{2!} f'(\&, y(\&)), x_j < \& < x_{j+1}$ (fórmula de Taylor), tem-se:

$$e_{j+1} - e_j = h\,[f_j - f(x_j, y(x_j))] - \frac{h^2}{2!}\, y''(\&) \qquad (6.12)$$

Tomando os módulos em ambos os membros de (6.12) e lembrando as desigualdades (6.9) e (6.10), tem-se:

$$|e_{j+1} - e_j| \leqslant hK\,|y_j - y(x_j)| + M\frac{h^2}{2!} \qquad (6.13)$$

$$|e_{j+1} - e_j| \leqslant hK\,|e_j| + M\frac{h^2}{2!}$$

$$|e_{j+1}| \leqslant |1 + hK|\,|e_j| + M\frac{h^2}{2!}\;, \; j \geqslant 0 \;\text{ e }\; e_0 = 0 \quad (6.14)$$

A expressão (6.14) mostra que o erro acumulado até a etapa $j + 1$ é influenciado pelo *erro local de truncamento* (cuja cota $M\frac{h^2}{2!}$ é dependente de f e suas derivadas parciais de primeira ordem) e pelo fator $(1 + hK)\,|e_j|$, doravante denominado *fator de propagação de erro.*

6.1.5. Exercícios de Fixação

6.1.5.1. Reduzir o PVI $\begin{cases} y'' + y = 0 \\ y(0) = 1 \\ y'(0) = 0 \end{cases}$

a um sistema de PVIs de primeira ordem.

6.1.5.2. Achar aproximações para a solução do PVI $\begin{cases} y' = x - y + 2 \\ y(0) = 2 \end{cases}$

na malha de $[0, 1]$ com: a) $h = 0{,}05$; b) $h = 0{,}01$.

6.1.5.3. Achar aproximações para a solução do PVI $\begin{cases} y' = y - \dfrac{2x}{y} \\ y(0) = 1 \end{cases}$

na malha de $[0, 1]$ com $h = 0{,}2$.

6.1.5.4. Achar aproximações para a solução do PVI $\begin{cases} y' = \dfrac{1}{x} \\ y(1) = 0 \end{cases}$

na malha de $[1, 2]$ com $h = 0{,}1$.

6.2. MÉTODOS DE RUNGE-KUTTA

Na seção 6.1 mostrou-se que o erro acumulado com o uso do método de Euler é composto de duas parcelas: uma envolvendo o ELT e a outra o fator de propagação de erro. Assim, malhas com maior número de pontos tendem a aumentar o erro acumulado. Desta forma, torna-se necessária a procura de métodos nos quais seja possível a melhoria da precisão de resultados sem diminuir muito o valor de h. É este o objetivo desta seção.

6.2.1. Métodos de Passo Simples

Um método para resolver o PVI (6.2) é de *passo simples* se a aproximação y_{j+1} depende apenas do resultado y_j da etapa anterior. Todos os métodos de passo simples são escritos na forma

$$y_{j+1} = y_j + h\phi(x_j, y_j; h), \quad j = 0, 1, \ldots, m-1 \tag{6.15}$$

onde ϕ é a *função incremento* e h o *comprimento do passo.*

Exemplo 6.5

O método de Euler $y_{j+1} = y_j + hf(x_j, y_j)$ é um método de passo simples com função incremento $\phi(x_j, y_j; h) = f(x_j, y_j)$.

Os métodos que serão vistos nas seções seguintes, serão classificados segundo sua *ordem*. Diz-se que um método da forma (6.15) possui *ordem r* se r for o maior inteiro para o qual

$$y(x + h) - y(x) - h\phi(x, y(x); h) = \sigma(h^{r+1}) \qquad (6.16)$$

onde $y(x)$ é a solução teórica do PVI (6.2).

Exemplo 6.6

O método de Euler é de ordem um.

Com efeito, supondo que $y(x)$ possua derivadas sucessivas suficientes, pode-se desenvolver $y(x + h)$ em torno de x segundo a fórmula de Taylor:
$y(x + h) = y(x) + \frac{h}{1!} y'(x) + \frac{h^2}{2!} y''(\xi), \; x < \xi < x + h.$
Como $\phi(x, y(x); h) = f(x, y)$ tem-se:

$$y(x+h) - y(x) - h\phi(x, y(x); h) = y(x) + \frac{h}{1!} y'(x) + \frac{h^2}{2!} y''(\xi) - y(x) - hf(x, y)$$

$$= [y(x) + hy'(x)] - [y(x) - hf(x, y)] + \frac{h^2}{2!} y''(\xi)$$

$$= \frac{h^2}{2!} y''(\xi)$$

6.2.2. Métodos com Derivadas

Na seção 6.1.3, o método de Euler foi obtido a partir da fórmula de Taylor, tomando-se todos os termos até o termo em h; viu-se (exemplo 6.6) que o método possui ordem um. Teoricamente, pode-se afirmar que a fórmula de Taylor fornece tantos métodos quantos se queiram, contanto que se calculem as derivadas necessárias. Assim

$$y_{j+1} = y_j + hy'(x_j) + \frac{h^2}{2!} y''(x_j), \; j = 0, 1, \ldots, m-1 \qquad (6.17)$$

é um método de passo simples e ordem dois cujo ELT é

$\frac{h^3}{3!} y'''(\xi), \; x_j < \xi < x_{j+1}.$

Em (6.17), $y'(x_j) = f(x_j, y_j)$

$$y''(x_j) = \frac{\partial f}{\partial x}(x_j, y_j) + f(x_j, y_j) \frac{\partial f}{\partial y}(x_j, y_j)$$

Exemplo 6.7

Achar aproximações para a solução do PVI $\begin{cases} y' = x - y + 2 \\ y(0) = 2 \end{cases}$

na malha de $[0, 1]$ com $h = 0{,}1$ usando o método (6.17).

$x_0 = 0, y_0 = 2$

$$a = 0, \quad b = 1, \quad m = \frac{1 - 0}{0{,}1} \rightarrow m = 10$$

Para $j = 0$: $y_1 = y_0 + hy'(x_0) + \dfrac{h^2}{2!} y''(x_0)$

$$y_1 = y_0 + h(x_0 - y_0 + 2) + \frac{h^2}{2!}(y_0 - x_0 - 1)$$

$$y_1 = 2 + 0{,}1\,(0 - 2 + 2) + \frac{(0{,}1)^2}{2!}(2 - 0 - 1)$$

$$y_1 = 2{,}005$$

$$x_1 = x_0 + h \rightarrow x_1 = 0 + 0{,}1 \rightarrow x_1 = 0{,}1$$

Para $j = 1$: $y_2 = y_1 + hy'(x_1) + \dfrac{h^2}{2!} y''(x_1)$

$$y_2 = y_1 + h(x_1 - y_1 + 2) + \frac{h^2}{2!}(y_1 - x_1 - 1)$$

$$y_2 = 2{,}005 + 0{,}1\,(0{,}1 - 2{,}005 + 2) + \frac{(0{,}1)^2}{2!}(2{,}005 - 0{,}1 - 1)$$

$$y_2 = 2{,}019025$$

$$x_2 = x_0 + 2h \rightarrow x_2 = 0 + 2 \cdot 0{,}1 \rightarrow x_2 = 0{,}2$$

Prosseguindo desta forma até $j = 9$, têm-se os valores da tabela 6.2.

Tabela 6.2

j	x_j	y_j	$y(x_j)$	$y_j - y(x_j)$
0	0	2	2	–
1	0,1	2,005	2,004837	0,000163
2	0,2	2,019025	2,018731	0,000294
3	0,3	2,0412176	2,040818	0,000399
4	0,4	2,0708020	2,070320	0,000482
5	0,5	2,1070758	2,106531	0,000544
6	0,6	2,1494036	2,148812	0,000591
7	0,7	2,1972102	2,196585	0,000625
8	0,8	2,2499753	2,249329	0,000646
9	0,9	2,3072276	2,306570	0,000657
10	1,0	2,3685410	2,367879	0,000662

Comparando os resultados da tabela 6.1 com os da tabela 6.2, vê-se que a precisão do método (6.17) é melhor que a precisão do método de Euler. Isto é devido à ordem do método (6.17), que é maior que a do método de Euler.

Os métodos que usam a fórmula de Taylor apresentam alguns inconvenientes computacionais: deve-se operar simultaneamente com várias funções, isto é, as derivadas da função f, o que aumenta em muito o espaço ocupado na memória do computador. Além disso, a complexidade das expressões analíticas para as derivadas de f aumenta com a ordem de derivação de f, salvo em casos triviais. Em geral estes métodos não são usados. Essa é a razão por que serão obtidos, a seguir, métodos de precisão equivalente aos métodos da fórmula de Taylor, porém sem o inconveniente de se calcularem derivadas; são os chamados métodos de Runge-Kutta – RK.

O método de Runge-Kutta mais simples é o de primeira ordem, isto é, ele concorda com a fórmula de Taylor até o termo em h, inclusive. Já foi deduzido e nada mais é que o método de Euler.

6.2.3. Métodos de Runge-Kutta de Segunda Ordem

Seja $y_{j+1} = y_j + h\phi(x_j, y_j; h)$, $j = 0,1,\ldots,m-1$ (6.15)

Fazendo $\phi(x_j, y_j; h) = \alpha K_1 + \beta K_2$ e substituindo em (6.15):

$$y_{j+1} = y_j + h(\alpha K_1 + \beta K_2)\ , \quad j = 0, 1, \ldots, m - 1 \qquad (6.18)$$

Sejam

$$\left.\begin{aligned} K_1 &= f(x_j, y_j) \\ K_2 &= f[x_j + ph, y_j + qhf(x_j, y_j)] \end{aligned}\right\} \tag{6.19}$$

As constantes α, β, p e q em (6.18) e (6.19) devem ser determinadas para que se obtenham métodos de Runge-Kutta de 2ª ordem. Para isso os seguintes passos devem ser seguidos:

1.º PASSO: expande-se K_2 numa série de Taylor de duas variáveis, abandonando-se todos os termos a partir do termo em h^2, inclusive:

$$K_2 = f(x_j, y_j) + ph\,\frac{\partial f}{\partial x}(x_j, y_j) + qhf(x_j, y_j)\,\frac{\partial f}{\partial x}(x_j, y_j) + \sigma(h^2) \tag{6.20}$$

Substituindo (6.19) e (6.20) em (6.18):

$$y_{j+1} = y_j + h\,[(\alpha + \beta)f(x_j, y_j)] + h^2\,[\beta p\,\frac{\partial f}{\partial x}(x_j, y_j) +$$

$$+ \beta q f(x_j, y_j)\,\frac{\partial f}{\partial x}(x_j, y_j)] + \sigma(h^3) \tag{6.21}$$

2.º PASSO: expande-se a solução teórica $y(x)$ em torno de x_j até o termo em h^2, inclusive:

$$y(x_j + h) = y(x_j) + \frac{h}{1!}\,f(x_j, y(x_j)) + \frac{h^2}{2!}\,f^{(1)}(x_j, y(x_j)) + \sigma(h^3) \tag{6.22}$$

Como

$$f^{(1)}(x_j, y(x_j)) = \frac{\partial f}{\partial x}(x_j, y(x_j)) + f(x_j, y(x_j))\,\frac{\partial f}{\partial y}(x_j, y(x_j)) \tag{6.23}$$

tem-se, substituindo (6.23) em (6.22):

$$y(x_j + h) = y(x_j) + hf(x_j, y(x_j)) + \frac{h^2}{2!}\left[\frac{\partial f}{\partial x}(x_j, y(x_j)) + \right.$$

$$\left. + f(x_j, y(x_j))\,\frac{\partial f}{\partial y}(x_j, y(x_j))\right] + \sigma(h^3) \tag{6.24}$$

3.º PASSO: comparam-se os termos de mesma potência, com relação a h, em (6.21) e (6.23) e faz-se $y_j = y(x_j)$:

$$f(x_j, y(x_j)) = (\alpha + \beta) f(x_j, y_j)$$

$$\frac{1}{2}\left[\frac{\partial f}{\partial x}(x_j, y(x_j)) + f(x_j, y(x_j))\frac{\partial f}{\partial y}(x_j, y(x_j))\right] = \beta p \frac{\partial f}{\partial x}(x_j, y_j) +$$

$$+ \beta q f(x_j, y_j)\frac{\partial f}{\partial y}(x_j, y_j)$$

Das duas igualdades acima, obtém-se o sistema não linear

$$\left.\begin{aligned} \alpha + \beta &= 1 \\ \beta p &= 1/2 \\ \beta q &= 1/2 \end{aligned}\right\} \qquad (6.25)$$

4.º PASSO: resolve-se o sistema (6.25). O sistema possui quatro incógnitas e três equações; uma das incógnitas pode ser tomada arbitrariamente. Para a escolha $\beta = 1/2$, tem-se $\alpha = 1/2$, $p = 1$ e $q = 1$. O RK2 será:

$$\left.\begin{aligned} & y_{j+1} = y_j + \frac{h}{2}(K_1 + K_2), \; j = 0, 1, \ldots, m-1 \\ & K_1 = f(x_j, y_j) \\ & K_2 = f(x_j + h, \; y_j + hf(x_j, y_j)) \end{aligned}\right\} \qquad (6.26)$$

Para a escolha $\beta = 1$, tem-se $\alpha = 0$, $p = 1/2$ e $q = 1/2$. O RK2 será

$$\left.\begin{aligned} & y_{j+1} = y_j + hK_2, \; j = 0, 1, \ldots, m-1 \\ & K_1 = f(x_j, y_j) \\ & K_2 = f(x_j + \frac{h}{2}, y_j + \frac{h}{2} f(x_j, y_j) \end{aligned}\right\} \qquad (6.27)$$

O método (6.26) é conhecido como método de *Euler melhorado,* e o (6.27) como método de *Euler modificado.* É óbvio que o sistema (6.25) possibilita a obtenção de uma infinidade de métodos de RK2. Todos eles possuem o mesmo erro local de truncamento, ou seja, $\epsilon_j = \frac{h^3}{3!} y'''(\&)$, $x_{j-1} < \& < x_j$, e são equivalentes em precisão ao método (6.17).

Exemplo 6.8

Achar aproximações para a solução do PVI $\begin{cases} y' = x - y + 2 \\ y(0) = 2 \end{cases}$

na malha de $[0, 1]$ com $h = 0,1$, usando o método de Euler modificado.

$x_0 = 0, \ y_0 = 2$

$a = 0, \ b = 1, \ m = \dfrac{1 - 0}{0,1} \ \rightarrow \ m = 10$

Para $j = 0$: $y_1 = y_0 + hf(x_0 + \frac{h}{2}, y_0 + \frac{h}{2} f(x_0, y_0))$

$$y_1 = y_0 + hf(x_0 + \frac{h}{2}, y_0 + \frac{h}{2}(x_0 - y_0 + 2))$$

$$y_1 = y_0 + h\left[\left(1 - \frac{h}{2}\right)x_0 - \left(1 - \frac{h}{2}\right)y_0 + \left(2 - \frac{h}{2}\right)\right]$$

$$y_1 = 2 + 0,1\left[\left(1 - \frac{0,1}{2}\right)\cdot 0 - \left(1 - \frac{0,1}{2}\right)\cdot 2 + \left(2 - \frac{0,1}{2}\right)\right]$$

$$y_1 = 2,005$$

$$x_1 = x_0 + h \rightarrow x_1 = 0 + 0,1 \rightarrow x_1 = 0,1$$

Para $j = 1$: $y_2 = y_1 + hf\left(x_1 + \frac{h}{2}, y_1 + \frac{h}{2} f(x_1, y_1)\right)$

$$y_2 = y_1 + hf\left(x_1 + \frac{h}{2}, y_1 + \frac{h}{2}(x_1 - y_1 + 2)\right)$$

$$y_2 = y_1 + h\left[\left(1 - \frac{h}{2}\right)x_1 - \left(1 - \frac{h}{2}\right)y_1 + \left(2 - \frac{h}{2}\right)\right]$$

$$y_2 = 2,005 + 0,1\left[\left(1 - \frac{0,1}{2}\right)\cdot 0,1 - \left(1 - \frac{0,1}{2}\right)\cdot 2,005 + \left(2 - \frac{0,1}{2}\right)\right.$$

$$y_2 = 2,019025$$

$$x_2 = x_0 + 2h \rightarrow x_2 = 0 + 2\cdot 0,1 \rightarrow x_2 = 0,2$$

Prosseguindo desta forma até $j = 9$, têm-se os valores da tabela 6.2.

Como o método (6.17) possui a mesma ordem do método de Euler modificado, os resultados obtidos nos exemplos 6.7 e 6.8 têm a mesma precisão.

6.2.4. Métodos de Runge-Kutta de Terceira e Quarta Ordem

Os métodos de Runge-Kutta de ordens mais elevadas são obtidos de modo semelhante aos de 2ª ordem. Os métodos de 3ª ordem, por exemplo, possuem a função incremento $\phi(x_j, y_j; h) = \alpha K_1 + \beta K_2 + \gamma K_3$ onde K_1, K_2 e K_3 aproximam derivadas em vários pontos do intervalo $[x_j, x_{j+1}]$. Aqui faz-se:

$$K_1 = f(x_j, y_j)$$

$$K_2 = f(x_j + ph, y_j + qhK_1)$$

$$K_3 = f(x_j + uh, y_j + shK_2 + (u - s)hK_1)$$

Para a determinação de $\alpha, \beta, \gamma, p, q, s, u$ expandem-se K_2 e K_2 em torno de (x_j, y_j) numa série de Taylor de duas incógnitas. Expande-se, também, a solução teórica $y(x)$ em torno de x_j numa série de Taylor. Os coeficientes de mesma potência de h até h^3 inclusive são igualados, chegando-se ao sistema

$$\left.\begin{array}{l} \alpha + \beta + \gamma + \delta = 1 \\ qb + uc = 1/2 \\ q^2 b + u^2 c = 1/3 \\ cps = 1/6 \end{array}\right\} \quad (6.28)$$

Duas incógnitas no sistema (6.28) são arbitrárias. Um método de 3ª ordem bastante conhecido é o seguinte:

$$\left.\begin{array}{l} y_{j+1} = y_j + \dfrac{h}{6}(K_1 + 4K_2 + K_3), \; j = 0, 1, \ldots, m - 1 \\ K_1 = f(x_j, y_j) \\ K_2 = f(x_j + \dfrac{h}{2}, y_j + \dfrac{h}{2}K_1) \\ K_3 = f(x_j + h, y_j + 2hK_2 - hK_1) \end{array}\right\} \quad (6.29)$$

O erro de truncamento do RK3 (6.29) é $\epsilon_j = \dfrac{h^4}{4!} y^{(IV)}(\&), x_{j-1} < \& < x_j$.

Dentre os métodos de Runge-Kutta, o mais popular é o método (6.30) abaixo, cujo ELT é $\epsilon_j = \frac{h^5}{5!} y^{(V)}(\xi)$, $x_{j-1} < \xi < x_j$.

$$\left.\begin{aligned} y_{j+1} &= y_j + \frac{h}{6}(K_1 + 2K_2 + 2K_3 + K_4),\ j = 0, 1, \ldots, m-1 \\ K_1 &= f(x_j, y_j) \\ K_2 &= f(x_j + \frac{h}{2}, y_j + \frac{h}{2}K_1) \\ K_3 &= f(x_j + \frac{h}{2}, y_j + \frac{h}{2}K_2) \\ K_4 &= f(x_j + h, y_j + hK_3) \end{aligned}\right\} \quad (6.30)$$

O método (6.30) é de 4ª ordem e muito difundido nas rotinas de cálculo de computadores.

6.2.5. Implementação do Método de Runge-Kutta de Terceira Ordem

6.2.5.1. SUB-ROTINA RK3

Seguem, abaixo, a implementação do método (6.29) pela sub-rotina RK3 e um exemplo de programa para usá-la.

```
C.......................................................
C
C
C          SUBROTINA RK3
C
C          OBJETIVO :
C               RESOLUCAO DE EQUACOES DIFERENCIAIS ORDINARIAS
C
C          METODO UTILIZADO :
C               RUNGE - KUTTA DE TERCEIRA ORDEM
C
C          USO :
C               CALL RK3(X,Y,H,A,B,F)
C
C          PARAMETROS DE ENTRADA :
C               X       : VALOR INICIAL DA ABSCISSA
C               Y       : SOLUCAO INICIAL
C               H       : TAMANHO DO PASSO
C               A       : LIMITE INFERIOR DO INTERVALO
C               B       : LIMITE SUPERIOR DO INTERVALO
C               F       : ESPECIFICACAO DA FUNCAO
```

```
C
C        PARAMETROS DE SAIDA :
C             X      : ABSCISSA DA SOLUCAO APROXIMADA
C             Y      : SOLUCAO APROXIMADA
C
C        FUNCAO REQUERIDA :
C             F      : ESPECIFICACAO DA FUNCAO
C
C.......................................................
C
C
      SUBROUTINE RK3(X,Y,H,A,B,F)
C
C
      INTEGER I,M
      REAL A,B,H,K1,K2,K3,X,Y
        I = Ø
        M = (B-A)/H
        WRITE(2,1)
    1   FORMAT(1H1,3X,34HSOLUCOES DE EQUACOES DIFERENCIAIS ,
     G          1ØHORDINARIAS,/,1ØX,22HMETODO DE RUNGE-KUTTA ,
     H          1ØHDE ORDEM 3,/)
        WRITE(2,2)
    2   FORMAT(1HØ,9X,1HI,8X,1HX,14X,1HY,/,6X,2(14X,1HI),//)
        WRITE(2,3)I,X,Y
    3   FORMAT(9X,I2,2(3X,1PE12.5),/)
        DO 1Ø I =1,M
          K1 = H*F(X,Y)
          K2 = H*F(X+Ø.5*H,Y+Ø.5*K1)
          K3 = H*F(X+H,Y+2.*K2-K1)
          Y = Y+1./6.*(K1+4.*K2+K3)
          X = X+H
          WRITE(2,3)I,X,Y
   1Ø   CONTINUE
        RETURN
      END



C
C     F(X,Y)
C
      REAL FUNCTION F(X,Y)
      REAL X,Y
        F = " escreva a forma analitica de f(x,y) "
        RETURN
      END
```

6.2.5.2. PROGRAMA PRINCIPAL

```
C
C
C        PROGRAMA PRINCIPAL PARA UTILIZACAO DA SUBROTINA RK3
C
C
      EXTERNAL F
      REAL A,B,H,X,Y
        READ(1,1)A,B,H,X,Y
```

```
    1    FORMAT(5F10.0)
C          A      : LIMITE INFERIOR DO INTERVALO
C          B      : LIMITE SUPERIOR DO INTERVALO
C          H      : TAMANHO DO PASSO
C          X      : VALOR INICIAL DA ABSCISSA
C          Y      : SOLUCAO INICIAL
C
         CALL RK3(X,Y,H,A,B,F)
C
         CALL EXIT
       END
```

Exemplo 6.9

Achar aproximações para o PVI $\begin{cases} y' = x - y + 2 \\ y(0) = 2 \end{cases}$

na malha de $[0, 1]$ com $h = 0{,}1$, usando o método (6.29).

Para resolver este exemplo, usando o programa acima, devem ser fornecidos:

Dados de entrada

0., 1., 0.1, 0., 2.

Função F

```
C
C
C         ESPECIFICACAO DA FUNCAO
C
C
       REAL FUNCTION F(X,Y)
       REAL X,Y
         F = X-Y+2
         RETURN
       END
```

Os resultados obtidos foram:

```
SOLUCOES DE EQUACOES DIFERENCIAIS ORDINARIAS
      METODO DE RUNGE-KUTTA DE ORDEM 3

      I        X                  Y
                I                  I

      0     0.00000E+00       2.00000E+00
      1     1.00000E-01       2.00483E+00
      2     2.00000E-01       2.01872E+00
      3     3.00000E-01       2.04081E+00
      4     4.00000E-01       2.07031E+00
      5     5.00000E-01       2.10652E+00
      6     6.00000E-01       2.14880E+00
      7     7.00000E-01       2.19657E+00
      8     8.00000E-01       2.24931E+00
      9     9.00000E-01       2.30655E+00
     10     1.00000E+00       2.36786E+00
```

6.2.6. Implementação do Método de Runge-Kutta de Quarta Ordem

6.2.6.1. SUB-ROTINA RK4

Seguem a implementação do método (6.30) pela sub-rotina RK4 e um exemplo de programa para usá-la.

```
C..............................................................
C
C
C        SUBROTINA RK4
C
C        OBJETIVO :
C             RESOLUCAO DE EQUACOES DIFERENCIAIS ORDINARIAS
C
C        METODO UTILIZADO :
C             RUNGE - KUTTA DE QUARTA ORDEM
C
C        USO :
C             CALL RK4(X,Y,H,A,B,F)
C
```

```
C         PARAMETROS DE ENTRADA :
C              X      : VALOR INICIAL DA ABSCISSA
C              Y      : SOLUCAO INICIAL
C              H      : TAMANHO DO PASSO
C              A      : LIMITE INFERIOR DO INTERVALO
C              B      : LIMITE SUPERIOR DO INTERVALO
C              F      : ESPECIFICACAO DA FUNCAO
C
C         PARAMETROS DE SAIDA :
C              X      : ABSCISSA DA SOLUCAO APROXIMADA
C              Y      : SOLUCAO APROXIMADA
C
C         FUNCAO REQUERIDA :
C              F      : ESPECIFICACAO DA FUNCAO
C
C..............................................................
C
C
      SUBROUTINE RK4(X,Y,H,A,B,F)
C
C
      INTEGER I,M
      REAL A,B,H,K1,K2,K3,K4,X,Y
        I = Ø
        M = (B-A)/H
        WRITE(2,1)
    1   FORMAT(1H1,3X,34HSOLUCOES DE EQUACOES DIFERENCIAIS ,
     G         1ØHORDINARIAS,/,1ØX,22HMETODO DE RUNGE-KUTTA ,
     H         1ØHDE ORDEM 4,/)
        WRITE(2,2)
    2   FORMAT(1HØ,9X,1HI,8X,1HX,14X,1HY,/,6X,2(14X,1HI),//)
        WRITE(2,3)I,X,Y
    3   FORMAT(9X,I2,2(3X,1PE12.5),/)
        DO 1Ø I = 1,M
          K1 = H*F(X,Y)
          K2 = H*F(X+Ø.5*H,Y+Ø.5*K1)
          K3 = H*F(X+Ø.5*H,Y+Ø.5*K2)
          K4 = H*F(X+H,Y+K3)
          Y = Y+1./6.*(K1+2.*(K2+K3)+K4)
          X = X+H
          WRITE(2,3)I,X,Y
   1Ø   CONTINUE
        RETURN
      END
```

6.2.6.2. FUNÇÃO F

```
C
C     F(X,Y)
C
      REAL FUNCTION F(X,Y)
      REAL X,Y
        F = " escreva a forma analitica de f(x,y) "
        RETURN
      END
```

6.2.6.3. PROGRAMA PRINCIPAL

```
C
C
C          PROGRAMA PRINCIPAL PARA UTILIZACAO DA SUBROTINA RK4
C
C
      EXTERNAL F
      REAL A,B,H,X,Y
        READ(1,1)A,B,H,X,Y
    1   FORMAT(5F10.0)
C         A       : LIMITE INFERIOR DO INTERVALO
C         B       : LIMITE SUPERIOR DO INTERVALO
C         H       : TAMANHO DO PASSO
C         X       : VALOR INICIAL DA ABSCISSA
C         Y       : SOLUCAO INICIAL
C
        CALL RK4(X,Y,H,A,B,F)
C
        CALL EXIT
      END
```

Exemplo 6.10

Achar aproximações para o PVI $\begin{cases} y' = x - y + 2 \\ y(0) = 2 \end{cases}$

na malha de $[0, 1]$ com $h = 0{,}1$, usando o método (6.30).

Para resolver este exemplo, usando o programa acima, devem ser fornecidos:

Dados de entrada

0., 1., 0.1 , 0. , 2.

Função *F*

```
C
C
C          ESPECIFICACAO DA FUNCAO
C
C
      REAL FUNCTION F(X,Y)
      REAL X,Y
        F = X-Y+2
        RETURN
      END
```

Os resultados obtidos foram:

```
SOLUCOES DE EQUACOES DIFERENCIAIS ORDINARIAS
      METODO DE RUNGE-KUTTA DE ORDEM 4

      I        X               Y
                I               I

      0    0.00000E+00    2.00000E+00
      1    1.00000E-01    2.00484E+00
      2    2.00000E-01    2.01873E+00
      3    3.00000E-01    2.04082E+00
      4    4.00000E-01    2.07032E+00
      5    5.00000E-01    2.10653E+00
      6    6.00000E-01    2.14881E+00
      7    7.00000E-01    2.19659E+00
      8    8.00000E-01    2.24933E+00
      9    9.00000E-01    2.30657E+00
     10    1.00000E+00    2.36788E+00
```

6.2.7. Exercícios de Fixação

6.2.7.1. Achar aproximações para a solução do PVI $\begin{cases} y' = x - y + 2 \\ y(0) = 2 \end{cases}$

na malha de $[0, 1]$, usando o método de Euler melhorado, com $h = 0{,}1$.

6.2.7.2. Achar aproximações para a solução do PVI $\begin{cases} y' = y - \dfrac{2x}{y} \\ y(0) = 1 \end{cases}$

na malha de $[0, 1]$ com $h = 0{,}2$, usando:

a) o método RK 3 (6.29)

b) o método RK 4 (6.30)

6.2.7.3. Achar aproximações para a solução do PVI $\begin{cases} y' = \dfrac{1}{x} \\ y(1) = 0 \end{cases}$

na malha de $[1, 2]$ com $h = 0{,}1$, usando o método de Euler modificado.

6.3. MÉTODOS BASEADOS EM INTEGRAÇÃO NUMÉRICA

Um método para resolver o PVI (6.2) é de *passo múltiplo* se a aproximação y_{j+1} depende, para seu cálculo, de k resultados anteriores:

$$y_j, y_{j-1}, \ldots, y_{j-k+1} \tag{6.31}$$

Diz-se que *k é o passo* do método. Os métodos de Adams constituem uma subclasse dos métodos de passo múltiplo, sendo também dos mais populares. Como obtê-los então? Observe-se que por definição uma solução exata da equação diferencial em (6.2) satisfaz a identidade:

$$y(x + q) - y(x) = \int_x^{x+q} f(t, y(t))\, dt, \tag{6.32}$$

para quaisquer pontos x e $x + q$ no intervalo $[a, b]$. Os métodos a serem discutidos baseiam-se em substituir a função $f(x, y(x))$, que é desconhecida, por um polinômio interpolador, que assuma os valores $f_j = f(x_j, y_j)$ num conjunto de pontos x_j, onde y_j ou *já* foi obtido ou está sendo computado, calculando-se a integral e aceitando-se seu valor como o incremento do valor aproximado y_j entre x e $x + q$. Vamos supor que os pontos de interpolação sejam $x_j, x_{j-1}, \ldots, x_{j-k+1}$, então, por exemplo:

$$y_{j+1} - y_j = \int_{x_j}^{x_{j+1}} f(x, y)\, dx \tag{6.33}$$

6.3.1. Método de Adams - Bashforth de Passo Dois

A idéia por trás da obtenção dos métodos de passo dois é a seguinte: supõe-se que se tenha calculado y_1, por um método de passo simples; assim os valores $f_1 = f(x_1, y_1)$ e $f_0 = f(x_0, y_0)$ ficam disponíveis. É, pois, possível aproximar $f(x, y(x))$ em (6.33) pelo polinômio de 1º grau $P_1(x)$ dado por

$$P_1(x) = \frac{x - x_1}{x_0 - x_1} f_0 + \frac{x - x_0}{x_1 - x_0} f_1 \tag{6.34}$$

O polinômio $P_1(x)$ satisfaz

$P_1(x_0) = f_0$ e $P_1(x_1) = f_1$

Fazendo $x = x_1 + hz$ em (6.34):

$$\left.\begin{aligned} x - x_1 &= hz \\ x - x_0 &= x - (x_1 - h) \\ &= (x - x_1) + h \\ &= hz + h \\ &= h(z + 1) \end{aligned}\right\} \tag{6.35}$$

Substituindo (6.35) em (6.34), tem-se:

$$P_1(x) = (z + 1) f_1 - z f_0, \; x = x_1 + hz \tag{6.36}$$

Para $j = 1$ em (6.33) e $f(x,y) \doteq P_1(x)$:

$$y_2 = y_1 + \int_{x_1}^{x_2} [(z + 1) f_1 - z f_0] \, dx \tag{6.37}$$

De (6.36), tem-se: $dx = hdz$ e, para $x = x_1$, $z = 0$, e para $x = x_2$, $z = 1$. Fazendo a mudança de variável de integração em (6.37):

$$y_2 = y_1 + h \int_0^1 [(z + 1) f_1 - z f_0] \, dz \tag{6.38}$$

Integrando (6.38) chega-se a

$$y_2 = y_1 + \frac{h}{2} (3f_1 - f_0) \tag{6.39}$$

Uma vez calculado y_2 por (6.39), calcula-se y_3:

$$y_3 = y_2 + \frac{h}{2} (3f_2 - f_1)$$

De um modo geral

$$y_{j+1} = y_j + \frac{h}{2}\,(3f_j - f_{j-1})\,,\; j = 1, 2, \ldots, m-1 \tag{6.40}$$

O método (6.40) é chamado método de *Adams-Bashforth de passo 2.*

O erro de truncamento cometido no cálculo de y_2 por (6.39) é obtido a partir da expressão (4.15) da página 171, que fornece o erro de truncamento para um polinômio interpolador de grau n. No caso do polinômio (6.34), $E_T(x) = (x - x_0)(x - x_1)\dfrac{f''(\xi)}{2!}$, $x_0 < \xi < x_1$. Integrando esta expressão nos mesmos moldes com que se integrou (6.37) e (6.38), tem-se:

$$h\int_0^1 \frac{f''(\xi)}{2!}\, h(z+1)\, hz dz = \frac{5}{12} h^3 f''(\xi) \tag{6.41}$$

Denomina-se (6.41) *erro local de truncamento* porque os valores de y_0, y_1, f_0 e f_1 são considerados exatos. Essa suposição é feita, também, quando se passa de uma etapa j qualquer à etapa $j + 1$. Assim o ELT do método de Adams-Bashforth de passo 2 é:

$$\epsilon_j = \frac{5}{12} h^3 y'''(\xi),\quad x_{j-1} < \xi < x_j \tag{6.42}$$

e o método é dito de 2ª ordem.

6.3.2. Método de Adams-Bashforth de Passo Quatro

Tabela 6.3

j	x_j	y_j	f_j
0	x_0	y_0	f_0
1	x_1	y_1	f_1
2	x_2	y_2	f_2
3	x_3	y_3	f_3

Supondo que todos os valores da tabela acima sejam conhecidos, aproxima-se $f(x,y)$ em (6.33) pelo polinômio interpolador de 3º grau, $P_3(x)$, que satisfaz

$P_3(x_0) = f_0$, $P_3(x_1) = f_1$, $P_3(x_2) = f_2$ e $P_3(x_3) = f_3$, onde

$$P_3(x) = \frac{(x - x_1)(x - x_2)(x - x_3)}{(x_0 - x_1)(x_0 - x_2)(x_0 - x_3)} \cdot f_0 + \ldots$$

$$P_3(x) = f_0 \, \frac{(x - x_1)(x - x_2)(x - x_3)}{(x_0 - x_1)(x_0 - x_2)(x_0 - x_3)} + f_1 \, \frac{(x - x_0)(x - x_2)(x - x_3)}{(x_1 - x_0)(x_1 - x_2)(x_1 - x_3)} +$$

$$+ f_2 \, \frac{(x - x_0)(x - x_1)(x - x_3)}{(x_2 - x_0)(x_2 - x_1)(x_2 - x_3)} + f_3 \, \frac{(x - x_0)(x - x_1)(x - x_2)}{(x_3 - x_0)(x_3 - x_1)(x_3 - x_2)} \qquad (6.43)$$

Fazendo $x = x_3 + hz$ têm-se:

$$\left.\begin{aligned} x - x_3 &= hz \\ x - x_2 &= h(z + 1) \\ x - x_1 &= h(z + 2) \\ x - x_0 &= h(z + 3) \end{aligned}\right\} \qquad (6.44)$$

Substituindo (6.44) em (6.43):

$$P_3(x) = -\frac{f_0}{6}(z^3 + 3z^2 + 2z) + \frac{f_1}{2}(z^3 + 4z^2 + 3z) -$$

$$-\frac{fz}{2}(z^3 + 5z^2 + 6z) + \frac{f_3}{6}(z^3 + 6z^2 + 11z + 6) \qquad (6.45)$$

com $x = x_3 + hz$.

Fazendo $j = 3$ em (6.33) e $f(x,y) \doteq P_3(x)$:

$$y_4 = y_3 + \int_{x_3}^{x_4} P_3(x)\, dx$$

ou

$$y_4 = y_3 + h \int_0^1 \left[-\frac{f_0}{6}(z^3 + 3z^2 + 2z) + \frac{f_1}{2}(z^3 + 4z^2 + 3z) - \frac{f_2}{2}(z^3 + 5z^2 + 6z) + \right.$$

$$\left. + \frac{f_3}{6}(z^3 + 6z^2 + 11z + 6) \right] dz$$

$$\boxed{y_4 = y_3 + \frac{h}{24}\left(55f_3 - 59f_2 + 37f_1 - 9f_0\right)} \qquad (6.46)$$

De um modo geral

$$y_{j+1} = y_j + \frac{h}{24}\,(55f_j - 59f_{j-1} + 37f_{j-2} - 9f_{j-3})\,,\; j = 3, 4, \ldots, m-1 \qquad (6.47)$$

e o ELT é $\epsilon_j = \dfrac{251}{720}\, h^5 y^{(V)}(\xi),\; x_{j-3} < \xi < x_j$ $\qquad (6.48)$

O método é de 4ª ordem.

6.3.3. Método de Adams-Moulton de Passo Três

Tabela 6.4

j	x_j	y_j	f_j
0	x_0	y_1	f_0
1	x_1	y_2	f_1
2	x_2	y_3	f_2
3	x_3	y_4	f_3
4	x_4	y_5	f_4

Aqui também se supõe que todos os valores da tabela acima sejam conhecidos. Entretanto, deseja-se *melhorar* a precisão de y_4. Para isso, aproxima-se $f(x,y)$ e (6.33) pelo polinômio de 3º grau satisfazendo os pontos (x_1, f_1), (x_2, f_2), (x_3, f_3), (x_4, f_4).

$$P_3(x) = f_1\,\frac{(x-x_2)(x-x_3)(x-x_4)}{(x_1-x_2)(x_1-x_3)(x_1-x_4)} + f_2\,\frac{(x-x_1)(x-x_3)(x-x_4)}{(x_2-x_1)(x_2-x_3)(x_2-x_4)} +$$

$$+ f_3\cdot\frac{(x-x_1)(x-x_2)(x-x_4)}{(x_3-x_1)(x_3-x_2)(x_3-x_4)} + f_4\,\frac{(x-x_1)(x-x_2)(x-x_3)}{(x_4-x_1)(x_4-x_2)(x_4-x_3)}$$

(6.49)

Fazendo $x = x_4 + hz$, têm-se:

$$\left.\begin{aligned} x - x_4 &= hz \\ x - x_3 &= h(z+1) \\ x - x_2 &= h(z+2) \\ x - x_1 &= h(z+3) \end{aligned}\right\} \qquad (6.50)$$

Substituindo (6.50) em (6.49):

$$\bar{P}_3(x) = -\frac{f_1}{6}(z^3 + 3z^2 + 2z) + \frac{f_2}{2}(z^3 + 4z^2 + 3z) - \frac{f_3}{2}(z^3 + 5z^2 + 6z) +$$

$$+\frac{f_4}{6}(z^3 + 6z^2 + 11z + 6) \qquad (6.51)$$

com $x = x_4 + hz$

Usando a notação y_4^C para o valor de y_4 a ser corrigido, tem-se:

$$y_4^C = y_3 + \int_{x_3}^{x_4} f(x,y)\,dx \quad \text{ou} \quad y_4^C = y_3 + h\int_{-1}^{0} \bar{P}_3(x)\,dz$$

e

$$y_4^C = y_3 + \frac{h}{24}(9f_4 + 19f_3 - 5f_2 + f_1) \qquad (6.52)$$

O erro local de truncamento cometido no cálculo de y_4 é obtido ao se integrar $E_T(x) = (x - x_1)(x - x_2)(x - x_3)(x - x_4)\dfrac{f^{(IV)}(\&)}{4!}$, $x_1 < \& < x_4$,

ou seja,

$$\int_{x_3}^{x_4} E_T(x)\,dx = h\int_{-1}^{0} h(z+3)h(z+2)h(z+1)hz\,\frac{f^{(IV)}(\&)}{4!}\,dz = -\frac{19}{720}h^5 f^{(IV)}(\&)$$

$$(6.53)$$

O valor de f_4 em (6.52) depende de y_4, que deve ser previamente calculado, *predito*, por (6.46) ou (6.30). Usa-se a notação y_4^P para designar o valor *predito* para y_4 e $f_4^P = f(x_4, y_4^P)$. Assim, (6.52) tem a forma

$$y_4^C = y_3 + \frac{h}{24}(9f_4^P + 19f_3 - 5f_2 + f_1) \qquad (6.54)$$

De um modo geral

$$y_{j+1}^C = y_j + \frac{h}{24}(9f_{j+1}^P + 19f_j - 5f_{j-1} + f_{j-2}) \qquad (6.55)$$

$j = 3, 4, \ldots, m - 1$

$$f_{j+1}^P = f(x_{j+1}, y_{j+1}^P)$$

O erro local de truncamento é $\epsilon_j = -\dfrac{19}{720} h^5 y^{(IV)}(\xi)$.

O método é de 4ª ordem.

A aplicação conjunta das fórmulas (6.47) e (6.55) forma um par *preditor-corretor* onde (6.47) "prediz" o valor de y_{j+1} a ser usado em f^P_{j+1} para o cálculo de y^C_{j+1}.

O par

$$\left.\begin{aligned} y^P_{j+1} &= y_j + \frac{h}{24}(55f_j - 59f_{j-1} + 37f_{j-2} - 9f_{j-3}) \\ y^C_{j+1} &= y_j + \frac{h}{24}(9f^P_{j+1} + 19f_j - 5f_{j-1} + f_{j-2}) \\ j &= 3, 4, \ldots, m-1 \end{aligned}\right\} \qquad (6.56)$$

é o popular método de *Adams-Bashforth-Moulton de 4ª ordem.*

Para resolver um PVI com o uso do par (6.56) há três fases:

1.ª FASE: Valores iniciais.

Calculam-se y_1, y_2 e y_3 por um método de passo simples de 4ª ordem.

2.ª FASE: Predição.

Calcula-se y^P_4 por (6.47).

3.ª FASE: Correção.

Passo 1: Avalia-se $f^P_4 = f(x_4, y^P_4)$.

Passo 2: Calcula-se y^C_4 por (6.55).

Passo 3: Atualiza-se y^P_4, isto é, $y^P_4 \leftarrow y^C_4$.

Passo 4: Avalia-se $f^P_4 = f(x_4, y^P_4)$.

Passo 5: Calcula-se novamente y^C_4 por (6.55).

O valor obtido no passo 5 da 3ª fase é aceito como aproximação para $y(x_4)$, ou seja, $y_4 = y_4^C$. De posse do valor numérico de y_4, busca-se a aproximação para $y(x_5)$ voltando à 2ª e 3ª fases e avançando o índice subscrito de uma unidade. O valor obtido no passo 5 da 3ª fase é aceito como aproximação para $y(x_5)$, isto é, $y_5 = y_5^C$. O processo continua até que se tenha encontrado a aproximação para $y(x_m)$.

6.3.4. Implementação do Método de Adams-Bashforth-Moulton de Quarta Ordem

6.3.4.1. SUB-ROTINA PRECOR

Seguem a implementação do método (6.56) pela sub-rotina PRECOR e um exemplo de programa para usá-la.

```
C.................................................................
C
C
C        SUBROTINA PRECOR
C
C        OBJETIVO :
C             RESOLUCAO DE EQUACOES DIFERENCIAIS ORDINARIAS
C
C        METODO UTILIZADO :
C             PREDITOR - CORRETOR
C
C        USO :
C             CALL PRECOR(X,Y,NMAX,H,A,B,F)
C
C        PARAMETROS DE ENTRADA :
C             X      : VETOR CONTENDO AS ABSCISSAS
C             Y      : VETOR CONTENDO AS SOLUCOES APROXIMADAS
C             NMAX   : NUMERO MAXIMO DE PONTOS CONSIDERADOS NO
C                      INTERVALO  A,B
C             H      : TAMANHO DO PASSO
C             A      : LIMITE INFERIOR DO INTERVALO
C             B      : LIMITE SUPERIOR DO INTERVALO
C             F      : ESPECIFICACAO DA FUNCAO
C
C        PARAMETROS DE SAIDA :
C             X      : VETOR CONTENDO AS ABSCISSAS
C             Y      : VETOR CONTENDO AS SOLUCOES APROXIMADAS
C
C        FUNCAO REQUERIDA :
C             F      : ESPECIFICACAO DA FUNCAO
C
C.................................................................
C
C
      SUBROUTINE PRECOR(X,Y,NMAX,H,A,B,F)
C
C
      INTEGER I,J,M,N,NMAX
```

```
      REAL A,B,CY(5Ø),FØ,F1,F2,F3,F4,H,K1,K2,K3,K4,PY(5Ø),
     S     X(NMAX),Y(NMAX)
        M = (B-A)/H
        DO 1Ø I = 1,3
          K1 = H*F(X(I),Y(I))
          K2 = H*F(X(I)+Ø.5*H,Y(I)+Ø.5*K1)
          K3 = H*F(X(I)+Ø.5*H,Y(I)+Ø.5*K2)
          K4 = H*F(X(I)+H,Y(I)+K3)
          Y(I+1) = Y(I)+1./6.*(K1+2.*(K2+K3)+K4)
          X(I+1) = X(I)+H
 1Ø     CONTINUE
        DO 2Ø I = 4,M
          FØ = F(X(I-3),Y(I-3))
          F1 = F(X(I-2),Y(I-2))
          F2 = F(X(I-1),Y(I-1))
          F3 = F(X(I),Y(I))
          PY(I+1) = H/24.*(55.*F3-59.*F2+37.*F1-9.*FØ)+Y(I)
          N = Ø
          Y(I+1) = PY(I+1)
          X(I+1) = X(I)+H
 15       CONTINUE
            F4 = F(X(I+1),Y(I+1))
            CY(I+1) = H/24.*(9.*F4+19.*F3-5.*F2+F1)+Y(I)
            Y(I+1) = CY(I+1)
            N = N+1
            IF(N.LT.2)GO TO 15
 2Ø     CONTINUE
        WRITE(2,1)
  1     FORMAT(1H1,3X,34HSOLUCOES DE EQUACOES DIFERENCIAIS ,
     G         1ØHORDINARIAS,/,14X,18HMETODO PREDITOR - ,
     H         8HCORRETOR,/)
        WRITE(2,2)
  2     FORMAT(1HØ,9X,1HI,8X,1HX,14X,1HY,/,6X,2(14X,1HI),//)
        N = M+1
        DO 3Ø I = 1,N
          J = I-1
          WRITE(2,3)J,X(I),Y(I)
  3       FORMAT(9X,I2,2(3X,1PE12.5),/)
 3Ø     CONTINUE
        RETURN
      END
```

6.3.4.2. FUNÇÃO F

```
C
C      F(X,Y)
C
       REAL FUNCTION F(X,Y)
       REAL X,Y
         F = " escreva a forma analitica de f(x,y) "
         RETURN
       END
```

6.3.4.3. PROGRAMA PRINCIPAL

```
C
C
C        PROGRAMA PRINCIPAL PARA UTILIZACAO DA SUBROTINA PRECOR
C
C
      EXTERNAL F
      INTEGER NMAX
      REAL A,B,H,X(2Ø),Y(2Ø)
        NMAX = 2Ø
        READ(1,1)A,B,H,X(1),Y(1)
    1   FORMAT(5F1Ø.Ø)
C        A      : LIMITE INFERIOR DO INTERVALO
C        B      : LIMITE SUPERIOR DO INTERVALO
C        H      : TAMANHO DO PASSO
C        X(1)   : VALOR INICIAL DA ABSCISSA
C        Y(1)   : SOLUCAO INICIAL
C
        CALL PRECOR(X,Y,NMAX,H,A,B,F)
C
        CALL EXIT
      END
```

Exemplo 6.11

Achar aproximações para a solução do PVI $\begin{cases} y' = x - y + 2 \\ y(0) = 2 \end{cases}$

na malha de $[0, 1]$ com $h = 0{,}1$, usando o método (6.56).

Para resolver este exemplo usando o programa anterior, devem ser fornecidos:

Dados de entrada

0. , 1. , 0,1 , 0. , 2.

Função F

```
C
C
C        ESPECIFICACAO DA FUNCAO
C
C
      REAL FUNCTION F(X,Y)
      REAL X,Y
        F = X-Y+2
        RETURN
      END
```

Os resultados obtidos foram:

```
SOLUCOES DE EQUACOES DIFERENCIAIS ORDINARIAS
        METODO PREDITOR - CORRETOR

  I      X                  Y
          I                  I

  0    0.00000E+00       2.00000E+00
  1    1.00000E-01       2.00484E+00
  2    2.00000E-01       2.01873E+00
  3    3.00000E-01       2.04082E+00
  4    4.00000E-01       2.07032E+00
  5    5.00000E-01       2.10653E+00
  6    6.00000E-01       2.14881E+00
  7    7.00000E-01       2.19659E+00
  8    8.00000E-01       2.24933E+00
  9    9.00000E-01       2.30657E+00
 10    1.00000E+00       2.36788E+00
```

6.3.5. Exercícios de Fixação

6.3.5.1. Achar aproximações para a solução do PVI $\begin{cases} y' = y - \dfrac{2x}{y} \\ y(0) = 1 \end{cases}$

na malha de $[0, 1]$ com $h = 0{,}2$, usando o método de Adams-Bashforth-Moulton de 4ª ordem.

6.3.5.2. Achar aproximações para a solução do PVI $\begin{cases} y' = \dfrac{1}{x} \\ y(1) = 0 \end{cases}$

na malha de $[1, 2]$ com $h = 0{,}1$, usando o método de Adams-Bashforth-Moulton de 4ª ordem.

6.4. NOÇÕES DE ESTABILIDADE E ESTIMATIVA DE ERRO

6.4.1. Estimativa de Erro para o Método de Runge-Kutta de Quarta Ordem

Foi visto que os métodos de Runge-Kutta obtidos na seção 6.2 concordam com a expansão da fórmula de Taylor para a função $y(x)$ (solução teórica do PVI (6.2)) até os termos de ordem h^r, inclusive. O ELT é, pois, da forma

$$\epsilon_j = Ch^{r+1} + \sigma(h^{r+2}) \tag{6.57}$$

onde C depende (de um modo algo complicado para o nível deste livro) de f e suas derivadas parciais de ordem superior. É possível encontrarem-se cotas para C quando $r = 2$, 3 e 4 (em Ralston e Wilf [25]).

Na prática, usam-se estimativas para o ELT a fim de que se possa variar convenientemente o comprimento do passo no decorrer da computação. Uma regra prática seguida por Collatz [8] para o método de Runge-Kutta de 4ª ordem é a seguinte: calcula-se em cada passo o quociente

$$\rho = \frac{|K_2 - K_3|}{|K_1 - K_2|} \tag{6.58}$$

se ρ for de magnitude de algumas centenas, então o comprimento do passo h deve ser reduzido e o cálculo refeito com o novo valor de h.

6.4.2. Estimativa de Erro para o Método de Adams-Bashforth-Moulton de Quarta Ordem

O ELT do método de Adams-Bashforth-Moulton de 4ª ordem é

$\epsilon_P = \dfrac{251}{720} h^5 y^{(V)}(\xi)$ para a fórmula previsora e

$\epsilon_C = -\dfrac{19}{720} h^5 y^{(V)}(\bar{\xi})$ para a fórmula corretora.

Numa etapa j qualquer tem-se, para o ELT:

$$y_j^P - y(x_j) = \frac{251}{720} h^5 y^{(V)}(\xi) \tag{6.59}$$

$$y_j^C - y(x_j) = -\frac{19}{720} h^5 y^{(V)}(\bar{\xi}) \tag{6.60}$$

Supondo h suficientemente pequeno e $y^{(V)}(\xi) \doteq y^{(V)}(\bar{\xi})$, tem-se, dividindo (6.59) por (6.60):

$$y(x_j) = \frac{19}{270} y_j^P + \frac{251}{270} y_j^C$$

Substituindo a expressão acima em (6.60):

$$-\frac{19}{720}h^5y^{(V)}(\xi) \doteq \frac{19}{270}(y_j^C - y_j^P) \qquad (6.61)$$

O segundo membro da expressão (6.61) é tomado como estimativa do erro cometido na obtenção do valor corrigido pela fórmula (6.55).

6.4.3. Estabilidade

Nas subseções 6.4.1 e 6.4.2 foi vista a importância da estimativa do ELT para que se pudesse controlar a precisão dos cálculos. O comprimento do passo h tem um papel muito importante nisso. De posse da estimativa de erro, tem-se condição de fazer variar o valor de h; tal variação, porém, não pode ser arbitrária. Depende de outro fator: *a estabilidade*.

Seja, por exemplo, o PVI $\begin{cases} y' = \lambda y \\ y(0) = y_0 \end{cases}$ (6.62)

Resolvendo-o pelo método (6.27), tem-se

$$y_{j+1} = \left(1 - \frac{h\lambda}{1!} + \frac{h^2\lambda^2}{2!}\right) y_j,\ j = 0, 1, \ldots, m-1 \qquad (6.63)$$

Fazendo, em (6.63), $\mu = 1 - h\lambda + \dfrac{h^2\lambda^2}{2}$,

$$y_{j+1} = \mu y_j,\ j = 0, 1, \ldots, m-1 \qquad (6.64)$$

Aplicando (6.64), repetidamente, para $j = 0, 1, \ldots, m-1$:

$$y_m = \mu^m y_0 \qquad (6.65)$$

Se em (6.65) $|\mu| > 1$, então a solução numérica dada pelo método (6.27) crescerá sem limite e vai se afastar cada vez mais da solução exata do PVI que é $y(x) = y_0e^{-\lambda x}$. Caso se faça, entretanto, $|\mu| < 1$, a solução numérica terá o mesmo comportamento da solução exata. Resolvendo a desigualdade $|\mu| = |1 - h\lambda + \dfrac{h^2\lambda^2}{2}| < 1$, tem-se $0 < h < \dfrac{2}{\lambda}$. Diz-se que no intervalo $\left(0, \dfrac{2}{\lambda}\right)$ há *estabilidade* e, fora dele, *instabilidade*. Na literatura de cálculo numérico, este tipo de estabilidade é conhecido como *estabilidade parcial* porque há um valor para o comprimento do passo abaixo do qual o método é estável e acima do qual é instável.

Na tabela 6.4 abaixo são dados os intervalos de estabilidade dos principais métodos vistos neste capítulo.

Tabela 6.4

Método	*Intervalo*
Euler	(0,2)
RK2	(0,2)
RK3	(0; 2,51)
RK4	(0; 2,78)
ABM4*	(0; 0,90)

* Adams-Bashforth-Moulton

6.5. COMPARAÇÃO DE MÉTODOS

6.5.1. Métodos de Runge-Kutta

Vantagens:

1) São auto-iniciáveis.

2) O comprimento do passo pode ser alterado com facilidade.

Desvantagens:

1) O número de avaliações de f, por passo, é grande.

2) As cotas da constante do ELT são difíceis de se obter e de pouco valor computacional.

6.5.2. Métodos de Adams

Vantagens:

1) O número de avaliações de f é reduzido: apenas uma nas fórmulas previsoras e $(I + 1)$ nas fórmulas corretoras, onde I é o número de iterações.

2) As constantes de erro são obtidas facilmente.

3) As fórmulas são mais simples, propícias para o cálculo manual.

Desvantagens:

1) Não são auto-iniciáveis.

2) Não se pode mudar o comprimento do passo com facilidade.

6.6. EXEMPLO DE APLICAÇÃO

6.6.1. Descrição do Problema

Em um circuito *RCL*, um capacitor de 0,01 farad de capacitância está sendo carregado por uma força eletromotriz (f.e.m.) de 100 volts através de uma indutância de 0,02 henry e uma resistência de 10 ohms. Admitindo-se que não haja carga nem corrente iniciais ao se aplicar a voltagem, determinar a carga no capacitor e a corrente no circuito até o instante $t = 0{,}008$.

6.6.2. Modelo Matemático

Considere o diagrama de circuito *RCL* abaixo:

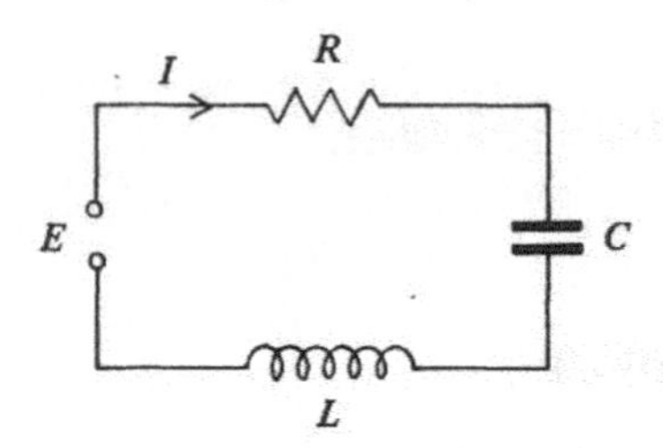

As quedas de voltagem através de uma resistência, de um capacitor e de um indutor são RI, $\frac{1}{C}\,q$, $L\,\frac{dI}{dt}$, onde q é a carga no capacitor. A queda de voltagem através de uma f.e.m. é $-E$. Pela lei de Kirchoff pode-se escrever a equação:

$$RI + L\,\frac{dI}{dt} + \frac{1}{C}\,q - E = 0 \tag{6.66}$$

Como $I = \dfrac{dq}{dt}$, $\dfrac{dI}{dt} = \dfrac{d^2q}{dt^2}$ (6.67)

Substituindo (6.67) em (6.66):

$$R\frac{dq}{dt} + L\frac{d^2q}{dt^2} + \frac{1}{C}q - E = 0 \qquad (6.68)$$

Dividindo (6.68) por L:

$$\frac{d^2q}{dt^2} + \frac{R}{L}\frac{dq}{dt} + \frac{1}{CL}q - \frac{1}{L}E = 0 \qquad (6.69)$$

Como foi suposta a ausência de carga e corrente iniciais, a condição inicial é $q(t_0) = 0$ e $\frac{dq}{dt}(t_0) = 0$, no instante $t_0 = 0$. (6.70)

As unidades das grandezas envolvidas na equação (6.69) são:

C – farad
E – volt
I – ampère
L – henry
Q – coulomb
R – ohms
t – segundo

Voltando ao enunciado do problema na seção 6.6.1, tem-se:

C – 0,01 farad
E – 100 volts
L – 0,02 henry (6.71)
R – 10 ohms
t_0 – 0 s
t – 0,008

Substituindo (6.71) em (6.69) e (6.70):

$$\begin{cases} \dfrac{d^2q}{dt^2} + \dfrac{10}{0{,}02}\dfrac{dq}{dt} + \dfrac{1}{0{,}01 \cdot 0{,}02}q - \dfrac{1}{0{,}02} \cdot 100 = 0 \\ q(0) = 0 \\ \dfrac{dq}{dt}(0) = 0 \end{cases}$$

ou

$$\begin{cases} \dfrac{d^2q}{dt^2} + 500\,\dfrac{dq}{dt} + 5000\,q - 5000 = 0 \\ q(0) = 0 \\ \dfrac{dq}{dt}(0) = 0 \\ t \in [0;\, 0{,}008] \end{cases} \tag{6.72}$$

Resolvendo o sistema de PVIs (6.72) tem-se condição de estudar o comportamento do circuito até o instante $t = 0{,}008$ s.

6.6.3. Solução Numérica

Trocando q por y em (6.72):

$$\begin{cases} y'' = -500\,y - 5000\,y + 5000 \\ y(0) = 0 \\ y'(0) = 0 \end{cases} \tag{6.73}$$

Fazendo $y' = z$, $y'' = z'$ e:

$$\left.\begin{aligned} z' &= -500\,z - 5000\,y + 5000 \\ z(0) &= 0 \end{aligned}\right\} \tag{6.74a}$$

$$\left.\begin{aligned} y' &= z \\ y(0) &= 0 \end{aligned}\right\} \tag{6.74b}$$

Será usado o método de Runge-Kutta de 4ª ordem para resolver simultaneamente os PVIs (6.74a) e (6.74b). Por razões de estabilidade, o comprimento do passo deve ser tal que $|h| < 2{,}78$ e $|-500\,h| < 2{,}78$, ou seja, $h < 0{,}0055$. Tomar-se-á $h = 0{,}001$ e, assim, $m = \dfrac{0{,}008 - 0}{0{,}001} \rightarrow m = 8$.

A sub-rotina RK42 será usada para a obtenção dos valores numéricos.

6.6.4. Sub-Rotina RK42

```
C.........................................................
C
C
C        SUBROTINA RK42
C
C        OBJETIVO :
C             RESOLUCAO DE EQUACOES DIFERENCIAIS ORDINARIAS
C
C        METODO UTILIZADO :
C             RUNGE - KUTTA DE QUARTA ORDEM
C
C        USO :
C             CALL RK42(X,Y,Z,H,A,B,F,G)
C
C        PARAMETROS DE ENTRADA :
C             X      : VALOR INICIAL DA ABSCISSA
C             Y      : SOLUCAO INICIAL
C             Z      : SOLUCAO INICIAL
C             H      : TAMANHO DO PASSO
C             A      : LIMITE INFERIOR DO INTERVALO
C             B      : LIMITE SUPERIOR DO INTERVALO
C             F      : ESPECIFICACAO DE FUNCAO
C             G      : ESPECIFICACAO DE FUNCAO
C
C        PARAMETROS DE SAIDA :
C             X      : ABSCISSA DA SOLUCAO APROXIMADA
C             Y      : SOLUCAO APROXIMADA
C             Z      : SOLUCAO APROXIMADA
C
C        FUNCAO REQUERIDA :
C             F      : ESPECIFICACAO DE FUNCAO
C             G      : ESPECIFICACAO DE FUNCAO
C
C.........................................................
C
C
      SUBROUTINE RK42(X,Y,Z,H,A,B,F,G)
C
C
      INTEGER I,M
      REAL A,B,H,K1,K2,K3,K4,L1,L2,L3,L4,X,Y,Z
        I = 0
        M = (B-A)/H
        WRITE(1,1)
    1   FORMAT(3H I ,6X,5HTEMPO,10X,5HCARGA,9X,8HCORRENTE,//)
        WRITE(1,1)I,X,Y,Z
    2  FORMAT(I3,3(3X,1PE12.5),/)
        DO 10 I = 1,M
          K1 = H*F(X,Y,Z)
          L1 = H*G(X,Y,Z)
          K2 = H*F(X+0.5*H,Y+0.5*K1,Z+0.5*L1)
          L2 = H*G(X+0.5*H,Y+0.5*K1,Z+0.5*L1)
          K3 = H*F(X+0.5*H,Y+0.5*K2,Z+0.5*L2)
          L3 = H*G(X+0.5*H,Y+0.5*K2,Z+0.5*L2)
          K4 = H*F(X+H,Y+K3,Z+L3)
          L4 = H*G(X+H,Y+K3,Z+L3)
          Y = Y+1./6.*(K1+2.*(K2+K3)+K4)
          Z = Z+1./6.*(L1+2.*(L2+L3)+L4)
          X = X+H
          WRITE(1,2)I,X,Y,Z
   10   CONTINUE
        RETURN
      END
C
C
```

```
C         PROGRAMA PRINCIPAL PARA UTILIZACAO DA SUBROTINA RK42
C
C
      EXTERNAL F,G
      REAL A,B,H,X,Y,Z
        READ(1,1)A,B,H,X,Y,Z
    1   FORMAT(6F10.0)
C       A      : LIMITE INFERIOR DO INTERVALO
C       B      : LIMITE SUPERIOR DO INTERVALO
C       H      : TAMANHO DO PASSO
C       X      : VALOR INICIAL DA ABSCISSA
C       Y      : SOLUCAO INICIAL
C       Z      : SOLUCAO INICIAL
C
        CALL RK42(X,Y,Z,H,A,B,F,G)
C
        CALL EXIT
      END
C
C
C         ESPECIFICACAO DE FUNCAO
C
C
      REAL FUNCTION F(X,Y,Z)
      REAL X,Y,Z
        F = Z
        RETURN
      END
C
C
C         ESPECIFICACAO DE FUNCAO
C
C
      REAL FUNCTION G(X,Y,Z)
      REAL X,Y,Z
        G = 5000.-500.*Z-5000.*Y
        RETURN
      END
```

Resultados obtidos:

I	TEMPO	CARGA	CORRENTE
0	0.00000E+00	0.00000E+00	0.00000E+00
1	1.00000E-03	2.13438E-03	3.92917E+00
2	2.00000E-03	7.35187E-03	6.29773E+00
3	3.00000E-03	1.44195E-02	7.71008E+00
4	4.00000E-03	2.25820E-02	8.53672E+00
5	5.00000E-03	3.13766E-02	9.00472E+00
6	6.00000E-03	4.05202E-02	9.25328E+00
7	7.00000E-03	4.98396E-02	9.36772E+00
8	8.00000E-03	5.92291E-02	9.40033E+00

6.6.5. Análise do Resultado

A carga no instante $t = 0{,}008$ s é 0,0592291 farads e a corrente é 9,40033 ampères. Observa-se que a corrente cresce rapidamente e que há crescimento também na carga do capacitor, porém mais lentamente.

6.7. EXERCÍCIOS PROPOSTOS

6.7.1. Reduzir o problema de valor inicial $\begin{cases} y'' + 500\,y' + 5000\,y = 0 \\ y(0) = 0 \\ y'(0) = 0 \end{cases}$

a um sistema de PVIs de 1ª ordem.

6.7.2. Reduzir o problema de valor inicial $\begin{cases} y'' + 36y = 0 \\ y(0) = -0{,}25 \\ y'(0) = -2 \end{cases}$

a um sistema de PVIs de 1ª ordem.

6.7.3. Achar aproximações para a solução do PVI $\begin{cases} y' = \dfrac{x - 2xy - 1}{x^2} \\ y(1) = 0 \end{cases}$

na malha de $[1, 2]$ com $h = 0{,}1$ usando o método (6.29).

6.7.4. Achar aproximações para a solução do PVI $\begin{cases} y' = \dfrac{x - 2xy - 1}{x^2} \\ y(1) = 0 \end{cases}$

na malha de $[1, 2]$ com $h = 0{,}1$ usando o método (6.30).

6.7.5. Achar aproximações para a solução do PVI $\begin{cases} y' = \dfrac{y^2 - 1}{x^2 + 1} \\ y(0) = 1 \end{cases}$

na malha de $[0, 1]$ com $h = 0{,}1$ usando o método (6.26).

6.7.6. Achar aproximações para a solução do PVI $\begin{cases} y' = \dfrac{y^2 - 1}{x^2 + 1} \\ y(0) = 1 \end{cases}$

na malha de $[0, 1]$ com $h = 0{,}05$ usando o método (6.26).

6.7.7. Compare os resultados do exercício 6.7.5 aos resultados do exercício 6.7.6 usando como critério a proximidade com a solução exata do PVI $\left(y(x) = \dfrac{1 - x}{1 + x} \right)$.

6.7.8. Achar aproximações para a solução do PVI $\begin{cases} y' = \dfrac{y^2 - 1}{x^2 + 1} \\ y(0) = 1 \end{cases}$

na malha de $[0, 1]$ com $h = 0{,}1$ usando o método de Adams-Bashforth-Moulton de 4ª ordem (6.56).

6.7.9. Achar aproximações para a solução do PVI $\begin{cases} y' = -xy^2 \\ y(1) = 2 \end{cases}$

na malha de $[1, 2]$ com $h = 0{,}1$:

a) usando o método (6.30) (Runge-Kutta de 4ª ordem)

b) usando o método (6.56) (Adams-Bashforth-Moulton de 4ª ordem)

c) comparar os resultados em a) e b) segundo o critério de esforço computacional, isto é, número de avaliações da função $f(x, y) = -xy^2$

6.7.10. Achar aproximações para a solução do PVI $\begin{cases} y' = y - \dfrac{2x}{y} \\ y(0) = 1 \end{cases}$

na malha de $[0, 1]$ com $h = 0{,}1$ usando o método (6.57).

6.7.11. Conhecidos os pares (x_0, f_0), (x_1, f_1), (x_2, f_2), obter o método de Adams-Bashforth de passo 3.

6.7.12. Qual a expressão do erro local de truncamento do método obtido no exercício 6.7.11?

6.7.13. Conhecidos os pares (x_0, f_0), (x_1, f_1), (x_2, f_2), obter o método de Adams-Moulton de passo 2.

6.7.14. Qual a expressão do erro local de truncamento do método obtido no exercício 6.7.13?

6.7.15. Dê uma interpretação geométrica para o método de Euler melhorado (6.26).

6.7.16. Mostre que o intervalo de estabilidade parcial do método de Euler para o PVI

$$\begin{cases} y' = -2y \\ y(x_0) = y_0 \end{cases}$$ é (0,2).

6.7.17. Faça um programa de computador para resolver um PVI usando o método da fórmula de Taylor até a derivada segunda (método 6.17).

Capítulo 7

Ajuste de Curvas

Este capítulo é um texto introdutório sobre ajuste de curvas, não exigindo do leitor qualquer conhecimento de Estatística e Probabilidades, já que os modelos a serem ajustados são predefinidos. Não se trata de um capítulo sobre a técnica estatística de análise de regressão. Esta técnica é muito mais abrangente pois inclui tópicos como análise de variância, teste de hipótese, intervalos de confiança e análise dos resíduos, todos de fundamental importância na verificação de o modelo ajustado ser ou não satisfatório.

7.1. INTRODUÇÃO

Os valores que uma variável pode assumir estão associados, além dos erros experimentais, a outras variáveis cujos valores se alteram durante o experimento.

Se se relacionar através de um modelo matemático a variável resposta (ou dependente) com o conjunto das variáveis explicativas (ou independentes), pode-se determinar então algum parâmetro, ou mesmo fazer previsão acerca do comportamento da variável resposta.

Ao se estudar a relação entre duas variáveis, deve-se inicialmente fazer um gráfico dos dados (diagrama de dispersão) pois ele fornece uma idéia da forma da relação exibida por eles.

Exemplo 7.1

Construir o diagrama de dispersão das 5 medidas das variáveis X e Y.

i	1	2	3	4	5
x_i	1,3	3,4	5,1	6,8	8,0
yi	2,0	5,2	3,8	6,1	5,8

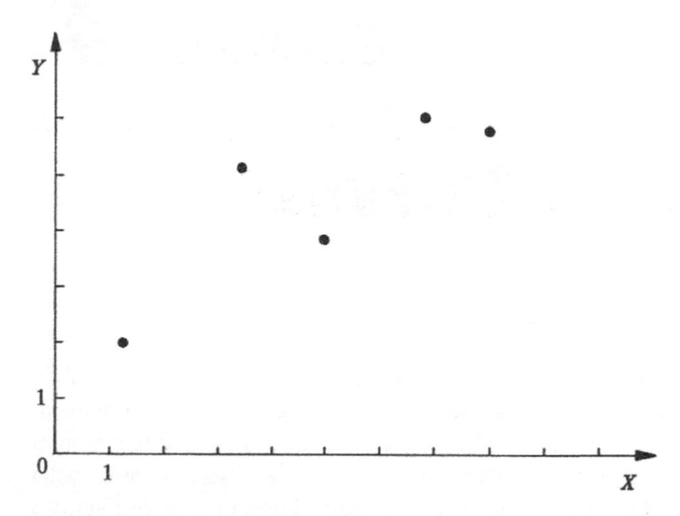

Figura 7.1. Diagrama de dispersão.

7.2. AJUSTE LINEAR SIMPLES

O modelo mais simples que relaciona duas variáveis X e Y é a equação da reta

$$Y = \beta_0 + \beta_1 X \tag{7.1}$$

onde β_0 e β_1 são os parâmetros do modelo.

7.2.1. Retas Possíveis

Suponha que uma reta arbitrária seja desenhada no diagrama de dispersão da figura 7.1.

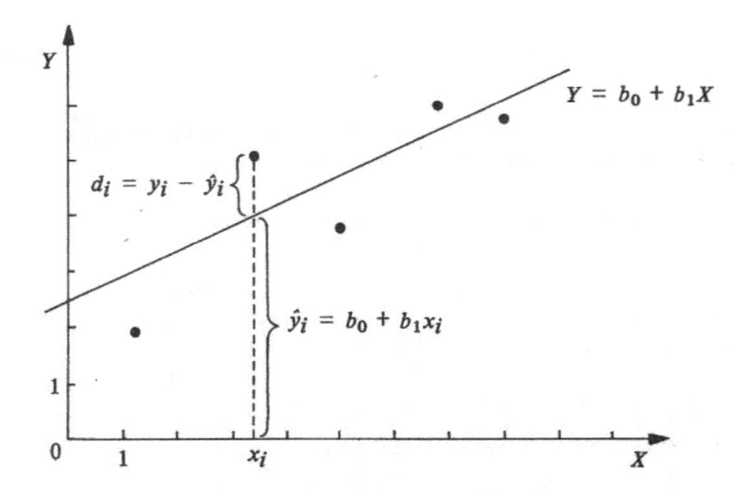

Figura 7.2. Uma reta arbitrária no diagrama de dispersão.

No valor x_i da variável explicativa, o valor $\hat{y}_i$ predito por esta reta é $\hat{y}_i = b_0 + b_1x_i$ enquanto que o valor da variável resposta é y_i.

A diferença entre estes valores é

$$d_i = y_i - \hat{y}_i$$

que é a distância vertical do ponto à linha reta.

Considerando tais desvios de todos os n pontos toma-se

$$D = \sum_{i=1}^{n} d_i^2$$

como medida do desvio total dos pontos observados à reta estimada.

A magnitude de D dependerá obrigatoriamente da reta desenhada, ou seja, depende de β_0 e β_1. Assim

$$D(\beta_0, \beta_1) = \sum_{i=1}^{n} d_i^2 = \sum_{i=1}^{n} (y_i - \hat{y}_i)^2$$

$$D(\beta_0, \beta_1) = \sum_{i=1}^{n} [y_i - (\beta_0 + \beta_1 x_i)]^2 \qquad (7.2)$$

A tabela 7.1 e a figura 7.3 mostram valores de d_i e D para duas retas diferentes traçadas no diagrama de dispersão da figura 7.1.

Tabela 7.1. Ajuste de duas retas no diagrama de dispersão.

			$\hat{y}_i = 0 + 1 x_i$		$\hat{y}_i = 4,5 + 0 x_i$	
i	x_i	y_i	$\hat{y}_i$	d_i	$\hat{y}_i$	d_i
1	1,3	2,0	1,3	0,7	4,5	−2,5
2	3,4	5,2	3,4	1,8	4,5	0,7
3	5,1	3,8	5,1	−1,3	4,5	−0,7
4	6,8	6,1	6,8	−0,7	4,5	1,6
5	8,0	5,8	8,0	−2,2	4,5	1,3
			$D = 10,75$		$D = 11,48$	

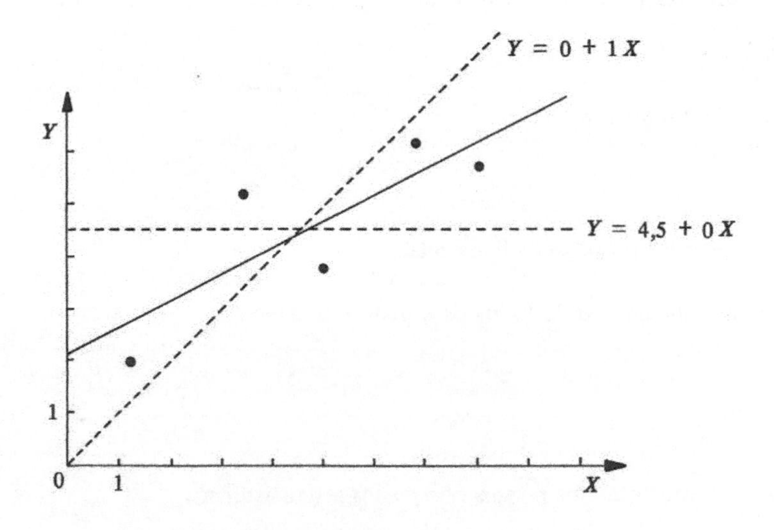

Figura 7.3. Retas traçadas no diagrama de dispersão.

Como visto, dependendo dos valores assumidos por β_0 e β_1, o valor de D varia. Cumpre, então, determinar os valores de β_0 e β_1 em que a função $D(\beta_0, \beta_1)$ apresente seu menor valor.

7.2.2. Escolha da Melhor Reta

Um modo de estimar os coeficientes β_0 e β_1 é determinar o mínimo da função $D(\beta_0, \beta_1)$. No processo de minimização, calculam-se as derivadas parciais de D em relação a β_0 e β_1:

$$D(\beta_0, \beta_1) = \sum_{i=1}^{n} (y_i - \beta_0 - \beta_1 x_i)^2$$

$$\frac{\partial D}{\partial \beta_0} = -2 \sum_{i=1}^{n} (y_i - \beta_0 - \beta_1 x_i)$$

$$\frac{\partial D}{\partial \beta_1} = -2 \sum_{i=1}^{n} (y_i - \beta_0 - \beta_1 x_i) x_i$$

Os valores b_0 e b_1 em que a função $D(\beta_0, \beta_1)$ apresenta um valor mínimo são obtidos igualando-se as derivadas a zero.

$$-2 \sum_{i=1}^{n} (y_i - b_0 - b_1 x_i) = 0$$

$$-2 \sum_{i=1}^{n} (y_i - b_0 - b_1 x_i) x_i = 0$$

Para simplificar a notação, daqui por diante o símbolo $\sum_{i=1}^{n}$ será trocado por Σ.

por Σ.

Deste modo, as equações acima tornam-se, após o desenvolvimento:

$$\Sigma y_i - \Sigma b_0 - \Sigma b_1 x_i = 0$$

$$\Sigma x_i y_i - \Sigma b_0 x_i - \Sigma b_1 x_i^2 = 0$$

ou

$$\begin{aligned} (n)\, b_0 + (\Sigma x_i)\, b_1 &= \Sigma y_i \\ (\Sigma x_i)\, b_0 + (\Sigma x_i^2)\, b_1 &= \Sigma x_i y_i \end{aligned} \qquad (7.3)$$

A solução deste sistema de equações lineares, também chamadas equações normais, pode ser obtida pelo método de eliminação de Gauss (seção 2.2.1). Multiplica-se a primeira linha por $-\Sigma x_i/n$ e soma-se com a segunda linha, obtendo-se o sistema equivalente:

$$(n)\, b_0 + (\Sigma x_i)\, b_1 = \Sigma y_i$$

$$\left(\Sigma x_i^2 - \frac{(\Sigma x_i)^2}{n}\right) b_1 = \Sigma x_i y_i - \frac{\Sigma x_i\, \Sigma y_i}{n}$$

Através das substituições retroativas obtém-se

$$b_1 = \frac{n \cdot \Sigma x_i y_i - \Sigma x_i\, \Sigma y_i}{n \cdot \Sigma x_i^2 - (\Sigma x_i)^2}$$

$$b_0 = \frac{\Sigma y_i - (\Sigma x_i)\, b_1}{n} \qquad (7.4)$$

Assim, a solução do sistema de equações lineares (7.3) é b_0 e b_1 dados pelas equações (7.4), e com estes valores a função $D(\beta_0, \beta_1)$ apresenta seu menor valor.

Como este método consiste em achar o mínimo de uma função quadrática, ele é conhecido como método dos mínimos quadrados.

A melhor reta que passa pelo diagrama de dispersão apresenta, então, a forma

$$Y = b_0 + b_1 X \qquad (7.5)$$

Exemplo 7.2

Ajustar os dados da figura 7.1 a uma reta de modo que D seja o menor possível.

i	1	2	3	4	5
x_i	1,3	3,4	5,1	6,8	8,0
y_i	2,0	5,2	3,8	6,1	5,8

Devem-se utilizar as equações (7.4). Para tanto, calculam-se os somatórios

$n = 5$

$\Sigma x_i = (1{,}3) + (3{,}4) + (5{,}1) + (6{,}8) + (8{,}0) = 24{,}6$

$\Sigma x_i^2 = (1{,}3)^2 + (3{,}4)^2 + (5{,}1)^2 + (6{,}8)^2 + (8{,}0)^2 = 149{,}50$

$\Sigma y_i = (2{,}0) + (5{,}2) + (3{,}8) + (6{,}1) + (5{,}8) = 22{,}9$

$\Sigma x_i y_i = (1{,}3)(2{,}0) + (3{,}4)(5{,}2) + (5{,}1)(3{,}8) + (6{,}8)(6{,}1) + (8{,}0)(5{,}8) = 127{,}54$

Das equações (7.4)

$$b_1 = \frac{n\,\Sigma x_i y_i - \Sigma x_i\,\Sigma y_i}{n\,\Sigma x_i^2 - (\Sigma x_i)^2} = \frac{5 \cdot 127{,}54 - 24{,}6 \cdot 22{,}9}{5 \cdot 149{,}50 - (24{,}6)^2}$$

$b_1 = 0{,}522$

e

$$b_0 = \frac{\Sigma y_i - (\Sigma x_i)\,b_1}{n} = \frac{22{,}9 - (24{,}6)\,0{,}522}{5}$$

$b_0 = 2{,}01$

Então, a melhor reta que passa pelos pontos é, usando a equação (7.5)

$Y = 2{,}01 + 0{,}522X$

A tabela 7.2 apresenta valores de d_i e D para a melhor reta traçada no diagrama de dispersão da figura 7.1. A melhor reta encontra-se traçada em linha contínua na figura 7.3.

Tabela 7.2. Ajuste da melhor reta no diagrama de dispersão.

i	x_i	y_i	$\hat{y}_i$	d_i
1	1,3	2,0	2,7	−0,7
2	3,4	5,2	3,8	1,4
3	5,1	3,8	4,7	−0,9
4	6,8	6,1	5,6	0,5
5	8,0	5,8	6,2	−0,4
				$D = 3{,}67$

Deve-se observar que o D obtido na tabela 7.2 é menor que os mostrados na tabela 7.1.

7.2.3. Coeficiente de Determinação

Um modo de medir a qualidade do ajuste linear simples é através do coeficiente de determinação

$$R^2 = \frac{[\Sigma x_i y_i - \Sigma x_i \, \Sigma y_i / n]^2}{[\Sigma x_i^2 - (\Sigma x_i)^2/n] \cdot [\Sigma y_i^2 - (\Sigma y_i)^2/n]} \tag{7.6}$$

sendo $0 \leqslant R^2 \leqslant 1$.

Quanto mais próximo o coeficiente de determinação estiver da unidade, melhor será o ajuste.

Exemplo 7.3

Calcular o coeficiente de determinação da reta obtida no exemplo 7.2.

O somatório que falta é

$$\Sigma y_i^2 = (2,0)^2 + (5,2)^2 + (3,8)^2 + (6,1)^2 + (5,8)^2 = 116,33$$

Usando a equação (7.6):

$$R^2 = \frac{[\Sigma x_i y_i - \Sigma x_i \, \Sigma y_i / n]^2}{[\Sigma x_i^2 - (\Sigma x_i)^2/n] \cdot [\Sigma y_i^2 - (\Sigma y_i)^2/n]}$$

$$= \frac{[127,54 - 24,6 \cdot 22,9/5]^2}{[149,50 - (24,6)^2/5] \cdot [116,33 - (22,9)^2/5]}$$

$$R^2 = 0,679$$

7.2.4. Resíduos

Uma maneira de verificar a adequação do modelo é comparar cada valor observado y_i com o respectivo valor predito pelo modelo $\hat{y}_i$. A diferença entre estes dois valores é o resíduo:

$$r_i = y_i - \hat{y}_i \tag{7.7}$$

onde, para modelos lineares simples, $\hat{y}_i$ é dado pela equação (7.5). Quando b_0 e b_1 são estimadores de mínimos quadrados de β_0 e β_1 dados pelas equações (7.4), então os desvios d_i são idênticos aos resíduos r_i. Por isto, os resíduos do ajuste do exemplo 7.2 podem ser encontrados na tabela 7.2.

Os resíduos podem ser vistos como a parte do valor observado que o ajuste não foi capaz de explicar.

Na análise de regressão, o estudo dos resíduos é uma das etapas mais importantes, mas está acima do nível deste texto. O leitor interessado poderá encontrar um bom material em [14].

Exemplo 7.4

Ajustar os pontos abaixo a uma reta

i	1	2	3	4	5	6
x_i	-2,0	-0,5	1,2	2,1	3,5	5,4
y_i	4,4	5,1	3,2	1,6	0,1	-0,4

a) diagrama de dispersão

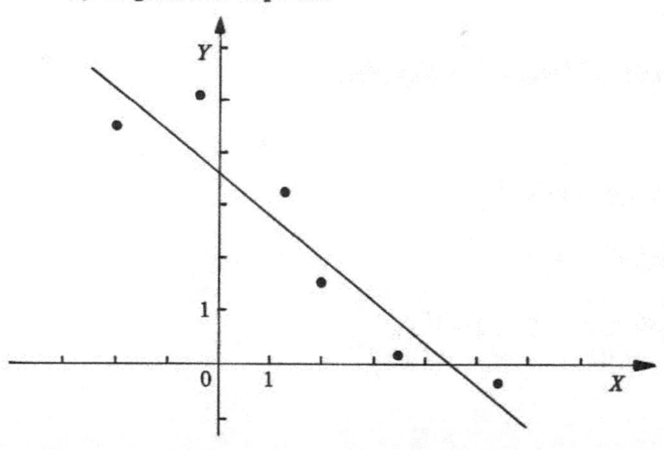

b) cálculo dos somatórios

$$n = 6$$

$$\Sigma x_i = (-2{,}0) + (-0{,}5) + (1{,}2) + (2{,}1) + (3{,}5) + (5{,}4) = 9{,}7$$

$$\Sigma x_i^2 = (-2{,}0)^2 + (-0{,}5)^2 + (1{,}2)^2 + (2{,}1)^2 + (3{,}5)^2 + (5{,}4)^2 = 51{,}51$$

$$\Sigma y_i = (4{,}4) + (5{,}1) + (3{,}2) + (1{,}6) + (0{,}1) + (-0{,}4) = 14{,}0$$

$$\Sigma y_i^2 = (4{,}4)^2 + (5{,}1)^2 + (3{,}2)^2 + (1{,}6)^2 + (0{,}1)^2 + (-0{,}4)^2 = 58{,}34$$

$$\Sigma x_i y_i = (-2{,}0)(4{,}4) + (-0{,}5)(5{,}1) + (1{,}2)(3{,}2) + (2{,}1)(1{,}6) + (3{,}5)(0{,}1) + (5{,}4)(-0{,}4) = -5{,}96$$

c) determinação da melhor reta

Usando as equações (7.4), tem-se

$$b_1 = \frac{6(-5{,}96) - 9{,}7 \cdot 14{,}0}{6 \cdot 51{,}51 - (9{,}7)^2}$$

$$b_1 = -0{,}798$$

$$b_0 = \frac{14{,}0 - 9{,}7(-0{,}798)}{6}$$

$$b_0 = 3{,}62$$

Assim, a reta que melhor se ajusta aos dados é

$$Y = 3{,}62 - 0{,}798X$$

sendo ela a linha traçada no diagrama de dispersão.

d) coeficiente de determinação

Da equação (7.6), obtém-se

$$R^2 = \frac{[-5{,}96 - 9{,}7 \cdot 14{,}0/6]^2}{[51{,}51 - (9{,}7)^2/6] \cdot [58{,}34 - (14{,}0)^2/6]}$$

$$R^2 = 0{,}889$$

e) tabela dos resíduos

Usando as equações (7.7) e (7.5), tem-se

i	y_i	r_i
1	4,4	-0,82
2	5,1	1,08
3	3,2	0,54
4	1,6	-0,34
5	0,1	-0,73
6	-0,4	0,29

7.3. AJUSTE LINEAR MÚLTIPLO

Um modelo linear para relacionar uma variável resposta Y com $P + 1$ variáveis explicativas é

$$Y = \beta_0 + \beta_1 X_1 + \beta_2 X_2 + \ldots + \beta_P X_P \tag{7.8}$$

e, uma forma matricial,

$$\begin{bmatrix} y_1 \\ y_2 \\ y_3 \\ \vdots \\ y_n \end{bmatrix} = \begin{bmatrix} 1 & x_{11} & x_{21} & \ldots & x_{P1} \\ 1 & x_{12} & x_{22} & \ldots & x_{p2} \\ 1 & x_{13} & x_{23} & \ldots & x_{P3} \\ \vdots & \vdots & \vdots & & \vdots \\ 1 & x_{1n} & x_{2n} & \ldots & x_{Pn} \end{bmatrix} \cdot \begin{bmatrix} \beta_0 \\ \beta_1 \\ \beta_2 \\ \vdots \\ \beta_P \end{bmatrix}$$

ou

$Y = X\beta$

7.3.1. Equações Normais

Pode-se mostrar, de maneira análoga ao ajuste linear simples, que a estimativa de β que minimiza a soma de quadrados dos resíduos é a solução do sistema de equações lineares:

$$\begin{bmatrix} n & \Sigma x_{1i} & \Sigma x_{2i} & \dots & \Sigma x_{Pi} \\ \Sigma x_{1i} & \Sigma x_{1i}^2 & \Sigma x_{2i} x_{1i} & \dots & \Sigma x_{Pi} x_{1i} \\ \Sigma x_{2i} & \Sigma x_{1i} x_{2i} & \Sigma x_{2i}^2 & \dots & \Sigma x_{Pi} x_{2i} \\ \vdots & \vdots & \vdots & & \vdots \\ \Sigma x_{Pi} & \Sigma x_{1i} x_{Pi} & \Sigma x_{2i} x_{Pi} & \dots & \Sigma x_{Pi}^2 \end{bmatrix} \cdot \begin{bmatrix} b_0 \\ b_1 \\ b_2 \\ \vdots \\ b_P \end{bmatrix} = \begin{bmatrix} \Sigma y_i \\ \Sigma x_{1i} y_i \\ \Sigma x_{2i} y_i \\ \vdots \\ \Sigma x_{Pi} y_i \end{bmatrix} \qquad (7.9)$$

ou

$$X^T X^b = X^T Y$$

Este sistema é conhecido como equações normais e, visto que usualmente $\det(X^T X) \neq$ $\neq 0$, ele apresenta uma solução única.

7.3.2. Coeficiente de Determinação

Na seção 7.2.3 foi mostrado o coeficiente de determinação para o ajuste linear simples.

A fórmula geral, no entanto, da qual a equação (7.6) é caso particular, é

$$R^2 = \frac{b^T X^T Y - n\bar{y}^2}{Y^T Y - n\bar{y}^2}$$

Entretanto, um modo alternativo de representar e mais simples de ser avaliado é

$$R^2 = 1 - \frac{\Sigma (y_i - \hat{y}_i)^2}{\Sigma y_i^2 - (\Sigma y_i)^2/n} \qquad (7.10)$$

onde

$$\hat{y}_i = b_0 + \sum_{j=1}^{P} (x_{ji}\, b_j) \qquad (7.11)$$

que é o valor estimado de y_i pela equação ajustada.

Para se calcular os resíduos no ajuste linear múltiplo utiliza-se a mesma equação (7.7). Contudo, o $\hat{y}_i$ é calculado através da equação (7.11).

Exemplo 7.5

Ajustar os pontos da tabela abaixo à equação $Y = b_0 + b_1X_1 + b_2X_2$.

i	1	2	3	4	5	6	7	8
x_{1i}	−1	0	1	2	4	5	5	6
x_{2i}	−2	−1	0	1	1	2	3	4
y_i	13	11	9	4	11	9	1	−1

O vetor b é a solução do sistema (7.9), que, neste caso, torna-se

$$\begin{bmatrix} n & \Sigma x_{1i} & \Sigma x_{2i} \\ \Sigma x_{1i} & \Sigma x_{1i}^2 & \Sigma x_{2i}x_{1i} \\ \Sigma x_{2i} & \Sigma x_{1i}x_{2i} & \Sigma x_{2i}^2 \end{bmatrix} \cdot \begin{bmatrix} b_0 \\ b_1 \\ b_2 \end{bmatrix} = \begin{bmatrix} \Sigma y_i \\ \Sigma x_{1i}y_i \\ \Sigma x_{2i}y_i \end{bmatrix}$$

a) cálculo dos somatórios

$n = 8$

$\Sigma x_{1i} = (-1) + (0) + (1) + (2) + (4) + (5) + (5) + (6) = 22$

$\Sigma x_{1i}^2 = (-1)^2 + (0)^2 + (1)^2 + (2)^2 + (4)^2 + (5)^2 + (5)^2 + (6)^2 = 108$

$\Sigma x_{2i} = (-2) + (-1) + (0) + (1) + (1) + (2) + (3) + (4) = 8$

$\Sigma x_{2i}^2 = (-2)^2 + (-1)^2 + (0)^2 + (1)^2 + (1)^2 + (2)^2 + (3)^2 + (4)^2 = 36$

$\Sigma x_{1i}x_{2i} = (-1)(-2) + (0)(-1) + (1)(0) + (2)(1) + (4)(1) + (5)(2) + (5)(3) + (6)(4) =$
$= 57$

$\Sigma x_{1i}y_i = (-1)(13) + (0)(11) + (1)(9) + (2)(4) + (4)(11) + (5)(9) + (5)(1) +$
$+ (6)(-1) = 92$

$\Sigma x_{2i}y_i = (-2)(13) + (-1)(11) + (0)(9) + (1)(4) + (1)(11) + (2)(9) + (3)(1) +$
$+ (4)(-1) = -5$

$\Sigma y_i = (13) + (11) + (9) + (4) + (11) + (9) + (1) + (-1) = 57$

$\Sigma y_i^2 = (13)^2 + (11)^2 + (9)^2 + (4)^2 + (11)^2 + (9)^2 + (1)^2 + (-1)^2 = 591$

O sistema é

$$\begin{bmatrix} 8 & 22 & 8 \\ 22 & 108 & 57 \\ 8 & 57 & 36 \end{bmatrix} \cdot \begin{bmatrix} b_0 \\ b_1 \\ b_2 \end{bmatrix} = \begin{bmatrix} 57 \\ 92 \\ -5 \end{bmatrix}$$

b) resolução do sistema

A solução deste sistema é

$b_0 = 4{,}239$
$b_1 = 3{,}400$
$b_2 = -6{,}464$

c) coeficiente de determinação

Usando a equação (7.10), tem-se

$$R^2 = 1 - \frac{4{,}239}{591 - (57)^2/8}$$

$R^2 = 0{,}977$

d) tabela dos resíduos

Usando as equações (7.7) e (7.11), obtêm-se

i	y_i	r_i
1	13	$-0{,}768$
2	11	$0{,}296$
3	9	$1{,}361$
4	4	$-0{,}575$
5	11	$-0{,}375$
6	9	$0{,}689$
7	1	$-0{,}846$
8	-1	$0{,}218$

7.3.3. Ajuste Polinomial

Um caso especial de ajuste linear múltiplo ocorre quando $X_1 = X, X_2 = X^2$, $\ldots, X^P = X^P$. Deste modo, a equação (7.8) torna-se

$$Y = \beta_0 + \beta_1 X + \beta_2 X^2 + \ldots + \beta_P X^P \qquad (7.12)$$

e as equações normais ficam

$$\begin{bmatrix} n & \Sigma x_i & \Sigma x_i^2 & \ldots & \Sigma x_i^P \\ \Sigma x_i & \Sigma x_i^2 & \Sigma x_i^3 & \ldots & \Sigma x_i^{P+1} \\ \Sigma x_i^2 & \Sigma x_i^3 & \Sigma x_i^4 & \ldots & \Sigma x_i^{P+2} \\ \cdot & \cdot & \cdot & & \cdot \\ \cdot & \cdot & \cdot & & \cdot \\ \cdot & \cdot & \cdot & & \cdot \\ \Sigma x_i^P & \Sigma x_i^{P+1} & \Sigma x_i^{P+2} & & \Sigma x_i^{2P} \end{bmatrix} \cdot \begin{bmatrix} b_0 \\ b_1 \\ b_2 \\ \cdot \\ \cdot \\ \cdot \\ b_P \end{bmatrix} = \begin{bmatrix} \Sigma y_i \\ \Sigma x_i y_i \\ \Sigma x_i^2 y_i \\ \cdot \\ \cdot \\ \cdot \\ \Sigma x_i^P y_i \end{bmatrix} \qquad (7.13)$$

O coeficiente de determinação é o mesmo dado pela equação (7.10) e os resíduos são também calculados pelas equações (7.7) e (7.11).

Exemplo 7.6

Ajustar os pontos da tabela abaixo à equação $Y = b_0 + b_1 X + b_2 X^2$.

i	1	2	3	4	5	6
x_i	−2	−1,5	0	1	2,2	3,1
y_i	−30,5	−20,2	−3,3	8,9	16,8	21,4

O vetor b é a solução do sistema (7.13), que, neste caso, torna-se

$$\begin{bmatrix} n & \Sigma x_i & \Sigma x_i^2 \\ \Sigma x_i & \Sigma x_i^2 & \Sigma x_i^3 \\ \Sigma x_i^2 & \Sigma x_i^3 & \Sigma x_i^4 \end{bmatrix} \cdot \begin{bmatrix} b_0 \\ b_1 \\ b_2 \end{bmatrix} = \begin{bmatrix} \Sigma y_i \\ \Sigma x_i y_i \\ \Sigma x_i^2 y_i \end{bmatrix}$$

a) cálculo dos somatórios

$n = 6$

$\Sigma x_i = (-2) + (-1{,}5) + (0) + (1) + (2{,}2) + (3{,}1) = 2{,}8$

$\Sigma x_i^2 = (-2)^2 + (-1{,}5)^2 + (0)^2 + (1)^2 + (2{,}2)^2 + (3{,}1)^2 = 21{,}7$

$\Sigma x_i^3 = (-2)^3 + (-1{,}5)^3 + (0)^3 + (1)^3 + (2{,}2)^3 + (3{,}1)^3 = 30{,}064$

$\Sigma x_i^4 = (-2)^4 + (-1{,}5)^4 + (0)^4 + (1)^4 + (2{,}2)^4 + (3{,}1)^4 = 137{,}8402$

$\Sigma x_i y_i = (-2)(-30{,}5) + (-1{,}5)(-20{,}2) + (0)(-3{,}3) + (1)(8{,}9) + (2{,}2)(16{,}8) + $
$+ (3{,}1)(21{,}4) = 203{,}5$

$\Sigma x_i^2 y_i = (-2)^2(-30{,}5) + (-1{,}5)^2(-20{,}2) + (0)^2(-3{,}3) + (1)^2(8{,}9) + $
$+ (2{,}2)^2(16{,}8) + (3{,}1)^2(21{,}4) = 128{,}416$

$\Sigma y_i = (-30{,}5) + (-20{,}2) + (-3{,}3) + (8{,}9) + (16{,}8) + (21{,}4) = -6{,}9$

$\Sigma y_i^2 = (-30{,}5)^2 + (-20{,}2)^2 + (-3{,}3)^2 + (8{,}9)^2 + (16{,}8)^2 + (21{,}4)^2 = 2\,168{,}59$

O sistema é

$$\begin{bmatrix} 6 & 2{,}8 & 21{,}7 \\ 2{,}8 & 21{,}7 & 30{,}064 \\ 21{,}7 & 30{,}064 & 137{,}8402 \end{bmatrix} \cdot \begin{bmatrix} b_0 \\ b_1 \\ b_2 \end{bmatrix} = \begin{bmatrix} -6{,}9 \\ 203{,}5 \\ 128{,}416 \end{bmatrix}$$

b) resolução do sistema

A solução deste sistema é

$b_0 = -2{,}018$

$b_1 = 11{,}33$

$b_2 = -1{,}222$

c) coeficiente de determinação

Usando a equação (7.10), tem-se

$$R^2 = 1 - \frac{5{,}650}{2168{,}59 - (-6{,}9)^2/6}$$

$R^2 = 0{,}997$

d) tabela dos resíduos

Usando as equações (7.7) e (7.11), obtêm-se

i	y_i	r_i
1	$-30{,}5$	$-0{,}930$
2	$-20{,}2$	$1{,}565$
3	$-3{,}3$	$-1{,}282$
4	$8{,}9$	$0{,}808$
5	$16{,}8$	$-0{,}196$
6	$21{,}4$	$0{,}035$

7.3.4. Transformações

Alguns modelos não lineares nos parâmetros podem se transformar em modelos lineares por substituição dos valores de uma ou mais variáveis por funções destas variáveis.

Exemplos:

a) $Y = a \cdot e^{bX} \longrightarrow lnY = ln\, a + b\, X$

b) $Y = a \cdot b^{X} \longrightarrow lnY = ln\, a + (ln\, b) \cdot X$

c) $Y = a \cdot X^{b} \longrightarrow lnY = ln\, a + b \cdot ln\, X$

d) $Y = e^{a + bX_1 + cX_2} \longrightarrow lnY = a + bX_1 + cX_2$

e) $Y = a \cdot X_1^{\,b} X_2^{\,c} X_3^{\,d} \longrightarrow lnY = ln\, a + b ln X_1 + c ln X_2 + d ln X_3$

f) $Y = \dfrac{1}{a + bX_1 + cX_2} \longrightarrow \dfrac{1}{Y} = a + bX_1 + cX_2$

g) $Y = \dfrac{1}{1 + e^{a + bX_1 + cX_2}} \longrightarrow ln\left(\dfrac{1}{Y} - 1\right) = a + bX_1 + cX_2$

Exemplo 7.7

Ajustar os pontos abaixo à equação $Z = a \cdot e^{bX}$.

i	1	2	3	4	5
x_i	0,1	1,5	3,3	4,5	5,0
z_i	5,9	8,8	12,0	19,8	21,5

Este modelo pode ser transformado em

$lnZ = lna + bX$

Fazendo-se $Y = lnZ$, os dados tornam-se

i	1	2	3	4	5
x_i	0,1	1,5	3,3	4,5	5,0
y_i	1,77	2,17	2,48	2,99	3,07

a) cálculo dos somatórios

$n = 5$

$\Sigma x_i = (0{,}1) + (1{,}5) + (3{,}3) + (4{,}5) + (5{,}0) = 14{,}4$

$\Sigma x_i^2 = (0{,}1)^2 + (1{,}5)^2 + (3{,}3)^2 + (4{,}5)^2 + (5{,}0)^2 = 58{,}4$

$\Sigma x_i y_i = (0{,}1)(1{,}77) + (1{,}5)(2{,}17) + (3{,}3)(2{,}48) + (4{,}5)(2{,}99) + (5{,}0)(3{,}07) =$
$= 40{,}421$

$\Sigma y_i = (1{,}77) + (2{,}17) + (2{,}48) + (2{,}99) + (3{,}07) = 12{,}48$

$\Sigma y_i^2 = (1{,}77)^2 + (2{,}17)^2 + (2{,}48)^2 + (2{,}99)^2 + (3{,}07)^2 = 32{,}3572$

b) determinação da melhor reta

Das equações (7.4) tem-se que

$$b_1 = \frac{5 \cdot 40{,}421 - 14{,}4 \cdot 12{,}48}{5 \cdot 58{,}4 - (14{,}4)^2}$$

$b_1 = 0{,}2646 \ (= b)$

$$b_0 = \frac{12{,}48 - 14{,}4 \cdot 0{,}2646}{5}$$

$b_0 = 1{,}734 \ (= lna)$

A equação da reta é

$$Y = 1{,}734 + 0{,}2646X$$

c) coeficiente de determinação

Usando a equação (7.6) tem-se que

$$R^2 = \frac{[40{,}421 - 14{,}4 \cdot 12{,}48/5]^2}{[58{,}4 - (14{,}4)^2/5]\;[32{,}3572 - (12{,}48)^2/5]}$$

$$R^2 = 0{,}982$$

d) tabela dos resíduos

Utilizando as equações (7.7) e (7.5), tem-se

i	y_i	r_i
1	1,77	0,010
2	2,17	0,039
3	2,48	−0,127
4	2,99	0,065
5	3,07	0,013

Deve-se ressaltar que uma vez transformada a equação, somente esta será considerada para os cálculos, pois todo este estudo é válido apenas para modelos lineares.

7.4. IMPLEMENTAÇÃO DO MÉTODO DE AJUSTE DE CURVAS

Seguem a implementação do método pela sub-rotina ACURVA e mais três sub-rotinas usadas por ela, além de um exemplo de programa principal para sua utilização.

7.4.1. Sub-Rotina ACURVA

Sendo a matriz $X^T X$ simétrica, somente a parte abaixo da diagonal principal é obtida e colocada no vetor *XTX*, conseguindo-se com isto uma considerável economia de memória.

```
C
C     .............................................................
C
C
C        SUBROTINA ACURVA
C
C        OBJETIVO :
C           AJUSTE DE CURVAS
C
C        METODO :
C           MINIMOS QUADRADOS ORDINARIOS
C
C        USO :
C           CALL ACURVA(CEA,L,NPMAX,NTEMAX,W,X,XTX,XTY,Y)
C
C        PARAMETROS DE ENTRADA :
C           NPMAX  : NUMERO MAXIMO DE PONTOS
C           NTEMAX : NUMERO MAXIMO DE TERMOS DA EQUACAO
C           W      : VETOR DE TRABALHO
C
C        PARAMETROS DE SAIDA :
C           CEA    : VETOR DOS COEFICIENTES DA EQUACAO AJUSTADA
C           L      : MATRIZ TRIANGULAR INFERIOR FATORADA : L . L' = XTX
C           X      : MATRIZ DAS VARIAVEIS EXPLICATIVAS
C           XTX    : MATRIZ DAS EQUACOES NORMAIS : XTX = X' . X
C           XTY    : VETOR DOS TERMOS INDEPENDENTES : XTY = X'. Y
C           Y      : VETOR DAS VARIAVEIS RESPOSTAS
C
C        SUBROTINAS REQUERIDAS :
C           LEITUR : LEITURA DOS DADOS
C           SAIDA  : EXIBICAO DOS RESULTADOS
C           SELCHO : SOLUCAO DE SISTEMA DE EQUACOES LINEARES PELO
C                    METODO DE DECOMPOSICAO DE CHOLESKY
C
C     .............................................................
C
      SUBROUTINE ACURVA(CEA,L,NPMAX,NTEMAX,W,X,XTX,XTY,Y)
C
      INTEGER I,J,K,NL,NP,NPMAX,NTE,NTEMAX
      REAL CEA(1),DETXTX,L(1),W(1),X(NPMAX,1),XTX(1),XTY(1),Y(1)
C
C        LEITURA DOS DADOS
C
      CALL LEITUR(NP,NPMAX,NTE,NTEMAX,X,Y)
C
      NL = 0
C
C        MONTAGEM DAS MATRIZES DO SISTEMA :  (XTX) . B = (XTY)
C
      DO 40 J = 1 , NTE
         DO 20 K = 1 , J
            NL = NL + 1
            XTX(NL) = 0.0
            DO 10 I = 1 , NP
               XTX(NL) = XTX(NL) + X(I,J) * X(I,K)
   10       CONTINUE
   20    CONTINUE
         XTY(J) = 0.0
         DO 30 I = 1 , NP
            XTY(J) = XTY(J) + X(I,J) * Y(I)
   30    CONTINUE
   40 CONTINUE
```

```
C
C         SOLUCAO DO SISTEMA DE EQUACOES LINEARES
C
      CALL SELCHO(XTX,XTY,DETXTX,L,NTE,W,CEA)
C
C         IMPRESSAO DOS RESULTADOS
C
      CALL SAIDA(CEA,DETXTX,NP,NPMAX,NTE,X,Y)
C
      RETURN
      END
```

7.4.2. Sub-Rotina LEITUR

O número de pontos *NP* deve satisfazer a inequação

$$2 \leqslant NP \leqslant NPMAX$$

onde a variável *NPMAX* é definida no programa principal. O número de termos da equação *NTE* deve ser

$$1 \leqslant NTE \leqslant MENOR$$

onde a variável *MENOR* é igual a *NTEMAX* de *NP*, sendo escolhida a variável que apresentar o menor valor. A variável *NTEMAX* também é definida no programa principal.

Por exemplo, na equação

$$Y = b_0 + b_1 X \quad (NTE = 2)$$

$$Y = b_0 + b_1 X + b_2 X^2 \quad (NTE = 3)$$

$$Y = b_0 + b_1 X_1 + b_2 X_1^2 + b_3 X_2 + b_4 X_3 \quad (NTE = 5)$$

```
C
C     ...............................................................
C
C         SUBROTINA LEITUR
C
C         OBJETIVO :
C            LEITURA DOS DADOS
C
```

```
C         USO :
C            CALL LEITUR(NP,NPMAX,NTE,NTEMAX,X,Y)
C
C         PARAMETROS DE ENTRADA :
C            NPMAX  : NUMERO MAXIMO DE PONTOS
C            NTEMAX : NUMERO MAXIMO DE TERMOS DA EQUACAO
C
C         PARAMETROS DE SAIDA :
C            NP     : NUMERO DE PONTOS
C            NTE    : NUMERO DE TERMOS DA EQUACAO
C            X      : MATRIZ DAS VARIAVEIS EXPLICATIVAS
C            Y      : VETOR DAS VARIAVEIS RESPOSTAS
C
C         FUNCAO INTRINSECA REQUERIDA :
C            MINO   : DETERMINA O MENOR DOS PARAMETROS
C
C     ..................................................................
C
      SUBROUTINE LEITUR(NP,NPMAX,NTE,NTEMAX,X,Y)
C
      INTEGER I,J,MINO,NP,NPMAX,NTE,NTEMAX
      REAL X(NPMAX,1),Y(1)
C
      WRITE(1,11)
   11 FORMAT(1H1,20X,39H*   A J U S T E   D E   C U R V A S   *,///)
C
C         LEITURA E CONSISTENCIA DO NUMERO DE PONTOS
C
   20 CONTINUE
         WRITE(1,21) NPMAX
   21    FORMAT(1H0,41HENTRE COM NP ( NUMERO DE PONTOS )   2 (= ,
     G   6HNP (= ,I3,3H  :,/)
         READ(1,31) NP
   31    FORMAT(I3)
      IF( NP .LT. 2 .OR. NP .GT. NPMAX ) GO TO 20
C
C         LEITURA E CONSISTENCIA DO NUMERO DE TERMOS DA EQUACAO
C
   40 CONTINUE
         I = MINO( NTEMAX , NP )
         WRITE(1,41) I
   41    FORMAT(1H0,43HENTRE COM NTE ( NUMERO DE TERMOS DA EQUACAO,
     G   17H )   1 (= NTE (= ,I3,3H  :,/)
         READ(1,51) NTE
   51    FORMAT(I2)
      IF( NTE .LT. 1 .OR. NTE .GT. I ) GO TO 40
C
C         LEITURA DAS VARIAVEIS RESPOSTAS E EXPLICATIVAS
C
      WRITE(1,61)
   61 FORMAT(1H0,45HENTRE COM O VETOR Y E A MATRIZ X POR LINHA  :,/)
      DO 80 I = 1 , NP
         X(I,1) = 1.0
         READ(1,71) Y(I) , ( X(I,J), J = 2 , NTE )
   71    FORMAT(11F10.0)
   80 CONTINUE
C
      RETURN
      END
```

7.4.3. Sub-Rotina SELCHO

Esta sub-rotina é baseada no método de decomposição de Cholesky, que resumidamente é descrito a seguir.

Seja o sistema

$$AX = B$$

Sendo a matriz A simétrica e positiva definida, ou seja,

$$\mu' A \mu > 0 \quad \forall \quad \mu \neq 0$$

Decompõe-se [21] a matriz A em

$$A = L \cdot L^T$$

onde L é uma matriz triangular inferior.

Então o sistema torna-se

$$L\,(L^T X) = B$$

Primeiro, resolve-se o sistema triangular inferior

$$LW = B$$

por substituições sucessivas.

Depois, usando-se este vetor W resolve-se o sistema triangular superior

$$L^T X = W$$

por substituições retroativas, obtendo-se finalmente o vetor solução X.

```
C
C     ..................................................................
C
C     SUBROTINA SELCHO
C
C     OBJETIVO :
C        SOLUCAO DE UM SISTEMA DE EQUACOES LINEARES, SENDO A MATRIZ
C        DOS COEFICIENTES SIMETRICA E POSITIVA DEFINIDA.
```

```
C
C        METODO :
C           SENDO   : A . X = B
C           FATORA  : A = L . L' ( USANDO DECOMPOSICAO DE CHOLESKY )
C           RESOLVE : L . W = B
C                     L'. X = W
C
C        USO :
C           CALL SELCHO(A,B,DETA,L,N,W,X)
C
C        PARAMETROS DE ENTRADA :
C           A       : MATRIZ DOS COEFICIENTES
C           B       : VETOR DOS TERMOS INDEPENDENTES
C           N       : ORDEM DO SISTEMA
C           W       : VETOR DE TRABALHO
C
C        PARAMETROS DE SAIDA :
C           DETA    : DETERMINANTE DA MATRIZ A
C           L       : MATRIZ TRIANGULAR INFERIOR FATORADA : L . L' = A
C           X       : VETOR SOLUCAO DO SISTEMA
C
C        FUNCAO INTRINSECA REQUERIDA :
C           SQRT    : RAIZ QUADRADA
C
C     ..................................................................
C
      SUBROUTINE SELCHO(A,B,DETA,L,N,W,X)
C
      INTEGER I,IL,INDICE,IND1,IND2,I1,J,J1,K,N,N1
      REAL A(1),B(1),DETA,DETL,L(1),SOMA,SQRT,T,W(1),X(1)
C
C        FUNCAO PARA DETERMINAR A POSICAO DE UM ELEMENTO DE UMA MATRIZ
C        SIMETRICA COLOCADA EM UM VETOR
C
      INDICE(I,J) = ( I - 1 ) * I / 2 + J
C
      I = 2
      IL = 1
C
C        PRIMEIRO ELEMENTO
C
      L(1) = SQRT( A(1) )
      DETL = L(1)
   10 IF( I .GT. N .OR. DETL .EQ. 0.0 ) GO TO 80
C
C        ELEMENTO DA PRIMEIRA COLUNA
C
         IL = IL + 1
         IND1 = INDICE(I,1)
         L(IL) = A(IND1) / L(1)
C
C        CALCULO DOS ELEMENTOS ENTRE A PRIMEIRA COLUNA E
C        A DIAGONAL PRINCIPAL
C
         J = 2
   20    IF( J .GE. I ) GO TO 40
            SOMA = 0.0
            J1 = J - 1
            DO 30 K = 1 , J1
               IND1 = INDICE(I,K)
               IND2 = INDICE(J,K)
               SOMA = SOMA + L(IND1) * L(IND2)
   30       CONTINUE
            IL = IL + 1
            IND1 = INDICE(I,J)
            IND2 = INDICE(J,J)
```

```
            L(IL) = ( A(IND1) - SOMA ) / L(IND2)
            J = J + 1
            GO TO 20
   40    CONTINUE
C
C        CALCULO DO ELEMENTO DA DIAGONAL PRINCIPAL
C
         SOMA = 0.0
         I1 = I - 1
         DO 50 K = 1 , I1
            IND1 = INDICE(I,K)
            SOMA = SOMA + L(IND1) ** 2
   50    CONTINUE
         IND1 = INDICE(I,I)
         T = A(IND1) - SOMA
         IF( T .LE. 0.0 ) GO TO 60
            IL = IL + 1
            L(IL) = SQRT( T )
            DETL = DETL * L(IND1)
            GO TO 70
   60    CONTINUE
            DETL = 0.0
   70    CONTINUE
         I = I + 1
         GO TO 10
   80 CONTINUE
      DETA = DETL ** 2
C
C        VERIFICACAO SE A MATRIZ ( A ) E' SINGULAR
C
      IF( DETA .EQ. 0.0 ) RETURN
C
C        SOLUCAO DO SISTEMA :   L . W = B
C
      W(1) = B(1) / L(1)
      DO 100 I = 2 , N
         SOMA = 0.0
         I1 = I - 1
         DO 90 J = 1 , I1
            IND1 = INDICE(I,J)
            SOMA = SOMA + L(IND1) * W(J)
   90    CONTINUE
         IND1 = INDICE(I,I)
         W(I) = ( B(I) - SOMA ) / L(IND1)
  100 CONTINUE
C
C        SOLUCAO DO SISTEMA :   L' . X = W
C
      IND1 = INDICE(N,N)
      X(N) = W(N) / L(IND1)
      N1 = N - 1
      DO 120 K = 1 , N1
         J = N - K
         SOMA = 0.0
         J1 = J + 1
         DO 110 I = J1 , N
            IND1 = INDICE(I,J)
            SOMA = SOMA + L(IND1) * X(I)
  110    CONTINUE
         IND1 = INDICE(J,J)
         X(J) = ( W(J) - SOMA ) / L(IND1)
  120 CONTINUE
C
      RETURN
      END
```

7.4.4. Sub-Rotina SAIDA

```
C
C     ..............................................................
C
C        SUBROTINA SAIDA
C
C        OBJETIVO :
C           EXIBICAO DOS RESULTADOS
C
C        USO :
C           CALL SAIDA(CEA,DETXTX,NP,NPMAX,NTE,X,Y)
C
C        PARAMETROS DE ENTRADA :
C           CEA    : VETOR DOS COEFICIENTES DA EQUACAO AJUSTADA
C           DETXTX : DETERMINANTE DA MATRIZ  X'. X
C           NP     : NUMERO DE PONTOS
C           NPMAX  : NUMERO MAXIMO DE PONTOS
C           NTE    : NUMERO DE TERMOS DA EQUACAO
C           X      : MATRIZ DAS VARIAVEIS EXPLICATIVAS
C           Y      : VETOR DAS VARIAVEIS RESPOSTAS
C
C        FUNCAO INTRINSECA REQUERIDA :
C           FLOAT  : CONVERSAO DE INTEIRO PARA REAL
C
C     ..............................................................
C
      SUBROUTINE SAIDA(CEA,DETXTX,NP,NPMAX,NTE,X,Y)
C
      INTEGER I,J,J1,NP,NPMAX,NTE
      REAL CEA(1),COEDET,DETXTX,FLOAT,RESID,RESID2,SOMY,SOM2Y,X(NPMAX,1)
     S    ,Y(1),YEST
C
      WRITE(2,12)
   12 FORMAT(1H0,12X,47H* * *   A J U S T E   D E   C U R V A S   P O R,
     G8H   * * *,/13X,45H* * *      M I N I M O S     Q U A D R A D O S,
     H10H     * * *,///29X,23HCOEFICIENTES DA EQUACAO)
      DO 30 J = 1 , NTE
         J1 = J - 1
         WRITE(2,22) CEA(J) , J1
   22    FORMAT(1H0,30X,6HB    = ,1PE12.5,/32X,I2)
   30 CONTINUE
      WRITE(2,42) DETXTX
   42 FORMAT(1H0,/29X,13HDET( X'X ) = ,1PE12.5,///21X,1HI,10X,4HY(I),11X
     G,7HRESIDUO,/)
      RESID2 = 0.0
      SOMY = 0.0
      SOM2Y = 0.0
      DO 60 I = 1 , NP
         SOMY = SOMY + Y(I)
         SOM2Y = SOM2Y + Y(I) * Y(I)
         YEST = 0.0
         DO 50 J = 1 , NTE
            YEST = YEST + X(I,J) * CEA(J)
   50    CONTINUE
         RESID = Y(I) - YEST
         WRITE(2,52) I , Y(I) , RESID
   52    FORMAT(19X,I3,2(7X,F9.3))
         RESID2 = RESID2 + RESID * RESID
   60 CONTINUE
      COEDET = 1.0 - RESID2 / ( SOM2Y - SOMY * SOMY / FLOAT(NP) )
      WRITE(2,62) COEDET
   62 FORMAT(1H0,/21X,26HCOEFIC. DE DETERMINACAO = ,F7.5)
C
      RETURN
      END
```

7.4.5. Programa Principal

No programa principal são dimensionados seis vetores e uma matriz. Quaisquer alterações nestas dimensões devem ser feitas no "DIMENSION" e também no "DATA".

```
C
C        PROGRAMA PRINCIPAL PARA UTILIZACAO DA SUBROTINA ACURVA
C
C        VARIAVEIS :
C           CEA    : VETOR DOS COEFICIENTES DA EQUACAO AJUSTADA
C           L      : MATRIZ TRIANGULAR INFERIOR FATORADA : L . L' = XTX
C           NPMAX  : NUMERO MAXIMO DE PONTOS
C           NTEMAX : NUMERO MAXIMO DE TERMOS NA EQUACAO
C           W      : VETOR DE TRABALHO
C           X      : MATRIZ DAS VARIAVEIS EXPLICATIVAS
C           XTX    : MATRIZ DAS EQUACOES NORMAIS
C           XTY    : VETOR DOS TERMOS INDEPENDENTES
C           Y      : VETOR DAS VARIAVEIS RESPOSTAS
C
      INTEGER DMAXTX,NPMAX,NTEMAX
      REAL CEA,L,W,X,XTX,XTY,Y
C
C        VARIAVEIS COM DIMENSAO " NTEMAX "
C
      DIMENSION CEA(10),W(10),XTY(10)
C
C        VARIAVEIS COM DIMENSAO " NTEMAX * ( NTEMAX + 1 ) / 2 "
C
      DIMENSION L(55),XTX(55)
C
C        VARIAVEL COM DIMENSAO " NPMAX "
C
      DIMENSION Y(100)
C
C        VARIAVEL COM DIMENSAO " NPMAX , NTEMAX "
C
      DIMENSION X(100,10)
C
C        ATRIBUICAO DE VALORES A NPMAX E NTEMAX
C
      DATA NPMAX / 100 / , NTEMAX / 10 /
C
C        SUBROTINA PARA AJUSTE DE CURVAS
C
      CALL ACURVA(CEA,L,NPMAX,NTEMAX,W,X,XTX,XTY,Y)
C
      CALL EXIT
      END
```

Exemplo 7.8

Ajustar os pontos abaixo à equação $Y = b_0 + b_1X + b_2X^2 + b_3X^3$ utilizando o programa dado.

i	1	2	3	4	5	6	7	8
x_i	−5	−4	−2	0	1	2	3	5
y_i	386	225	54	6	13	40	110	220

Os dados a serem fornecidos ao programa são

```
8
4
386., -5., 25., -125.
225., -4., 16., -64.
 54., -2., 4., -8.
  6., 0., 0., 0.
 13., 1., 1., 1.
 40., 2., 4., 8.
110., 3., 9., 27.
220., 5., 25., 125.
```

Os resultados foram:

```
* * *   A J U S T E   D E   C U R V A S   P O R   * * *
* * *     M I N I M O S     Q U A D R A D O S     * * *

                COEFICIENTES DA EQUACAO

                  B   =  2.02570E+00
                   0

                  B   =  3.41430E+00
                   1

                  B   =  1.20190E+01
                   2

                  B   = -7.83407E-01
                   3

                DET( X'X ) =  2.27290E+09

          I           Y(I)            RESIDUO

          1          386.000            2.646
          2          225.000           -5.810
          3           54.000            4.460
          4            6.000            3.974
          5           13.000           -3.676
          6           40.000          -10.663
          7          110.000           10.713
          8          220.000           -1.645

          COEFIC. DE DETERMINACAO =  .99745
```

Exemplo 7.9

Ajustar os dados abaixo à equação $Z = \dfrac{1}{1 + e^{a+bX}}$

i	1	2	3	4	5	6
x_i	0,0	0,2	0,5	0,6	0,8	1,1
z_i	0,06	0,12	0,30	0,60	0,73	0,74

Este modelo pode ser transformado em

$$ln\left(\frac{1}{Z} - 1\right) = a + bX$$

ou seja, fazendo $y_i = ln\left(\dfrac{1}{z_i} - 1\right)$

Os dados a serem fornecidos ao programa são

```
     6
     2
     2.752 , 0.0
     1.992 , 0.2
     0.847 , 0.5
   – 0.405 , 0.6
   – 0.995 , 0.8
   – 1.046 , 1.1
```

Os resultados foram:

```
* * *   A J U S T E   D E   C U R V A S   P O R   * * *
* * *     M I N I M O S     Q U A D R A D O S     * * *

                 COEFICIENTES DA EQUACAO

                   B   =  2.57125E+00
                    0

                   B   = -3.83828E+00
                    1

                 DET( X'X ) =   4.76000E+00

         I              Y(I)              RESIDUO

         1              2.752               .181
         2              1.992               .188
         3               .847               .195
         4              -.405              -.673
         5              -.995              -.496
         6             -1.046               .605

         COEFIC. DE DETERMINACAO =   .90894
```

7.5. OBSERVAÇÕES

É muito importante ressaltar que o ajuste de curvas através das equações normais geralmente conduz a um sistema de equações lineares mal condicionadas (seção 2.5). O problema é mais grave no caso do ajuste polinomial, pois a diferença na ordem de grandeza dos elementos da matriz dos coeficientes pode ser muito grande.

Alguns autores recomendam que o polinômio seja de grau 6 no máximo, porém se forem utilizados microcomputadores, este limite deve ser mais reduzido ainda devido à menor precisão destas máquinas.

A utilização do método de Cholesky estabiliza um pouco mais a propagação de erros, mas como o mal condicionamento é inerente às equações normais, um método alternativo deve ser usado quando ele for crítico.

Um método de ajuste de curvas que evita a formação das equações normais e possui grande estabilidade numérica é o de triangularização ortogonal usando a decomposição de Householder [21].

7.6. EXEMPLO DE APLICAÇÃO

7.6.1. Descrição do Problema

Deseja-se encontrar uma relação linear entre o produto iônico da água (Kw) e a temperatura Celsius (t).

7.6.2. Modelo Matemático

Através da equação de Clapeyron pode-se determinar uma relação linear entre o produto iônico da água (Kw) e a temperatura Celsius (t):

$$-\log Kw = b_0 + b_1 t^{-1} + b_2 \ln t + b_3 t + b_4 t^2 + b_5 t^3 + \ldots$$

Utilizando-se a série de dados a seguir ($-\log Kw$, t), obtida na literatura, pode-se ajustá-la ao modelo desejado.

i	t_i (°C)	$-\log Kw_i$
1	5	14,7338
2	10	14,5346
3	15	14,3463
4	20	14,1669
5	25	13,9965
6	30	13,8330
7	35	13,6801
8	40	13,5348
9	45	13,3960
10	50	13,2617
11	55	13,1369
12	60	13,0171

7.6.3. Solução Numérica

O método numérico a ser utilizado é o ajuste linear múltiplo implementado no programa da seção 7.4. O modelo é

$$-\log Kw = b_0 + b_1 t^{-1} + b_2 \ln t + b_3 t$$

Os dados transformados são

i	$t_i^{-1} \cdot 10^2$	$\ln t_i$	t_i	$-\log Kw_i$
1	20,000	1,609	5	14,7338
2	10,000	2,303	10	14,5346
3	6,667	2,708	15	14,3463
4	5,000	2,996	20	14,1669
5	4,000	3,219	25	13,9965
6	3,333	3,401	30	13,8330
7	2,857	3,555	35	13,6801
8	2,500	3,689	40	13,5348
9	2,222	3,807	45	13,3960
10	2,000	3,912	50	13,2617
11	1,818	4,007	55	13,1369
12	1,667	4,094	60	13,0171

Os resultados são:

```
*** A J U S T E   D E   C U R V A S   P O R   ***
*** M I N I M O S   Q U A D R A D O S   ***

        COEFICIENTES DA EQUACAO

          B  =  1.59480E+01
           0

          B  =  -2.09001E+00
           1

          B  =  -4.38745E-01
           2

          B  =  -1.84572E-02
           3

        DET( X'X ) =  1.56608E+01

   I          Y(I)          RESIDUO

   1         14.734           .002
   2         14.535          -.009
   3         14.346           .003
   4         14.167           .007
   5         13.997           .006
   6         13.833           .001
   7         13.680          -.002
   8         13.535          -.004
   9         13.396          -.005
  10         13.262          -.005
  11         13.137           .000
  12         13.017           .008

   COEFIC. DE DETERMINACAO =  .99991
```

7.6.4. Análise do Resultado

A equação fica:

$$-\log Kw = 1{,}595 \cdot 10^{1} - 2{,}090\, t^{-1} - 4{,}387 \cdot 10^{-1}\, \ln t - 1{,}846 \cdot 10^{-2}\, t$$

Ela é plenamente satisfatória devido ao alto valor de R^2 e pequenos resíduos.

7.7. EXERCÍCIOS PROPOSTOS

7.7.1. Demonstrar que a solução das equações normais para o modelo

$$Y = b_0$$

é

$$b_0 = \left(\sum_{i=1}^{n} y_i \right) / n$$

7.7.2. Deduzir as equações normais para o modelo

$$Y = b_1 X_1 + b_2 X_2$$

7.7.3. Aproximar a função $y = \sqrt[3]{x}$ no intervalo $[0,1]$ por um polinômio de 3º grau, usando os valores de x com incremento de 0,1.

7.7.4. Resolva o exercício 7.7.3 usando um polinômio de 2º grau e compare os resultados.

7.7.5. Aproximar a função $y = \operatorname{sen} x$ no intervalo $[0, \pi/2]$ por um polinômio de 2º grau, usando os valores de x com incremento de $0{,}1\pi$.

7.7.6. Encontrar o polinômio de grau 2 de mínimos quadrados que passa pelos pontos da tabela 4.2.

7.7.7. Ajuste os dados do exemplo 7.7 ao modelo

$$Z = ab^X$$

e compare os resultados.

7.7.8. Ajustar os pontos abaixo ao modelo

$$Y = b_0 + b_1X_1 + b_2X_2$$

i	1	2	3	4	5	6	7
x_{1i}	−5	−3	−1	0	1	3	4
x_{2i}	0,0	0,2	0,3	0,5	0,6	0,8	1,0
y_i	5,1	6,3	7,4	8,9	9,5	10,7	11,5

7.7.9. A constante de velocidade (k) de uma reação química de 1ª ordem é relacionada com a concentração (C) e o tempo (t) pela equação

$$C = C_0\, e^{-kt}$$

onde C_0 é a concentração inicial.

Calcular a constante de velocidade de ordem 1 da reação cujos valores de t e C são dados abaixo:

i	1	2	3	4	5	6
t_i (s)	0,05	0,10	0,15	0,20	0,25	0,30
C_i (M)	0,86	0,68	0,59	0,47	0,43	0,38

7.7.10. Para uma reação química de 2ª ordem, a relação entre a concentração (C), o tempo (t) e a constante de velocidade (k) é

$$\frac{1}{C} = \frac{1}{C_0} + kt$$

onde C_0 é a concentração inicial.

Calcular a constante de velocidade de ordem 2 da reação cujos valores de t e C estão no exercício 7.7.9.

Propor que a reação seja de segunda ordem é o mais correto?

Respostas dos Exercícios

Capítulo 2

2.1.4.1. $\bar{\mathbf{x}} = [1 \ 0 \ 0]^T$

2.1.4.2. $\bar{\mathbf{x}} = [1 \ -2 \ 4 \ 0]^T$

2.1.4.3. $\bar{\mathbf{x}} = [3 \ -1 \ 1 \ 1]^T$

2.1.4.4. $\bar{\mathbf{x}} = [8{,}75 \ 2{,}25 \ 4]^T$

2.1.4.5. impossível

2.1.4.6. $\bar{\mathbf{x}} = [1 \ -2 \ 0 \ \lambda \ \lambda]^T$

2.2.3.1. $\bar{\mathbf{x}} = [0{,}9 \ 2{,}1 \ 3{,}0 \ 4{,}2]^T$

2.2.3.2. indeterminado

2.2.3.3. $\bar{\mathbf{x}} = [0 \ 1 \ 0 \ 2]^T$

2.2.3.4. $\bar{\mathbf{x}} = [1{,}2 \ 2{,}12 \ 1{,}5 \ 0{,}2]^T$

2.2.9.1. $\bar{\mathbf{x}} = [0{,}9 \ 2{,}1 \ 3{,}0 \ 4{,}2]^T$

2.2.9.2. indeterminado

2.2.9.3. $\bar{\mathbf{x}} = [0 \ 1 \ 0 \ 2]^T$

2.2.9.4. $\bar{\mathbf{x}} = [1{,}2 \ 2{,}12 \ 1{,}5 \ 0{,}2]^T$

2.3.4.1. $\bar{\mathbf{x}} = [0{,}107 \ 0{,}09 \ 0{,}342 \ 0{,}272]^T$

2.3.4.2. $\bar{\mathbf{x}} = [1{,}001 \ 1{,}002 \ 1{,}001 \ 1{,}002]^T$

2.3.4.3. $\bar{\mathbf{x}} = [1{,}027 \ -1{,}977 \ 3{,}024 \ 3{,}975]^T$

2.3.4.4. $\bar{\mathbf{x}} = [0{,}953 \ -0{,}707 \ 1{,}180 \ -1{,}182 \ -0{,}962]^T$

2.3.6.1. $\bar{\mathbf{x}} = [0{,}119 \ 0{,}130 \ 0{,}350 \ 0{,}283]^T$

2.3.6.2. $\bar{\mathbf{x}} = [0{,}99 \ 1{,}00 \ 1{,}00 \ 1{,}00]^T$

2.3.6.3. $\bar{\mathbf{x}} = [0{,}999 \ 2{,}000 \ 3{,}000 \ 4{,}000]^T$

2.3.6.4. $\bar{\mathbf{x}} = [0{,}959 \quad -0{,}707 \quad 1{,}172 \quad -1{,}184 \quad -0{,}963]^T$

2.4.1.1. $\bar{\mathbf{x}} = [(1+i)(1-i)i]^T$

2.4.1.2. $\bar{\mathbf{x}} = [0 \; (-2+3i)]^T$

2.4.1.3. $\bar{\mathbf{x}} = [(2+i)(2-i)]^T$

2.7.1. $\bar{\mathbf{x}} = [1{,}84087 \quad -2{,}07195 \quad -0{,}24405]^T$

$r = [-0{,}00003 \quad -0{,}00002 \quad -0{,}00002]^T$

2.7.3.

$$\begin{bmatrix} \frac{1}{4} & 0 & \frac{1}{4} \\ \frac{1}{2} & -\frac{1}{5} & -\frac{1}{10} \\ -1 & \frac{3}{5} & \frac{1}{5} \end{bmatrix}$$

2.7.5. 1.912.816,143

2.7.7. $\bar{\mathbf{x}} = [-80{,}24944 \quad 12{,}73429 \quad 5{,}89059 \quad 0{,}01563]^T$

$r = [0 \quad 0 \quad 0 \quad 0 \quad -0{,}04657]^T$

2.7.9. a) $\frac{1}{2} n^3 + n^2 - \frac{3}{2} n$

b) n

2.7.11. $n = 5$ — Gauss; $n = 10$ — Gauss; $n = 20$ — Gauss; $n = 30$ — Gauss

2.7.15. $\bar{\mathbf{x}} = [1{,}00566 \quad -2{,}98889 \quad 3{,}99377]^T$ com 19 iterações e $\epsilon < 10^{-2}$

2.7.17. $\bar{\mathbf{x}} = [(1-2i) \; 2i]^T$

2.7.19. $\bar{\mathbf{x}} = [1 \quad 2 \quad -1 \quad 1]^T$

2.7.21. det (Norm A) $< -0{,}008$

2.7.23. $\bar{\mathbf{x}} = [1{,}273 \quad 4{,}226 \quad -7{,}917]^T$

Capítulo 3

3.4.4.1. $-2{,}0000$

3.4.4.2. 0,3990

3.4.4.3. 0,3168

3.4.4.4. $-1{,}0299$

3.5.5.1. 4,4690

3.5.5.2. 0,5810

3.5.5.3. 0,8581
3.5.5.4. 2,2191
3.6.4.1. 1,1401
3.6.4.2. 0,3476
3.6.4.3. 1,6861
3.6.4.4. 1,0000
3.7.6.1. −2,3542
3.7.6.2. 1,3063
3.7.6.3. −1,2711
3.7.6.4. −3,0000
3.8.5.1. 0,8655
3.8.5.2. 0,3521
3.8.5.3. 1,0799
3.8.5.4. 1,6190
3.12.9. 5,00000; 5,01000 e 5,03000
3.12.11. 1,20571
3.12.13. 2,00000
3.12.15. 5,75%
3.12.17. 6,279 s
3.12.19. 460,316 m

Capítulo 4

4.3.3.1. $P_1(0,15) = 1,3085$
4.3.3.2. $|E_T(0,15)| \leqslant 0,006$
4.3.3.3. $P_1(1975) = 1525010$
4.3.3.4. $P_1(\pi/12) = 0,16$
4.4.3.1. $P_3(1975) = 1523532$
4.4.3.2. $P_2(\pi/12) = 0,15$
4.4.3.3. $P_2(0,15) = 1,302$
4.4.3.4. $|E_T(0,15)| \leqslant 0,0045$
4.5.4.1. a) $P_2(0,32) = -0,0165$ (usando os três últimos valores tabelados)
b) $P_3(0,32) = -0,0168$
c) $f(0,32) = -0,0168$
d) $E_1 = -0,0003$ e $E_2 = 0$
e) $|E_1| > |E_2|$. Sim, porque a função e o polinômio interpolador são de 3º grau, então o erro de truncamento é nulo.

4.5.4.2. a) $P(x) = 30,000x^3 - 27,500x^2 + 7,500x + 1,011$
b) Sim, porque $f(x)$ é de 4º grau e $P(x)$ é de 3º grau.

4.5.4.3. a) $P_2(0,1) = 1,104$
b) $|E_T(0,1)| \leqslant 0,001$

4.6.5.1. a) $P_3(25) = 0{,}99854$
b) $P_3(25) = 0{,}99854$

4.6.5.2. $P_4(25) = 219{,}618$ m/s

4.6.5.3. A largura do rio é aproximadamente 107,20 m no ponto pedido.

4.7.4.1. $P_3(25) = 0{,}99854$

4.7.4.2. $P_4(5) = 0{,}078$

4.7.4.3. A média das temperaturas nos 3 dias às 9 h é 22,02°C.

4.7.4.4. $P_3(0{,}15) = 1{,}31$

4.7.4.5. $|E_T(0{,}15)| \leqslant 0{,}0006$

4.9.1. 0,705892

4.9.3. 0,345020

4.9.5. $10{,}000x^3 + 0{,}010x + 1{,}001$

4.9.7. 0,417

4.9.9. 2,53478

4.9.11. 0,125

4.9.13. 12,25

4.9.15. 90,37°C

4.9.17. 1542,94 m/s

4.9.19. a) 1927,20 kcal
b) 2048,44 kcal
c) 2147,55 kcal

Capítulo 5

5.2.6.1. 0,6351

5.2.6.2. $I = 0{,}02797$; $E = -2{,}44 \times 10^{-4}$

5.2.6.3. $I = 46{,}5$; $E = 0$

5.2.6.4. 0,6033

5.2.6.5. 20,267

5.3.7.1. 0,8321

5.3.7.2. 0,3557

5.3.7.3. $I = 13{,}622$; $E = 0$

5.3.7.4. $I = 23{,}6125$; $E = 1{,}9 \times 10^{-2}$

5.3.7.5. 2,158

5.4.5.1. a) 0,116
b) 0,116

5.4.5.2. 0,6278

5.4.5.3. 0,35574

5.4.5.4. $I_T = 1{,}0760$; $I_S = 1{,}0721$

5.5.4.1. a) 1,125
b) 1,102
c) 1,100
d) $2{,}5 \times 10^{-2}$; $2{,}0 \times 10^{-3}$; 0,0

5.5.4.2. a) 0,2790
b) 0,2741
c) 0,2738

5.5.4.3. 0,6190; 0,6081; 0,6045

5.6.3.1. 12.704, 07145

5.6.3.2. 1,138448

5.6.3.3. 0,08

5.7.3.1. a) 19,4074
b) 20,6400
c) 20,6857
d) 1,28; 0,0457

5.7.3.2. 6,5073

5.7.3.3. 2,17157

5.7.3.4. 0,2500

5.10.1. $I = 1{,}6833$; $E < 0{,}7$

5.10.3. $I_T = 0{,}311$; $E_T < 0{,}19 \times 10^{-2}$
$I_S = 0{,}29624$; $E_S < 0{,}13 \times 10^{-2}$

5.10.5. 1,898

5.10.7. 0,09

5.10.9. 0,364

5.10.11. 0,513

5.10.13. 1,176

5.10.15. 0,6931472

5.10.17. 0,272203

5.10.19. 0,0408

5.10.21. 0,23495

5.10.23. $I_4 = -0{,}9688$; $I_8 = -0{,}9922$; $I_R = -1$; $I_S = -1$

5.10.25. $\frac{4h}{90}(7y_0 + 32y_1 + 12y_2 + 32y_3 + 7y_4)$

Capítulo 6

6.1.5.2. a) 2,35849
b) 2,36603

6.1.5.3. 1,82695
6.1.5.4. 0,71877
6.2.7.1. 2,04648
6.2.7.2. a) 1,73247
b) 1,73214
6.2.7.3. 0,06928
6.3.5.1. 1,73218
6.3.5.2. 0,69315
6.7.1.

$$\begin{cases} y' = z \\ y(0) = 0 \\ z' = -500z - 5000y \\ z(0) = 0 \end{cases}$$

6.7.3. 0,12499
6.7.5. 1,00000
6.7.9. a) 0,50001
b) 0,49996

6.7.11. $y_{j+1} = \left(\frac{h}{12}\ 23f_j - 16f_{j-1} + 5f_{j-2}\right)$

6.7.13. $y_{j+1} = y_j + \frac{h}{12}\left(5f_{j+1} + 8f_j - f_{j-1}\right)$

Capítulo 7

7.7.3. $\sqrt[3]{x} \doteq 7{,}052 \cdot 10^{-2} + 3{,}315x - 4{,}864x^2 + 2{,}509x^3$
$0 \leqslant x \leqslant 1$
$R^2 = 0{,}971$

7.7.5. $\operatorname{sen} x \doteq -1{,}100 \cdot 10^{-2} + 1{,}175x - 3{,}342 \cdot 10^{-1}x^2$
$0 \leqslant x \leqslant \pi/2$
$R^2 = 0{,}999$

7.7.7. $\ln z = 1{,}734 + 2{,}646 \cdot 10^{-1} X$
$R^2 = 0{,}982$

7.7.9. $k = 3{,}249$
$R^2 = 0{,}980$

Referências

[1] Balfour, A. & Beveridge, W. T. *Basic Numerical Analysis With Algol.* Londres, Hinemann Educational Books, 1972.

[2] Barbosa, R. M. *Interpolação Polinomial.* São Paulo, Ed. Nobel, 1973.

[3] Barbosa, R. M. *Métodos Numéricos em Sistemas Lineares.* São Paulo, Ed. Nobel, 1975.

[4] Barreto, A. C. Ensino a Partir de Modelos. *In: Coletâneas de Artigos Publicados pelo IMECC da UNICAMP.* Campinas, SP, 1980.

[5] Barros, I. de Q. *Introdução ao Cálculo Numérico.* São Paulo, Ed. Edgard Blücher Ltda., 1976.

[6] Carnahan, B.; Luther, H. A. & Wilkes, J. O. *Applied Numerical Methods.* Nova Iorque, Wiley, 1969.

[7] Cohen, A. M. *Análisis Numérica.* Barcelona, Editorial Reverté S. A., 1977.

[8] Collatz, L. *The Numerical Treatment of Differential Equations.* Springer Verlag, Berlim, 1960.

[9] Conte, S. D. *Elementos de Análise Numérica.* Porto Alegre, Ed. Globo, 1975.

[10] Demidovich, B. P. & Maron, I. A. *Computational Mathematics*. Moscou, Ed. Mir, 1976.

[11] Dorn, W. & McCracken, D. *Cálculo Numérico com Estudos em Fortran IV*. Rio de Janeiro, Ed. Campus, 1978.

[12] Dowell, M. & Jarratt, P. *A Modified Regula Falsi Method for Computing the Root of an Equation*. BIT 11 (1971), 168-174.

[13] Dowell, M. & Jarratt, P. *The "Pegasus" Method for Computing the Root of an Equation*. BIT 12 (1972), 503-508.

[14] Draper, N. & Smith, H. *Applied Regression Analysis*. 2 ed. Nova Iorque, Wiley, 1981.

[15] Edminister, Joseph A. *Circuitos Elétricos*. EUA, McGraw-Hill, 1977.

[16] Fike, C. *Computer Evaluation of Mathematical Functions*. EUA, Prentice-Hall, 1978.

[17] Forsythe G.; Malcolm, M. & Moler, C. *Computer Methods for Mathematical Computations*. EUA, Prentice-Hall, 1977.

[18] Henrici, P. *Discrete Variable Methods in Ordinary Differential Equations*. Nova Iorque, Wiley, 1963.

[19] Iezzi, G. & Dolce, O. *Álgebra III*. São Paulo, Ed. Moderna Ltda., 1973.

[20] Kopchenova, N. V. & Maron, I. A. *Computational Mathematics*. Moscou, Ed. Mir, 1975.

[21] Kronsjö, L. I. *Algorithms, Thur Complexity and Efficiency*. Nova Iorque, Wiley, 1979.

[22] Lambert, J. D. *Computational Methods in Ordinary Differential Equations*. Nova Iorque, Wiley, 1979.

[23] Leighton, W. *Equações Diferenciais Ordinárias*. Rio de Janeiro, Livros Técnicos e Científicos Editora S. A., 1970.

[24] Lourenço Filho, Rui & Paiva, Antônio Fabiano de. *Estatística*. Belo Horizonte, Edições Engenharia, UFMG, 1971, vol. 1.

[25] Ralston, A. & Wilf, H. S. *Mathematical Methods for Digital Computers.* Nova Iorque, Wiley, 1960.

[26] Reis, J. B. *Lições de Análise e Álgebra Numéricas.* Belo Horizonte, Ed. Engenharia, 1972.

[27] Salvetti, D. D. *Elementos de Cálculo Numérico.* São Paulo, Cia. Editora Nacional, 1976.

[28] Santos, J. A. R. dos. *Mini-Calculadoras Eletrônicas.* São Paulo, Ed. Edgard Blücher Ltda., 1979.

[29] Santos, V. R. de B. *Curso de Cálculo Numérico.* Rio de Janeiro, Livros Técnicos e Científicos Editora S. A., 1977.

[30] Uspensky, J. V. *Theory of Equations.* Nova Deli, Tata McGraw-Hill Pub. Co. Ltd., 1948.

Índice Remissivo